TRAITÉ PRATIQUE

DU

MESURAGE DES SURFACES

ET DES CUBES.

TRAITÉ PRATIQUE

DU

MESURAGE DES SURFACES

PLANES ET CYLINDRIQUES

ET DES CUBES EN GÉNÉRAL,

A L'USAGE DES PROPRIÉTAIRES

ET ENTREPRENEURS,

MIS A LA PORTÉE DES OUVRIERS DE TOUTE PROFESSION ET DE TOUTE INTELLIGENCE ; SUIVI D'UN APPENDICE RENFERMANT DIVERSES LOIS ET RÉGLEMENTS UTILES AUX CONSTRUCTEURS, ET D'UN VOCABULAIRE DES PRINCIPAUX TERMES EMPLOYÉS DANS LES SCIENCES ET DANS LES ARTS,

PAR

DUCOURNEAU JEUNE,

ENTREPRENEUR DE TRAVAUX PUBLICS.

EN VENTE :

A PARIS, chez Carilian-Goeury et V. Dalmont, libraires des corps royaux des ponts-et-chaussées et des mines, quai des Augustins, 39 et 41 ;

A AGEN, chez Ach. Chairou et chez Bertrand, libraires, rue Garonne.

AGEN.

1842.

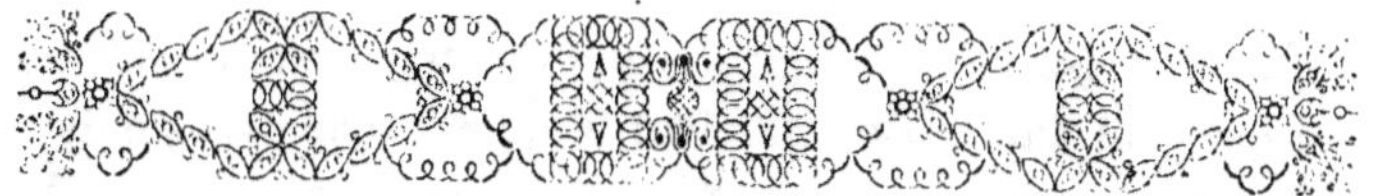

AVANT-PROPOS.

Quoique dans notre prospectus nous ayons déjà averti le
public que notre traité s'adressait spécialement aux personnes
n'ayant reçu qu'une éducation ordinaire, nous croyons devoir
le lui rappeler ici. L'ouvrier qui consacre sa jeunesse à l'apprentissage d'un état, pour s'assurer des moyens d'existence,
n'est pas dans une position de fortune à pouvoir suivre les cours
de haute science; l'école primaire est son école polytechnique;
et bienheureux encore celui qui, avant d'entrer apprenti, a
pu profiter des leçons de l'instituteur communal; à peine a-t-il
le temps d'apprendre à lire et à écrire; et s'il s'en trouve quel-
ques-uns qui parviennent à acquérir des notions d'arithmétique,
la plupart quittent l'école sans comprendre même les avantages
du calcul. Lorsqu'ils sont parvenus à un certain âge, ils ont fini
leur apprentissage; ils reconnaissent alors les besoins de la
science, et regrettent que leur peu de fortune ait été un obs-
tacle au développement de leur intelligence.

Le charpentier, le menuisier, le maçon, etc., ayant fini leur
apprentissage, sont obligés d'étudier pendant plusieurs années
l'art du trait, étude difficile et ne laissant que de faibles notions

aux ouvriers, après y avoir sacrifié un temps long et précieux ; et qui pourtant leur est aussi utile que la connaissance de l'agriculture et de la botanique l'est au laboureur et au jardinier.

L'étude de cet art, indispensable au praticien, absorbe tout le temps de sa jeunesse, et lui fait négliger les mathématiques, dont il n'a pu s'occuper dans son enfance ; il se trouve dès lors exactement placé dans la position de celui qui ne sait pas lire son écriture.

En effet, l'ouvrier qui ne sait pas mesurer son travail peut facilement commettre des erreurs, soit à son préjudice, soit à celui de la personne qui l'emploie, si cette personne elle-même n'est pas en état de se rendre compte de l'opération. Il est donc avantageux pour ceux qui font bâtir de connaître le métré des travaux, pour n'être pas trompés sur la dépense qu'ils nécessitent.

Le volume que nous donnons au public est une exposition toute graphique du métrage ; on y trouvera des explications détaillées sur le mesurage des voûtes ; et les méthodes que nous y avons indiquées permettront aux personnes qui ne connaissent que les quatre règles fondamentales de trouver la surface de quelque voûte ou pénétration que ce soit. Les diverses démonstrations que nous y avons données étant, autant que possible, mises à la portée de toute intelligence, on reconnaîtra aisément que ce traité est également utile et à l'ouvrier qui entreprend, et au propriétaire qui fait construire.

La première partie est un exposé des nouvelles mesures ; le mètre, ses multiples ou sous-multiples, sont décomposés de manière à ce qu'on puisse en connaître et saisir les éléments d'un seul coup-d'œil.

La deuxième partie, qui ne traite que des surfaces planes, servira d'instruction élémentaire pour les mesures agraires.

Nous nous sommes étendu aussi sur le mesurage de la sphère et du sphéroïde, afin de faciliter celui des voûtes sphériques entières ou tronquées, rondes ou ovales, ainsi que celui des niches.

Dans la septième partie, nous avons démontré les principes du calcul des terrassements, afin que l'employé des ponts-et-chaussées puisse à la fois dresser le mètré de cette espèce d'ouvrage, ainsi que celui des travaux d'art.

L'appendice n'offre pas moins d'utilité ; le propriétaire, l'entrepreneur et l'ouvrier y apprendront à connaître leurs droits respectifs ; les indemnités pour frais de passage ou pour droits de carrière y sont établis sur des bases impartiales ; la loi d'expropriation pour cause d'utilité publique et les autres dispositions législatives qui font partie de cet appendice, permettront au propriétaire de surveiller ses intérêts en cas de travaux publics sur son héritage.

Nous avons pensé qu'un vocabulaire des principaux termes employés dans les arts devait être le complément indispensable de notre ouvrage. En effet, puisque le constructeur peut trouver dans ce volume les moyens de connaître les quantités de matériaux et le temps nécessaires pour la confection d'une construction quelconque, il doit également être apte à comprendre ou à faire lui-même la rédaction d'un devis, comme il est aussi très-utile pour lui de se familiariser avec les expressions employées dans toutes les opérations pratiques.

Puisse notre ouvrage donner aux propriétaires et aux ouvriers le goût du mesurage : nous n'avons qu'un seul but, celui de nous rendre utile au public en aidant au développement de son éducation. Nous nous estimerons heureux si nous avons pu atteindre ce résultat.

TABLE DES MATIÈRES.

PREMIÈRE PARTIE.

DES MESURES NOUVELLES ET DE LEURS DIMENSIONS.

DEUXIÈME PARTIE.

DES SURFACES PLANES.

TROISIÈME PARTIE.

DES SURFACES PLANES ET LATÉRALES DES CORPS.

QUATRIÈME PARTIE.

DES SURFACES CYLINDRIQUES.

CINQUIÈME PARTIE.

DES CUBES OU SOLIDES ANGULAIRES.

TITRE Iᵉʳ.

TITRE II.

SIXIÈME PARTIE.

DES CUBES CYLINDRIQUES OU CORPS RONDS.

TITRE Ier.

TITRE II.

SEPTIÈME PARTIE.

CALCUL DES TERRASSEMENTS.

HUITIÈME PARTIE.

APPENDICE.

ERRATA

Qu'il est important de consulter avant de faire les opérations.

Pag.	Art.	
12	22	— *Au lieu de :* cent millimètres, *lisez :* cent mille millimètres.
22	75	— *Au lieu de :* base inférieure CB, *lisez :* DC.
24	79	— *Au lieu de :* deux angles, supplément l'un de l'autre. AEC et CED (fig. 34), *lisez :* DAB et DCB (fig. 22).
25	81	— Consulter pour cet article la fig. 24.
26	83	— *Au lieu de :* fig. 74 et 75, *voyez :* fig. 76 et 78.
36	96	— *Au lieu de :* fig. 21, *voyez :* fig 41.
53	117	— *Au lieu de :* engendrera un secteur AE, *lisez :* AH.
59	124	— Dans cet article, au lieu de multiplier la hauteur LF par la longueur IB, il faut élever IF au carré, c'est-à-dire le multiplier par lui-même.
81	150	— *Au lieu de :* un solide dont la base AB, *lisez :* AC.
99	170	— *Au lieu de :* fig. 78, *lisez :* fig. 74. — Et plus loin, pour la longueur de la voûte, *au lieu de :* BD, *lisez :* DE.
100	171	— *Au lieu de :* fig. 74 et 75, *voyez :* fig. 76 et 78.
101	172	— *Au lieu de :* fig. 76, *voyez :* fig. 79.
102	173	— *Au lieu de :* fig. 76, *voyez :* fig. 79 ; et *au lieu de :* EFJ, pour son développement, *lisez :* DFJ.
104	175	— *Au lieu de :* fig. 77, *voyez :* fig. 75.
105	176	— *Au lieu de :* fig. 78, *voyez :* fig. 77.
116	202	— *Au lieu de :* pyramide triangulaire (fig. 38), *lisez :* pyramide quadrangulaire (fig. 35).
117	203	— *Au lieu de :* fig. 40, *voyez :* fig. 38.
121	205	— *Au lieu de :* fig. 40, *voyez :* fig. 38.
121	206	— *Au lieu de :* fig. 41, *voyez :* fig. 39.
122	208	— *Au lieu de :* fig. 42, *voyez :* fig. 40.
123	211	— *Au lieu de :* fig. 42, *voyez :* fig. 40.
126	236	— *Au lieu de :* fig. 42, *voyez :* fig. 40.
127	237	— *Au lieu de :* fig. 42, *voyez :* fig. 40.
138	246	— Ajoutez à la fin de la note, à la colonne d'observations : art. 245.
145	253	— *Au lieu de :* fig. 75, *voyez :* fig. 76.

TRAITÉ PRATIQUE

DU

MESURAGE DES SURFACES ET CUBES

PLANES ET CYLINDRIQUES.

PREMIÈRE PARTIE.

DES MESURES NOUVELLES ET DE LEURS DIMENSIONS.

1. — Le système métrique, mis en usage par une loi du 18 germinal an III, n'a été mis définitivement en vigueur qu'à partir du 1er janvier 1840 (loi du 24 juillet 1837).

2. — Nous ne parlerons pas dans ce traité des anciennes mesures, puisqu'elles sont prohibées ; nous ne nous occuperons que des nouvelles.

3. — Le nouveau système comprend cinq sortes de mesures : le *mètre*, l'*are*, le *litre*, le *stère* et le *gramme*.

§ 1ᵉʳ. — *Mesures linéaires, ou de longueur.*

4. — Le *mètre*, unité fondamentale des nouveaux poids et mesures, est divisé en dix décimètres, ou cent centimètres, ou mille millimètres.

5. — Le mètre est égal en longueur à la dix-millionième partie du quart du méridien terrestre, c'est-à-dire du quart de la circonférence de la terre ; il se trouve donc contenu quarante millions de fois dans le tour de notre globe.

6. — Le mot *mètre* vient d'un mot grec qui signifie *mesure*.

7. — Le mètre dont on se sert dans la pratique est composé de plusieurs lames qui se replient l'une sur l'autre.

8. — Multiples et sous-multiples du mètre :

Le *myriamètre*, qui vaut dix mille mètres (*) ;
Le *kilomètre*, qui vaut mille mètres (*) ;
L'*hectomètre*, qui vaut cent mètres (*) ;
Le *double décamètre*, qui vaut vingt mètres ;
Le *décamètre*, qui vaut dix mètres ;
Le *demi-décamètre*, qui vaut cinq mètres ;
Le *double mètre*, qui vaut deux mètres ;
Le MÈTRE, unité fondamentale ;
Le *demi-mètre*, qui vaut cinq décimètres ;
Le *double décimètre*, qui vaut vingt centimètres ;
Le *décimètre*, qui vaut dix centimètres.

9. — Le myriamètre est contenu mille fois dans la distance du pôle à l'équateur ; de même qu'un millimètre est contenu mille fois dans un mètre. La circonférence de la terre a donc quatre mille myriamètres, ou quarante millions de mètres de tour, ainsi que nous l'avons dit à l'article 5.

(*) Ces trois mesures servent également pour indiquer la distance d'un pays à un autre.

§ 2. — *Mesures de superficie.*

10. — Le *mètre carré* contient un million de millimètres carrés, ou dix mille centimètres carrés, ou cent décimètres carrés.

11. — Le *décimètre carré* contient dix mille millimètres carrés, ou cent centimètres carrés.

12. — Le *centimètre carré* contient cent millimètres carrés.

13. — Pour mesurer les terres, on se sert de l'*are*. Cette unité de surface a un décamètre carré, c'est-à dire un carré dont chaque côté a dix mètres.

14. — Multiples et sous-multiples de l'are :

1° Le *myriare*, qui vaut dix mille ares ;
2° Le *kilare*, qui vaut mille ares ;
3° L'*hectare*, qui vaut cent ares ;
4° Le *décare*, qui vaut dix ares ;
5° L'ARE, unité principale ;
6° Le *déciare*, ou dixième de l'are ;
7° Le *centiare*, ou centième de l'are ;
8° Le *milliare*, ou millième de l'are.

15. — Le myriare (14, n° 1) contient un trillion de millimètres carrés, ou dix billions de centimètres carrés, ou cent millions de décimètres carrés, ou un million de mètres carrés.

16. — Le kilare (14, n° 2) contient cent billions de millimètres carrés, ou un billion de centimètres carrés, ou dix millions de décimètres carrés, ou cent mille mètres carrés.

17. — L'hectare (14, n° 3) contient dix billions de millimètres carrés, ou cent millions de centimètres carrés, ou un million de décimètres carrés, ou dix mille mètres carrés.

18. — Le décare (14, n° 4) contient un billion de millimètres carrés, ou dix millions de centimètres carrés, ou cent mille décimètres carrés, ou mille mètres carrés.

19. — L'are (14, n° 5) contient cent millions de millimètres carrés, ou un million de centimètres carrés, ou dix mille décimètres carrés, ou cent mètres carrés.

20. — Le déciare (14, n° 6) contient dix millions de millimètres carrés, ou cent mille centimètres carrés, ou mille décimètres carrés, ou dix mètres carrés.

21. — Le centiare (14, n° 7) est égal au mètre carré ; il contient un million de millimètres carrés, ou dix mille centimètres carrés, ou cent décimètres carrés (10).

22. — Le milliare (14, n° 8) contient cent millimètres carrés, ou mille centimètres carrés, ou dix décimètres carrés.

§ 3. — *Mesures des solides.*

23. — Le *mètre cube* contient un billion de millimètres cubes, ou un million de centimètres cubes, ou mille décimètres cubes.

24. — Le *décimètre cube* contient un million de millimètres cubes, ou mille centimètres cubes.

25. — Le *centimètre cube* contient mille millimètres cubes.

§ 4. — *Mesures de capacité pour les liquides.*

26. — Le *litre* est égal au décimètre cube ; c'est l'unité de mesure pour les liquides et les matières sèches.

27. — Multiples et sous-multiples du litre pour les liquides :

	KILOLITRE ou mètre cube.	LITRE ou décim. cube	CENTILITRE ou centim. cube.
1° Le *double litre*.	»	2	2000
2° Le LITRE, unité principale. .	»	1	1000
3° Le *demi-litre*.	»	»	500
4° Le *double décilitre*.	»	»	200
5° Le *décilitre*, ou dixième du litre	»	»	100
6° Le *demi-décilitre*.	»	»	50
7° Le *double centilitre*.	»	»	20
8° Le *centilitre*, ou centièm. du lit.	»	»	10

28. — Le double litre (27, n° 1) contient deux millions de millimètres cubes, ou deux mille centimètres cubes, ou deux décimètres cubes.

29. — Le litre (27, n° 2) est égal au décimètre cube (24); il contient un million de millimètres cubes, ou mille centimètres cubes.

30. — Le demi-litre (27, n° 3) contient cinquante mille millimètres cubes, ou cinq cents centimètres cubes.

31. — Le double décilitre (27, n° 4) contient deux cent mille millimètres cubes, ou deux cents centimètres cubes.

32. — Le décilitre (27, n° 5) contient cent mille millimètres cubes, ou cent centimètres cubes.

33. — Le demi-décilitre (27, n° 6) contient cinquante mille millimètres cubes, ou cinquante centimètres cubes.

34. — Le double centilitre (27, n° 7) contient vingt mille millimètres cubes, ou vingt centimètres cubes.

35. — Le centilitre (27, n° 8) contient dix mille millimètres cubes, ou dix centimètres cubes.

§ 5. — *Mesures de capacité pour les matières sèches.*

36. — Multiples du litre pour les matières sèches :

	KILOLITRE ou mètre cube.	LITRE ou décim. cube	CENTILITRE ou centim. cube
1° Le *kilolitre*, qui vaut mille litr.	1	1000	1000000
2° L'*hectolitre*, qui vaut cent litres.	»	100	100000
3° Le *demi-hectol.*, ou cinquante lit.	»	50	50000
4° Le *double décalitre*, ou vingt litr.	»	20	20000
5° Le *décalitre*, qui vaut dix litres.	»	10	10000
6° Le *demi-décalitre*, ou cinq litres.	»	5	5000
7° Le *double litre*, ou deux litres.	»	2	2000

57. — Le kilolitre (36, n° 1) est égal au mètre cube ; il contient un billion de millimètres cubes, ou un million de centimètres cubes, ou mille décimètres cubes (23).

58. — L'hectolitre (36, n° 2) contient cent millions de millimètres cubes, ou cent mille centimètres cubes, ou cent décimètres cubes.

59. — Le demi-hectolitre (36, n° 3) contient cinquante millions de millimètres cubes, ou cinquante mille centimètres cubes, ou cinquante décimètres cubes.

40. — Le double décalitre (36, n° 4) contient vingt millions de millimètres cubes, ou vingt mille centimètres cubes, ou vingt décimètres cubes.

41. — Le décalitre (36, n° 5) contient dix millions de millimètres cubes, ou dix mille centimètres cubes, ou dix décimètres cubes.

42. — Le demi-décalitre (36, n° 6) contient cinq millions de millimètres cubes, ou cinq mille centimètres cubes, ou cinq décimètres cubes.

45. — Le double litre (36, n° 7) contient deux millions de millimètres cubes, ou deux mille centimètres cubes, ou deux décimètres cubes.

---

44. — Le *stère* est égal au mètre cube ; c'est l'unité de mesure pour le bois de chauffage.

Le stère se divise en dix parties, ou décistères ; ou en cent parties, ou centistères. Dix stères font un décastère.

Multiples et sous-multiples du stère :

	MÈTRE cube.	DÉCIMÈTRE cube.	CENTIMÈTR cube.
1° Le *décastère*, qui vaut dix stères	10	»	»
2° Le STÈRE, unité principale.. .	1	»	»
3° Le *décistère*, ou dixième du stèr.	»	100	100000
4° Le *centistère*, ou centième du st.	»	10	10000

45. — Le décastère (44, n° 1) contient dix billions de millimètres cubes, ou dix millions de centimètres cubes, ou dix mille décimètres cubes.

46. — Le stère (44, n° 2) est égal au mètre cube (23); il contient un billion de millimètres cubes, ou un million de centimètres cubes, ou mille décimètres cubes.

47. — Le décistère (44, n° 3) est égal à l'hectolitre ; il contient cent millions de millimètres cubes, ou cent mille centimètres cubes, ou cent décimètres cubes (38).

48. — Le centistère (44, n° 4) est égal au décalitre; il contient dix millions de millimètres cubes, ou dix mille centimètres cubes, ou dix décimètres cubes (32).

<h3 align="center">§ 6. — Poids.</h3>

49. — Le *gramme* est l'unité de poids ; il est égal au poids d'un centimètre cube d'eau distillée pesée dans le vide à la température de 4 degrés, ou de la glace fondante.

Multiples et sous-multiples du gramme :

	DÉCIMÈTRE cube d'eau ou kilogramme.	CENTIMÈTR. cube d'eau ou gramme.
1° Un GRAMME vaut.	»	1
2° Deux grammes valent.	»	2
3° Cinq grammes valent.	»	5
4° Un *décagramme* (10 grammes)..	»	10
5° Deux décagrammes (20 grammes). . . .	»	20
6° Cinq décagrammes (50 grammes).. . . .	»	50
7° Un *hectogramme* (100 grammes)..	»	100
8° Deux hectogrammes (200 grammes). . .	»	200
9° Cinq hectogrammes (500 grammes).. . .	»	500
10° Un *kilogramme* (1000 grammes)	1	1000
11° Un *myriagramme* (10 kil., ou 10000 gr.)	10	10000
12° Cent kilogr. valent un quintal métriq.	100	100000
13° Mille kilogr. valent un tonneau de mer.	1000	1000000

D'après cela, le kilogramme égale un décimètre cube d'eau distillée ; le myriagramme en vaut dix ; le quintal en vaut cent, et le tonneau de mer en vaut mille.

50. — Le gramme se divise en dix parties égales, nommées décigrammes.

51. — Le décigramme se divise en dix parties égales, nommées centigrammes.

52. — Le centigramme se divise en dix parties égales, nommées milligrammes.

53. — Le tonneau de mer (49, n° 13) contient un billion de milligrammes, ou cent millions de centigrammes, ou dix millions de décigrammes, ou un million de grammes, ou mille kilogrammes.

54. — Le quintal métrique (49, n° 12) contient cent millions de milligrammes, ou dix millions de centigrammes, ou un million de décigrammes, ou cent mille grammes, ou cent kilogrammes.

55. — Le myriagramme (49, n° 11) contient dix millions de milligrammes, ou un million de centigrammes, ou cent mille décigrammes, ou dix mille grammes.

56. — Le kilogramme (49, n° 10) contient un million de milligrammes, ou cent mille centigrammes, ou dix mille décigrammes, ou mille grammes.

57. — L'hectogramme (49, n° 7) contient cent mille milligrammes, ou dix mille centigrammes, ou mille décigrammes, ou cent grammes.

58. — Le décagramme (49, n° 4) contient dix mille milligrammes, ou mille centigrammes, ou cent décigrammes, ou dix grammes.

59. — Le gramme (49, n° 1) contient mille milligrammes, ou cent centigrammes, ou dix décigrammes.

60. — Les mille milligrammes contenus dans le gramme égalent les mille millimètres contenus dans le centimètre cube (25).

61. — Le kilogramme contient un million de milligrammes,

ou mille grammes , comme le décimètre cube contient un million de millimètres cubes, ou mille centimètres cubes (24).

62. — Le tonneau de mer contient un billion de milligrammes, ou un million de grammes, ou mille kilogrammes, comme le mètre cube contient un billion de millimètres cubes, ou un million de centimètres cubes, ou mille décimètres cubes (23).

63. — Le tonneau de mer , le kilogramme et le gramme égalent en volume et en poids : le premier, un mètre cube ; le second, un décimètre cube ; et le dernier, un centimètre cube d'eau distillée, comme nous l'avons dit à l'article 49.

DEUXIÈME PARTIE.

—◦◦◦—

DES SURFACES PLANES.

64. — Nous appellerons *surface plane* toute superficie plate et unie. La surface d'une pierre angulaire ou circulaire est plane, lorsqu'elle est bien dégauchie et que la règle touche également toutes ses parties. La surface d'un mur est plane lorsque le cordeau, tendu d'un angle à l'autre et dans tous les sens, ne rencontre aucune bosse ni aspérité. Dans les mesures des terres, on suppose ordinairement les diverses étendues planes, ou du moins n'ayant que des inégalités trop peu considérables pour en tenir compte.

§ 1ᵉʳ. — *De la formation des carrés.*

65. — Nous allons donner ici quelques notions sur la formation des carrés. Sans entrer dans de longs détails géométriques, nous ferons connaître les règles que l'on doit suivre au sujet de l'énonciation des quantités, ou du placement des virgules pour distinguer le mètre de ses parties décimales. Ce qu'il faut surtout bien observer dans le calcul décimal, c'est la place à donner à la virgule après l'opération.

Nous prendrons, pour donner un exemple, la surface d'une partie de route (art. 91), dont le produit est 184424. Il suffira de séparer les décimales des mètres par une virgule, pour exprimer le résultat en mètres carrés : on aura ainsi 1844, 24, ou 1844 mètres carrés et 24 parties décimales du mètre carré.

Lorsqu'il s'agit de la mesure agraire, la subdivision en ares, centiares et milliares, s'opère en séparant par des virgules, successivement deux par deux, et en allant de la droite vers la gauche, les chiffres du produit. Ainsi, le même nombre 18,44,24, exprimera 18 ares, 44 centiares, 24 milliares. Si le nombre de mètres carrés était de plus de quatre chiffres, l'excédant deviendrait alors des hectares. Le nombre 18442,40, par exemple, ferait 1 hectare, 84 ares, 42 centiares, 40 milliares.

66. — Lorsqu'il est question d'évaluer de petites surfaces, il faut tenir compte des parties décimales du mètre carré ; et, dans ce cas, on doit bien faire attention à ne pas confondre le dixième du mètre carré avec le décimètre carré, ou le centième du mètre carré avec le centimètre carré.

Le mètre linéaire contenant dix décimètres (art. 4), le mètre carré contiendra 10 fois 10, ou cent carrés d'un décimètre de côté, qui seront, par conséquent, des décimètres carrés (11) ; on trouverait de même que puisque le mètre linéaire contient 100 centimètres (4), le mètre carré contiendrait 10,000 carrés d'un centimètre de côté, ou dix mille centimètres carrés. Il suit de là qu'il faut séparer de deux en deux, par une virgule, les décimales du mètre carré, pour obtenir des parties carrées de son aire. Le nombre 184^{m},8560 donne 184 mètres carrés, 85 décimètres carrés, 60 centimètres carrés. Si les chiffres décimaux se trouvaient en nombre impair, il faudrait, pour les réduire en carrés, les porter en nombre pair en ajoutant un zéro à la droite de ce nombre, ce qui n'en change point la valeur. Ainsi, l'opération faite à l'art. 86 donne pour superficie 4^{m},90625 : en mettant un zéro à la droite, on aura 4 mètres carrés, 90 décimètres carrés, 62 centimètres carrés, et 50 millimètres carrés. Ceci posé, nous allons passer à la mesure des surfaces.

§ **2.** — *Mesurer la superficie d'un triangle.*

67. — Un triangle équilatéral est celui qui a les trois côtés égaux (fig. 1). On en obtient la surface en multipliant la base AB, soit 1^m 80^c, par la moitié de la hauteur CD, soit 1^m 55^c, qui est la perpendiculaire abaissée du sommet sur la base.

Exemple :

Base. 1,80
Hauteur 1,55, dont la moitié. 0,775
                                      ———————
                                        900
                                       1260
                                       1260
                                      ———————
                                      1,39500

La surface du triangle équilatéral (fig. 1), est donc de 1 mètre carré, 39 décimètres carrés, 50 centimètres carrés.

68. — Le triangle rectangle (fig. 2) est celui qui a un angle droit. Sa surface s'obtient également en multipliant la base CD par la moitié de la hauteur *.

§ **3.** — *Mesurer les figures à quatre côtés.*

69. — Le carré parfait (fig. 4) a pour mesure deux de ses côtés multipliés l'un par l'autre.

Exemple :

1er côté. 3,50
2me côté. 3,50
                                    ———————
                                    17500
                                    1050
                                    ———————
                                    12,2500

____

(*) En général toute superficie d'un triangle s'obtient en multipliant la base par la moitié de la hauteur, qui est, comme nous l'avons dit (67), la perpendiculaire abaissée du sommet de l'angle opposé sur la base.

ce qui donne pour surface 12 mètres carrés 25 décimètres carrés.

70. — Le *rectangle* ou carré long (fig. 5) a pour mesure la base AB, soit 4,60, par la hauteur FB, soit 2,00.

Exemple :

```
Base. . . . . . . . . .   4,60
Hauteur. . . . . . . .   2,00
                        ______
                        9,2000
```

La surface de ce rectangle serait donc de 9 mètres carrés 20 décimètres carrés.

71. — Le *losange* ou rhombe (fig. 6) a pour mesure la base AB, qui a 2,50, multipliée par la moitié de la hauteur CD, qui a cinq mètres.

Exemple :

```
Base. . . . . . . . . . . .   2,50
Moitié de la hauteur. . . . .   2,50
                              ______
                              12500
                                500
                              ______
                              6,2500
```

La surface est donc de 6 mètres carrés 25 décimètres carrés.

72. — Le *rhomboïde*, ou rhombe irrégulier (fig. 7), a pour mesure, comme le carré long, la base 6,00, multipliée par la hauteur 3,00.

73. — Le *trapèze* (fig. 8) a pour mesure la moitié des deux bases parallèles réunies, soit 5,50, multipliée par la hauteur EB, soit 3,20.

Exemple :

Longueur de la base supérieure. . . 4,50
Longueur de la base inférieure. . . . 6,50

Total. 11,00

Moitié. 5,50
Hauteur. 3,20

11000
1650

17,6000

Ce qui donne pour la surface de ce trapèze 17 mètres carrés 60 décimètres carrés.

74. — Le trapèze rectangle (fig. 9) a pour mesure la moitié des deux bases parallèles BC, qui a 12,00, et AD, qui a 20,00, multipliée par la hauteur CD, qui a 3,00 (*).

§ **4.** — *Mesurer les figures rectilignes.*

75. — Pour obtenir la surface du trapézoïde (fig. 11), il faut le décomposer en deux triangles rectangles, dont l'un, EFA, aura pour hauteur 6,00, et pour base 5,00, et l'autre, ACB, aura pour hauteur 6,00, et pour base 2,00 ; il restera encore un trapèze dont la base supérieure, EF, aura 6,00, et la base inférieure, CB, 7,00. En opérant comme nous l'avons déjà fait pour les triangles (67) et pour les trapèzes (73), nous obtiendrons les surfaces suivantes :

Premier triangle. . . . . . 9,00 de surface
Deuxième triangle. 6,00
Trapèze. 19,50

34,50

La surface de ce trapézoïde sera ainsi de 30 mètres carrés 50 décimètres carrés.

(*) En général la surface de tout trapèze est égale au produit de la moitié de ses deux bases parallèles réunies multipliées par la hauteur.

76. — L'*hexagone* (fig. 12) est composé de six triangles équilatéraux, chacun de 2^m,00 de base, et de 1,75 de hauteur. Pour en obtenir la mesure, il faut multiplier la surface d'un des triangles (67) par 6, qui est le nombre de côtés que contient l'hexagone ABCDEF.

Exemple :

Surface d'un triangle. 1,75
Nombre des côtés du polygone. .   6
Produit. 10,50

L'hexagone dont il s'agit a donc pour surface 10 mètres carrés 50 décimètres carrés.

77. — L'*eptagone* qui a sept angles et sept côtés égaux (fig. 13); l'octogone, qui a huit angles et huit côtés égaux (fig. 14); l'ennéagone, qui a neuf angles et neuf côtés égaux (fig. 15); le décagone, qui a dix angles et dix côtés égaux (fig. 16); l'ondécagone, qui a onze angles et onze côtés égaux (fig. 17); le dodécagone, qui a douze angles et douze côtés égaux (fig. 18), sont des polygones dont on obtient la surface en opérant comme pour l'hexagone (76), c'est-à-dire en multipliant la surface d'un triangle par le nombre de côtés que contient le polygone.

Ces six derniers polygones sont composés de triangles isocèles égaux entre eux ; l'hexagone, au contraire, contient des triangles équilatéraux formés par les lignes de rayon avec les côtés du polygone.

On peut réduire toutes ces figures rectilignes en triangles (fig. 19), en tirant de chacun des angles des lignes à tous les autres. On aura alors la surface totale, en cherchant la surface de chaque triangle (67) (*).

(*) La surface d'un polygone quelconque est égale au produit du contour ou périmètre multiplié par la moitié de l'apothème, qui est une perpendiculaire abaissée du centre sur un des côtés.

§ 5. — *Trouver les degrés contenus dans un angle.*

78. — Lorsque deux lignes sont perpendiculaires l'une à l'autre, comme dans la figure 20, elles forment deux angles droits dont chacun occupe le quart du cercle, et correspond à un arc de 90 degrés. Tout angle droit équivaut donc à 90 degrés.

79. — Deux angles, supplément l'un de l'autre, AEC et CED (fig. 34) valent ensemble deux angles droits, c'est-à-dire 180 degrés. Pour obtenir le nombre de degrés de chacun d'eux, je présente le rapporteur sur l'angle AEC, et je vois qu'il contient 128 degrés ; maintenant, ôtant 128 de 180, valeur des deux angles droits, je trouve que son supplément CED contient 52 degrés.

Exemple :

Valeur de deux angles droits. . . . 180 degrés
Valeur de l'angle ACB. 128

                       Reste. . . . 52

L'angle supplément CED contient donc 52 degrés.

80. — Deux angles, complément l'un de l'autre, comme BEC, CED (fig. 24) valent ensemble un angle droit, c'est-à-dire 90 degrés. Si l'on présente le rapporteur sur l'angle CED, on verra qu'il contient 74 degrés : en ôtant 74 de 90, il restera 16 degrés pour l'angle BEC.

Exemple :

Valeur d'un angle droit. . . . 90 degrés.
Valeur de l'angle CED. 74

                       Reste. . . . 16

L'angle complément BEC contient donc 16 degrés.

§ 6. — *Rectifier les lignes courbes.*

81. — La circonférence d'un cercle quelconque s'obtient en multipliant le diamètre par le nombre 3,14159, qui est la circonférence d'un cercle d'un mètre de diamètre : ce rapport est le plus rapproché.

Exemple :

Rapport. 3,14159
Diamètre AD . . . . . 2,50 . . .

15707950
628318

7,8539750

La circonférence d'un cercle de 2,50 de diamètre a donc 7 mètres 85 centimètres 3 millimètres ; et comme on peut, sans porter préjudice à l'opération, négliger les cinq dernières décimales, on dira 7 mètres 85 centimètres.

82. — On obtient la circonférence d'un ovale ou d'une ellipse (fig. 21) en multipliant le diamètre moyen par le rapport 3,14159 (81).

Pour avoir le diamètre moyen, il ne s'agit que de réunir les deux sommes du petit et du grand axe, et d'en prendre la moitié.

Exemple :

Grand axe AB. 2,50
Petit axe CD. 1,00

3,50

Moitié. 1,75
Rapport. 3,14159

1575
875
175
700
175
525

Circonférence. . . . 5,4977825

La circonférence de l'ovale dont le diamètre moyen sera de 1,75, aura donc 5 mètres 49 centimètres, 7 millimètres etc. ; et, comme le chiffre 7 dépasse le chiffre 5, on dira 5 mètres 50 centimètres.

83. — Pour obtenir la longueur développée ou circonférence d'une ellipse, comme ABC (fig. 74), ou d'une parabole (fig. 75), il ne s'agira que de décrire un demi-cercle EBD circonscrit au cintre proposé ABC, de diviser la moitié de cette demi-circonférence EBD en un certain nombre de parties égales, qui seront autant de rayons égaux entre eux; de prendre la partie de chacun de ces rayons comprise entre le point du centre et la circonférence, ou cintre proposé de la demi-ellipse ABC ; de les ajouter et de prendre une moyenne (*) que l'on multipliera par le rapport 3,14159; le résultat de cette multiplication sera la longueur développée de la demi-ellipse (**).

Exemple :

Rayon DB. . .	6,00
DE. . .	5,85
DF. . .	5,65
DG. . .	5,60
DH. . .	5,50
DI.. . .	5,40
DJ . . .	5,36
DC. . .	5,35
Rayons réunis. . .	44,71

(*) Cette manière de chercher le diamètre moyen d'un ovale ou ellipse, ou de toute autre figure composée de lignes courbes, est préférable à celle que nous avons indiquée à l'article 82 ; on devra donc l'employer de préférence dans ces diverses opérations.

(**) Cette opération servira à trouver la longueur développée des voutes ou berceaux dont le cintre serait surhaussé ou surbaissé, comme le sont les voutes paraboliques ou les voutes elliptiques dont la hauteur des cintres est plus ou moins longue que le rayon d'un cercle circonscrit dont le diamètre serait la largeur de la voute prise à la naissance.

Rayons réunis. . 44,71 { 8   nombre de rayons.

47 (5,58875
71
70
60
40
0

Rayon moyen. . . 5,58875
Rapport . . . . . . 3,14 . . .

2235500
558875
1676625

Produit. . . 17,5486750

La longueur développée du cintre elliptique ABC sera de 17 mètres 54 centimètres 8 millimètres, etc. (*)

84. — Pour trouver la longueur d'un arc ou portion de circonférence d'un cercle AEB (fig. 22), il faut multiplier le nombre de degrés contenus dans l'angle de l'arc proposé par la circonférence de son cercle (81), et diviser le produit par 360, qui est le nombre de degrés que contient la circonférence entière.

Exemple :

Un diamètre de 2,50 (81) a pour circonférence.. . . 7,85
Le nombre de degrés que contient l'angle DAB est.. 1,28

6280
1570
785

Produit des degrés de la circonférence. . 10,0480

(*) L'opération sera la même pour le cintre parabolique ; mais si l'on avait à rectifier une courbe hyperbolique, comme les deux branches de l'hyperbole ne sont pas à égale distance du point du centre, on devra diviser les deux côtés de la circonférence du demi-cercle circonscrit à cette hyperbole en un nombre de parties égales que l'on réunira ensemble pour en prendre une moyenne ; on multipliera ensuite cette moyenne par 3,14159, et le résultat sera la longueur développée (83).

10,0480 (360 degrés contenus dans la circonf. entière.
2848 (2.791
3820
400

La longueur de l'arc AEB sera donc de 2 mètres 79 centimètres 1 millimètre (*).

§ 7. — *Trouver en nombre le point de centre d'un cercle.*

85. — Pour obtenir la longueur du rayon d'un cercle, de quelque grandeur qu'il soit (fig. 25), il ne s'agira que d'élever une perpendiculaire BM sur un point quelconque de la circonférence ; puis, de tirer une ligne du point A au point B, en ayant soin d'incliner cette ligne à dix degrés ou dix-neuf centimètres de pente par mètre vers le centre, où cette droite coupera la circonférence, comme aux points ADFHJ. Cette ligne formera la corde d'un arc de cercle ; et en multipliant la longueur de cette corde par le rapport 2,837, le résultat de la multiplication sera la longueur du rayon, ou le point du centre de la circonférence (**).

Exemple.

L'on obtiendra la longueur de la perpendiculaire EM en divisant la hauteur MB par 0,19, qui est la pente par mètre (***).

(*) En opérant de la même manière pour l'arc BC, on trouvera que la longueur est de 1,134 ; et en réunissant cette longueur à celle de l'arc AEB, on verra que les deux longueurs égalent la demi-circonférence du cercle.

(**) Nous avons cru devoir faire la recherche de ce rapport, pour que, dans les circonstances où l'on ne pourrait employer les moyens connus, on pût toujours trouver le point de centre d'un cercle quelconque.

Cette manière d'opérer est aussi exacte que facile ; et pour en convaincre, nous l'emploierons de préférence dans plusieurs opérations.

(***) L'on comprendra facilement que la hauteur MB est arbitraire, et que la ligne EM s'obtient en divisant la hauteur MB par 0,19, pente par mètre de la ligne AB, comme nous l'avons déjà dit ; et lorsqu'on aura le point E, on obtiendra facilement le point A, en formant la corde AEB.

Hauteur MB. . .   0,0095 | 0,19   pente par mètre.

                         | 0,05

La longueur de la perpendiculaire EM est de 5 centimètres.
En connaissant cette longueur, il sera facile d'obtenir le point A,
qui détermine la longueur de la corde AB.

Longueur de la corde AB. . . .   0,08813

Rapport de la corde au rayon. .   2,837 . .

$$61691$$
$$26439$$
$$70504$$
$$17626$$

Longueur du rayon. . .   0,25002481

La longueur du rayon BL est de 25 centimètres.

§ 8. — *Mesurer la superficie d'un ou de partie d'un cercle.*

86. — La surface d'un cercle s'obtient en multipliant la circonférence entière par la moitié du rayon.

Exemple :

La circonférence d'un cercle dont le diamètre a 2,50,
est de (81). 7,850

Rayon, 1,25, dont la moitié. 0,625

$$3925$$
$$1570$$
$$4710$$

$$4,90625$$

La surface du cercle sera donc de 4 mètres carrés 90 décimètres carrés 62 centimètres carrés 50 millimètres carrés.

87. — Pour obtenir la surface d'un ovale ou ellipse (fig. 21), il faut multiplier la circonférence de l'ovale par la moitié du rayon moyen.

Exemple :

La circonférence d'un ovale dont le diamètre moyen
a 1,75 est de (82).   5,4977
Moitié du rayon, 0,875.   0,4375

$$
\begin{array}{r}
274885 \\
384839 \\
164931 \\
219908 \\
\hline
2,40524375
\end{array}
$$

La surface de l'ovale ou ellipse aura 2 mètres carrés 40 décimètres carrés 52 centimètres carrés 43 millimètres carrés, etc.; l'on peut sans inconvénient négliger les quatre derniers chiffres.

88. — La surface d'un secteur de cercle AEBD (fig. 22) s'obtient en multipliant la partie de la circonférence qu'il occupe par la moitié du rayon.

Exemple :

Longueur de l'arc AEB (84).   2,790
Moitié du rayon de 1,25.   0,625

$$
\begin{array}{r}
1395 \\
558 \\
1674 \\
\hline
1,74375
\end{array}
$$

La surface du secteur aura 1 mètre carré 74 décimètres carrés 37 centimètres carrés 50 millimètres carrés.

89. — Pour obtenir la surface d'un segment de cercle AEB (fig. 22), il ne s'agira que de connaître la surface du secteur AEBD, et d'en extraire la surface du triangle DAB.

Exemple :

Longueur de la corde AB..   2,222
Hauteur DF du triangle DAB, 0,52 ; moitié. . .   0,260
                                                 ─────────
                                                 133320
                                                  44440
                                                 ─────────
Surface du triangle DAB.   0,577720

Surface du secteur AEBD.   1,74375
Report du triangle DAB..   0,57772
                                       ─────────
        Reste pour le segment AEB. .   1,16603

La surface du segment AEB est de 1 mètre carré 16 décimètres carrés 60 centimètres carrés.

90. — L'on peut encore obtenir cette superficie d'une manière plus prompte et presque aussi exacte, en ajoutant les deux tiers de la flèche FE à la moitié de la corde AB (fig. 22), et en multipliant le total par la longueur entière de la flèche.

Exemple :

Moitié de la corde AB.   1,111
Deux tiers de la flèche FE.   0,486
                                        ───────
                                        1,597
Hauteur de la flèche.   0,73
                                        ───────
                                        4791
                                       11179
                                       ───────
                                       1,16581

La surface du segment aura 1 mètre carré 16 décimètres carrés 58 centimètres carrés (*).

§ 9. — *Mesurer la superficie d'une route.*

91. — Pour obtenir la surface d'une partie de route dans laquelle se trouvera une courbe (fig. 26), il faudra d'abord chercher la surface des parties droites AB et DE, comme au n° 69. Si la partie de route se trouvait morcelée par plusieurs propriétés, il faudrait, pour obtenir les surfaces, opérer comme au n° 75. Quant à la partie courbe BCD, si l'on tient à avoir la surface avec précision, il ne s'agira que de connaître le diamètre de son cercle (85), et de chercher la longueur de son arc BCD (84) (**).

Exemple :

Chercher la longueur de la corde GC (85).

Longueur de la corde GC. 8,813
Multiplier par le rapport (85). . . 2,837

$$61691$$
$$26439$$
$$70504$$
$$17626$$

Produit. 25,002481

La longueur du rayon FC étant ainsi de 25 mètres, il ne s'agit maintenant que de connaître la longueur de l'arc BCD (84).

(*) Le résultat de cette opération comparé à celui de la précédente présente 2 centimètres carrés en moins : mais cette manière d'opérer est bien plus commode par sa simplicité.

(**) Nous nous abstenons de faire l'opération pour les deux parties droites, attendu qu'elle est indiquée aux articles 69 et 70 : mais nous avons cru devoir démontrer la manière de mesurer la partie courbe, afin de faire comprendre de quelle utilité est la connaissance du rapport de la corde au rayon.

Longueur de l'arc BCD	30,53
Largeur de la route.	8,00
Surface de la partie courbe. . . .	244,24
Surface des deux parties droites. .	1600,00
Surface totale. . . .	1844,24

Cette partie de route aura pour surface 1844 mètres carrés 24 décimètres carrés, ou, en mesure agraire, 18 ares 44 centiares 24 milliares (*).

§ **10**. — *Trouver la superficie de diverses figures, ou notions pour les mesures agraires.*

92. — Pour trouver la surface d'une pierre ou d'un morceau de bois, ou d'une pièce de terre ayant des angles rentrants, comme en la planche 3 (fig. 27), il ne s'agira que de chercher la surface de chaque trapéze (73) dont cette figure est composée, et d'en former un total qui sera celui de la surface cherchée (**).

Exemple :

Trapèze	AB-*ab*.	2,100
—	BC-*bc*.	0,725
—	CD-*cd*.	1,750
—	DE-*de*.	1,000
—	EF-*ef*.	1,650
—	FG-*fg*.	1,750
	Surfaces réunies. . .	8,975

(*) Si, au lieu d'avoir à mesurer un arc de cercle, l'on voulait avoir la superficie d'un vivier ou de tout autre objet qui eût une grande circonférence, il faudrait faire les trois opérations suivantes :

1º Chercher le rayon (85).

2º Chercher la circonférence (81).

3º Chercher la surface (86).

(**) L'on ne devra jamais prendre pour hauteur la moyenne proportionnelle

La surface de cette figure sera donc de 8 mètres carrés 97 décimètres carrés 50 centimètres carrés.

95. — Pour trouver la surface d'une pierre ou d'un morceau de bois, ou d'une pièce de terre ayant la forme, soit d'un carré, soit d'un carré long, dont l'un des côtés serait ondulé par une ligne courbe (fig. 28), il ne s'agira que de chercher la surface EFHG (74), puis la surface de chaque segment A, B, C (89 et 90), d'ajouter la surface du segment B à la surface EFHG, et de retrancher de cette somme celle des segments A et C (*).

Exemple :

Surface EFHG (74) 3,250
Surface du segment B (89) 0,565

Total 3,815

dont il faut retrancher la somme des deux segments
A, C (89) 0,537

Reste 3,278

La surface de la figure EFGH est donc de 3 mètres carrés 27 décimètres carrés 80 centimètres carrés.

94. — Pour obtenir la surface d'une pierre ou d'un morceau de bois, ou d'une pièce de terre qui aurait la forme d'une par-

---

des perpendiculaires multipliée par la longueur AG, car cette manière serait d'autant plus inexacte que les distances AB, BC, CD. etc., seraient plus inégales. L'on pourrait cependant opérer ainsi si les distances étaient exactement égales.

(*) Si les quatre côtés étaient ondulés, il faudrait toujours tirer les droites HG, EF, FH, EG : puis, faisant la même opération, ajouter à la surface du carré tous les segments qui se trouveraient hors de la figure, comme le segment B, et soustraire du total tous les segments qui se trouveraient renfermés dans la figure, comme les segments A et C. Le reste de la soustraction serait la surface réelle.

tie de secteur d'un cercle, ou *d'un circulaire*, comme on l'appelle vulgairement dans la pratique, et dont une partie serait ondulée comme dans la figure 29, il faudrait avoir la surface,

1° du segment ACDB (89);
2° du triangle HAD (67),
3° des triangles E, I, P, (67);
4° des trapèzes F, G, L, M, N (73);
5° du segment, K, (89).

On additionnerait ensemble ces diverses surfaces, et on retrancherait de la somme totale les surfaces réunies des deux segments JO. Le reste serait la surface de la partie du secteur.

Exemple :

Surface du segment ACBD (89). . . .	0,070875
— du triangle HAD (67).	0,218250
— des triangles E, I, P (67). . .	0,050925
— des trapèzes F, G, L, M, N (73)	0,039325
— du segment K (89).	0,002400
Surfaces réunies. . . .	0,381775

dont il faut retrancher la surface des segments J, O, (89). 0,005250

Reste. 0,376525

La surface de la partie du secteur est ainsi de 37 décimètres carrés 65 centimètres carrés 25 millimètres carrés.

93. — Si le circulaire ou partie du secteur ABDTS (fig. 28) est sans sinuosité, et par conséquent à vive-arête, on en obtiendra la surface de la manière suivante :

1° Chercher le rayon (85);
2° Chercher la surface du secteur ABDR (88);
3° Oter du secteur la surface du triangle RST (67).

Exemple :

Surface du secteur ABDR. 0,5250
Retrancher la surface du triangle RST. 0,0819

Reste. 0,4431

La surface de la partie du secteur ABDTS est de 44 décimètres carrés 31 centimètres carrés.

§ 11. — *Mesurer les constructions de bâtiments.*

96. — Pour obtenir la surface d'un mur, avec ou sans ouvertures, comme en la planche 4, figure 21, il faudra d'abord chercher la surface totale : si le mur était sans ouvertures, l'opération serait alors terminée ; mais s'il y avait des ouvertures, il faudrait prendre la surface de chacune d'elles, les réunir ensemble, et retrancher le total de la surface entière du mur. On prendrait ensuite la surface de la pierre de taille que l'on déduirait de ce reste, pour avoir la surface de la maçonnerie de moëllon ordinaire.

Exemple :

Surface du rectangle ADEF (69). . . 52,0000
Surface du pignon ABD (67). 10,0000

Total de la surface entière. . . 62,0000

A déduire pour les ouvertures :

OEil-de-bœuf du pignon (87). . . 0,2826

Croisées du 1er { partie droite (69). . . 4,500
{ partie cintrée (86) . 1,1775

Porte cochère { partie droite (69). . . 5,9800
{ partie cintrée (86). . 1,4169

Croisées du rez-de-chauss. (69). 4,0000

17,3570

Reste pour toute la maçonnerie. . . . 44,6430
y compris la pierre de taille.

Pour avoir la surface de la pierre de taille de l'œil-de-bœuf, il faut chercher la circonférence moyenne du bandeau : pour cela, il faut réunir au petit et au grand axe 0,30, qui est la largeur du bandeau, et l'on aura ainsi la longueur moyenne de chaque axe, prise sur l'axe du bandeau.

Exemple :

Longueur du petit axe, prise sur le bandeau. . . .	0,70
Longueur du grand axe, prise comme le petit. . . .	1,40
Longueurs réunies. . .	2,10
Longueur moyenne. . .	1,05

Le diamètre moyen de l'œil-de-bœuf étant de 1,05, ou en cherchera la circonférence comme il est indiqué en l'article 82, et l'on multipliera par 0,30, largeur du bandeau : le résultat sera la surface de la pierre de taille de l'œil-de-bœuf (*).

Maintenant que nous avons démontré la manière d'obtenir toutes les surfaces partielles, nous allons continuer l'opération.

Nous reportons ici le total de la maçonnerie. . 44,6430

Premier.....
- surface du bandeau de l'œil-de-bœuf. . . . 0,9896
- surface du bandeau des trois croisées GHIJ. 4,1400
- partie courbe des trois croisées GHIJ. . . . 1,4100

Rez-de-chaussée.
- surface du bandeau de la porte cochère, partie courbe. . . . 0,8940
- surface du bandeau des parties droites, ou pieds-droits des croisées et de la porte cochère. 5,7000

13,1336

Reste pour la maçonnerie de moëllon. . . . 31,5094

(*) On fera la même opération pour le bandeau de la porte cochère ; seule-

La surface de la pierre de taille sera donc de 13 mètres carrés 13 décimètres carrés 36 centimètres carrés (*), et la surface de la maçonnerie de moëllon ordinaire sera de 31 mètres carrés 50 décimètres carrés 94 millimètres carrés (**).

---

ment comme cette anse de panier n'est qu'un demi-ovale, il faudra avoir soin de prendre la moitié de la somme, ou bien multiplier la circonférence par 0,30, largeur du bandeau. L'on comprendra que si le cintre n'était qu'un arc de cercle au lieu d'une ellipse, il faudrait chercher la partie de circonférence qu'il occupe, comme à l'article 84.

Pour avoir la surface du bandeau des croisées, comme elles sont plein-cintre, et que, par conséquent, elles égalent la moitié de la circonférence du cercle, il faut chercher leur circonférence entière comme au n° 81, en prendre la moitié que l'on multipliera par 0,30, largeur du bandeau ; puis par 3, qui est le nombre des croisées. Nous répéterons encore que pour obtenir la circonférence du bandeau, il faut toujours prendre le diamètre d'un axe à l'autre du bandeau pour avoir le diamètre moyen ; car si l'on prenait le diamètre entre l'arête inférieure, la circonférence serait trop courte : et si on le prenait entre l'arête supérieure, la circonférence serait trop longue. Ce n'est qu'en prenant le diamètre à l'axe du bandeau qu'on obtiendra la circonférence moyenne.

(*) Si les bandeaux ou chambranles étaient ornés de moulures, ainsi que l'entablement, on prendra la mesure de chaque membre de moulure, ou seulement de chaque corniche. Ce serait le prix ou les conditions du marché qui devraient décider du mesurage. Si c'est à tant le mètre pour chaque membre de moulure, ou si c'est à tant le mètre pour chaque corniche, on comprendra qu'il s'agira toujours alors du mètre linéaire, et non pas du mètre carré.

(**) En connaissant la surface de la maçonnerie ordinaire, il sera facile de savoir combien il y aura de surface pour le crépissage ou enduit, puisque ce sera la même surface.

L'on pourra aussi déterminer le nombre de mètres carrés de bois qu'il faudra pour les fermetures, ainsi que le nombre de mètres carrés de peinture qu'il faudra pour lesdites fermetures, puisqu'on connaît la surface de chaque vide.

On voit donc que cette opération peut servir à plusieurs mesurages à la fois.

TROISIÈME PARTIE.

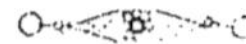

DES SURFACES PLANES ET LATÉRALES DES CORPS.

97. — Nous nommerons surfaces planes et latérales des corps, toute superficie qui appartiendra à un solide dont le plan sera rectiligne, comme les pyramides, les prismes, etc.

§ 1ᵉʳ. — *Mesurer la surface d'un exaèdre.*

98. — Pour obtenir la surface d'un exaèdre, comme figure 30, planche 3, il ne s'agit que de chercher la surface de chacun des côtés (69) et de réunir toutes ces surfaces.

Exemple :

Côté AB.	16,00	
Côté BC.	16,00	
Côté CD.	16,00	64,00
Côté DA.	16,00	

La surface latérale de l'exaèdre aura 64 mètres carrés.

99. — On pourra encore obtenir cette surface en multipliant le pourtour AB, BC, CD, DA par la hauteur DE.

Exemple :

Longueur AB.	4,00
Longueur BC.	4,00
Longueur CD.	4,00
Longueur DA.	4,00
Longueur développée.	16,00
à multiplier par la hauteur DE. .	4,00
	64,00

On voit que la surface est la même qu'à l'article précédent.

§ 2. — *Mesurer la surface latérale d'un prisme.*

100. — Pour obtenir la surface latérale du prisme triangulaire (fig. 31), ou du prisme quadrangulaire (fig. 32), ou du prisme hexagonal (fig. 34), il faut multiplier la longueur développée du pourtour par la hauteur d'une des arètes du prisme (99).

101. — Pour obtenir la surface latérale d'un prisme tronqué obliquement (fig. 33), il faudra multiplier la hauteur moyenne par la longueur développée ou pourtour (99).

Exemple :

Hauteur AB.	3,00	
— DC.	4,50	
— EF.	3,50	
— GH.	3,70	
Total à diviser par le nombre d'arètes	14,70	4 nomb. d'arètes
	27	3,675
	30	
	20	

La hauteur moyenne est de 3,675.

Longueur du côté AF. 2,00
    —   —   AD. 2,00
    —   —   FG. 1,50
    —   —   DG. 1,50

Longueur développée. . . 7,00
à multiplier par la hauteur moyenne. . . 3,675

$$35$$
$$49$$
$$42$$
$$21$$

$$25,72500$$

La surface cherchée est de 25 mètres carrés 72 décimètres carrés 50 centimètres carrés.

§ 5. — *Mesurer la surface latérale d'une pyramide.*

102. — Pour obtenir la surface latérale d'une pyramide (fig. 35), il faudra multiplier la longueur développée ou pourtour de la base par la moitié de la hauteur (*).

Exemple :

Longueur FE. 2,00
    —   ED. 2,00
    —   CD. 2,00
    —   FC. 2,00

Longueur développée ou pourtour. . 8,00

(*) Lorsqu'on cherche la surface d'une pyramide, on ne doit jamais se servir, pour prendre la hauteur moyenne, des arêtes AE, AC, AF, AD (fig. 35); car ces lignes seraient trop longues, et la ligne IF serait trop courte; ce n'est que sur l'apothème AH que doit être calculée la hauteur moyenne.

Hauteur AH.   5,00

Moitié.   2,50
Pourtour.   8,00

Produit.   20,00

La surface latérale de la pyramide quadrangulaire (fig. 35) sera de 20 mètres carrés (*).

105. — Pour trouver la surface latérale d'une pyramide tronquée (fig. 38), il faut :

1° Chercher le pourtour de la base et celui du sommet ;
2° Réunir ces deux longueurs,
3° En prendre la moitié pour former le pourtour moyen ;
4° Multiplier cette longueur moyenne par la hauteur de l'apothème AB.

Exemple :

Les six côtés de la base supérieure, ou sommet, ayant chacun 1,50 de long, forment une longueur développée de.   9,00

Les six côtés de la base inférieure ayant chacun 2,00 de long, donnent une longueur développée de.   12,00

Total.   21,00

dont la moitié est.   10,50
à multiplier par la hauteur AB.   7,00

Produit. . . .   73,5000

La surface latérale de la partie AB aura 73 mètres carrés 50 décimètres carrés.

(*) Pour les autres pyramides, telles que la pyramide triangulaire (fig. 36), la pentagonale (fig. 37), etc., il faudra, comme nous l'avons déjà dit, multiplier le pourtour de la base par la moitié de l'apothème, comme nous venons de le faire pour la pyramide quadrangulaire (102).

104. — Pour obtenir la surface latérale d'une pyramide tronquée obliquement, telle que EF (fig. 38), les côtés n'étant pas de même hauteur, il faudra chercher la surface de chacun de ces côtés, qui formeront six trapézoïdes, ou quatre trapézoïdes et deux trapèzes isocèles, suivant la direction de la coupe. Si la coupe est dirigée de C en F (fig. 12) *, les six côtés auront alors la forme d'un trapézoïde, et on obtiendra leur surface de la manière indiquée à l'article 75. Si, au contraire, la coupe était faite de AB en ED, les deux côtés 1 et 4 auraient la forme d'un trapèze isocèle, et on obtiendrait la surface comme il a été dit à l'article 73. Après avoir pris la surface de chaque côté en particulier, on réunit tous les résultats, et la somme totale forme la surface de la pyramide tronquée (**).

105. — Quant à la pyramide oblique (fig. 39), l'on obtiendra la surface latérale de chaque côté, en ayant soin d'élever sur chacune des faces des perpendiculaires qui serviront à obtenir la surface de chaque triangle. On réunira ensuite ces diverses surfaces pour avoir la surface totale (67) (***).

(*) La figure 12 donne le plan de la pyramide hexagonale (fig. 38).

(**) Si une pyramide était tronquée, comme DA, et que la partie supérieure fût supportée par des pieds-droits, il faudrait, pour avoir la surface latérale, faire l'opération comme si la pyramide était entière, et chercher la surface du vide, que l'on déduira de la surface totale; le reste sera la surface latérale du plein.

Si le vide DA avait une base oblique, comme EF, on prendrait pour hauteur la perpendiculaire CD.

(***) Si ces corps ou solides étaient vides dans l'intérieur, comme le sont les flèches de quelques clochers, les tourelles de quelques châteaux, etc., on concevra facilement que pour avoir la surface latérale du parement intérieur, il faudra opérer comme pour le parement extérieur; seulement la surface sera moins grande à cause de l'épaisseur des murs.

QUATRIÈME PARTIE.

DES SURFACES CYLINDRIQUES.

106. — Il y a deux sortes de surfaces cylindriques ; l'une convexe ou extérieure, l'autre concave ou intérieure.

On appelle surface latérale le parement extérieur ou intérieur d'une colonne ou d'un cylindre qui est évidé. Par exemple, on dirait : Napoléon a fait buriner sur la surface convexe ou extérieure de la colonne les hauts faits de la grande armée, et il a fait construire le long de la surface concave ou intérieure un superbe escalier qui conduit au sommet de la colonne.

La surface convexe est aussi le parement extérieur d'une boule ; et si la boule était creuse, le parement intérieur présenterait une surface concave. Ainsi, on dirait la surface convexe du dôme des Invalides est couverte en ardoise, et la surface concave de ce même dôme forme le ciel du tombeau de l'Empereur.

§ 1er — *Mesurer la surface latérale d'un cylindre.*

107. — Pour obtenir la surface latérale d'un cylindre (fig. 40), il faut chercher la longueur développée ou pourtour d'une

de ses bases, comme à l'article 81, et multiplier cette circonférence par la hauteur du cylindre.

Exemple :

Le diamètre du cylindre étant 2,50, la circonférence est de.   7,85
          Hauteur du cylindre.   5,20

$$15700$$
$$3925$$

        Produit. . .   40,8200

La surface du cylindre sera de 40 mètres carrés 82 décimètres carrés.

108. — Pour obtenir la surface latérale d'un cylindre coupé
obliquement, comme DE (fig. 40), il faudra chercher la circonférence de la base inférieure, comme à l'article 81, et la multiplier par la hauteur du cylindre prise de B en C. Cette opération ne diffère de la précédente qu'en ce qu'il faut prendre
pour multiplicateur la hauteur moyenne.

109. — Si la surface latérale d'un cylindre présentait la
forme d'un fût de colonne (fig. 47), et qu'il eût, par conséquent, trois diamètres différents, il faudrait, pour en avoir la
surface, faire deux opérations. Dans la première, il faudrait
chercher le diamètre moyen de la partie ED, puis la circonférence de ce même diamètre (81), que l'on multiplierait par la
hauteur DE, et l'on aurait ainsi la surface de la partie inférieure
EFDC. La surface de la partie ABCD s'obtiendrait de la même
manière, c'est-à-dire que l'on chercherait d'abord le diamètre
moyen, puis la circonférence de ce diamètre, et que l'on multiplierait cette circonférence par la hauteur DA. — Réunissant
alors ces deux surfaces, on aurait la surface totale du cylindre
ou fût de colonne.

Exemple :

Diamètre de la base inférieure EF. 2,00
Diamètre de la partie renflée BC. 1,90

Diamètres réunis. . . . 3,90

Diamètre moyen. . . . 1,95

Le diamètre moyen de la partie EDFC étant de 1,95, la circonférence de ce diamètre sera de. 6,12
Hauteur ED. 1,35

3060
1836
612

Produit. . . 8,2620

Diamètre de la base supérieure AB. 1,40
Diamètre de la partie renflée DC. 1,90

Diamètres réunis. . . . 3,30

Diamètre moyen. . . . 1,65

Le diamètre moyen de la partie DABC étant de 1,65, la circonférence de ce diamètre sera de. 5,18
Hauteur DA. 2,65

2590
3108
1036

Produit. . 13,7270

Surface de la partie EDFC. . . 8,2620
Surface de la partie DABC. . . 13,7270

Surfaces réunies. . . 21,9890

La surface totale du cylindre est de 21 mètres carrés 98 décimètres carrés 90 centimètres carrés (*).

§ 2. — *Mesurer la surface latérale d'un cône.*

110. — Pour obtenir la surface latérale d'un cône droit (fig. 48), il faut chercher le pourtour de la base AB (81), et multiplier cette circonférence par la moitié de la hauteur CD.

Exemple :

Le diamètre AB étant de 2,00, la circonférence sera   6,28
Hauteur CD 4,00, dont la moitié.   2,00
                                        Produit. 12,5600

La surface latérale du cône est de 12 mètres carrés 56 décimètres carrés.

111. — Pour obtenir la surface latérale d'une partie de cône tronqué dont les deux bases sont parallèles, comme AB (fig. 49), il faut chercher la circonférence moyenne entre la base inférieure A et la base supérieure B (81), et multiplier cette circonférence moyenne par la hauteur de l'un des côtés CD ou EF.

(*) La surface latérale d'un cylindre oblique (fig. 50) s'obtient de la même manière que celle du cylindre droit, c'est-à-dire en multipliant la circonférence cherchée sur la ligne AB, perpendiculaire au côté du cylindre, par la hauteur CD. Le moyen le plus court pour obtenir cette circonférence, est d'entourer le cylindre avec un cordeau et d'en prendre la longueur développée.

Exemple :

Diamètre de la base inférieure 2,00, circonférence   6,28
Diamètre de la base supérieure 1,20, circonférence   3,77

$$\text{Total. . .} \quad 10,05$$

Circonférence moyenne. . .   5,025
Hauteur CD.   1,60

301500
5025

8,04000

La surface de la partie du cône tronqué est de 8 mètres carrés 4 décimètres carrés.

112. — Si le cône ou partie du cône, au lieu d'être entre deux bases parallèles, était tronqué obliquement, comme GH (fig. 49), pour en obtenir la surface il faudrait ajouter le côté le plus bas au côté le plus haut, en prendre la moitié pour en avoir la hauteur moyenne, ou, si l'on aimait mieux, prendre la hauteur sur la perpendiculaire KL, que l'on multiplierait par la circonférence moyenne des deux bases réunies GH, CE (81) (*).

(*) Si la base du cône avait la forme d'un ovale ou d'un sphéroïde, il faudrait, pour en avoir la surface latérale, chercher le pourtour de la base, comme à l'article 82, et continuer l'opération comme pour les autres cônes.

Si le cône était tronqué et que la partie supérieure fût supportée par des piliers ou colonnes, pour avoir la surface de la maçonnerie, il faudrait chercher la surface totale du cône (110), puis, par les mêmes moyens, celle du vide, et retrancher cette dernière surface de la première, comme nous l'avons indiqué pour la pyramide tronquée, à la note de l'article 104. Si le vide avait une base oblique, comme GH, il faudrait prendre la hauteur moyenne, comme nous venons de l'indiquer pour le cône tronqué.

Exemple :

Diamètre de la base GH, prise sur IJ, 160 ; — circonférence. 5,02

Diamètre CE de la base inférieure 2,00 ; — circonférence. 6,28

Total de la circonférence. . . . 11,30

Moitié. 5,65

Hauteur CG. 0,40
Hauteur FH. 1,60

Total. 2,00

Moitié. 1,00

Hauteur moyenne KL. . . 1,00
Circonférence moyenne. . 5,65

500
600
500

Produit. 5,6500

La surface latérale du cône tronqué obliquement (fig. 49), est de 5 mètres carrés 65 décimètres carrés.

113. — Pour trouver la surface latérale d'un cône oblique (fig. 51), que la géométrie élémentaire ne donne pas les moyens d'obtenir, on peut diviser ce cône en autant de parties que l'on voudra, chercher la moyenne entre les perpendiculaires, en prendre la moitié, et multiplier cette moitié par le pourtour de la base AB (81).

Nous allons en donner un exemple et prendre une moyenne des trois perpendiculaires AD , BD, CD, tracées à la figure 51.

Diamètre ABC, 2,00; — circonférence. 6,28

Hauteur AD. . . 4,00
Hauteur BD. . . 4,50
Hauteur CD. . . 5,00

Total. . . 13,50 $\Big\{$ 3 nomb. de perpendicu^{l}

4,50

Hauteur moyenne. . . 4,50
Circonférence. 6,28

3600
900
2700

28,2600

La surface du cône oblique sera donc de 28 mètres carrés 26 décimètres carrés.

114. — Pour obtenir la surface latérale d'un vase qui aurait la forme d'un cône tronqué et dont la surface serait concave, il faudrait chercher : 1° la circonférence moyenne entre la base supérieure CB (fig. 56) et la base inférieure DA; 2° la longueur de l'arc DC ou de l'arc AB (84), qui forment la hauteur de la partie concave du vase ou cône tronqué; multiplier ensuite cette hauteur par la circonférence moyenne, et le résultat sera la surface du vase.

Exemple :

Le diamètre supérieur CB ayant 4,00, la circonfé-
rence aura. 12,56
Le diamètre inférieur DA ayant 1,00, la circonfé-
rence aura. 3,14

Total. 15,70

dont la moitié, qui est la circonférence moyenne. . .   7,85
Hauteur de l'un des arcs CB ou DA..   3,80

    62800
    2355

Produit.   29,8300

La surface latérale du vase sera de 29 mètres carrés 83 décimètres carrés (*).

115. — Pour obtenir la surface latérale d'un tonneau (fig 57), il faut chercher la circonférence moyenne entre le diamètre CD, qui est le diamètre du ventre, et l'un des diamètres de ses deux bases (81); on multipliera ensuite cette circonférence moyenne par la hauteur du tonneau.

Cette opération est la même que celle pour obtenir la surface d'un cône tronqué (111).

Exemple :

Diamètre CD, 3,00; circonférence..   9,42
Diamètre AB ou EF, 2,00; circonférence.   6,28

Total.   15,70

dont la moitié, ou circonférence moyenne, est. . .   7,85
Hauteur GH.   4,00

Produit. . . .   31,4000

(*) On peut obtenir par le même moyen la surface d'un comble concave, soit d'un pavillon couvert en ardoises, soit de tout autre objet.

Si la couverture du pavillon était en forme de pyramide tronquée, il faudrait, pour en obtenir la surface, chercher la moyenne du pourtour de ses deux bases, comme à l'article 103, puis la longueur de l'arc qui forme la partie concave, comme CD (fig. 56), et qui déterminera la hauteur, que l'on multipliera par la base moyenne. Si la couverture avait la forme d'un cône tronqué, on opérerait comme à l'article 114. Si, au contraire, la pyramide ou le cône étaient entiers, on n'aurait qu'à chercher le pourtour de la base, que l'on multiplierait par la moitié de la longueur de l'arc développé.

La surface latérale du tonneau est de 31 mètres carrés 40 décimètres carrés (*).

§ 3. — *Mesurer les surfaces rondes.*

116. — La surface de la sphère ou boule (fig. 42) est égale au produit de la circonférence de son plus grand cercle pris sur l'axe AB (81), multiplié par le diamètre de ce même cercle. On pourrait également dire qu'elle est égale à la surface convexe d'un cylindre circonscrit à cette même sphère ; car en multipliant la circonférence du grand cercle AB de la sphère par le diamètre de cette même circonférence, ou le pourtour de la base CD du cylindre par la hauteur CE du même cilindre, on obtiendra la même surface.

Exemple :

Circonférence de la sphère. . .	7,85
Diamètre.	2,50
	39250
	1570
Produit.	19,6250
Circonférence du cilindre. . . .	7,85
Hauteur CE.	2,50
	39250
	1570
Produit.	19,6250

(*) Si l'on tient à avoir cette surface avec plus de précision, il faut diviser le tonneau en plusieurs parties du ventre à chacune de ses bases, et chercher la circonférence moyenne de chacune de ces parties. Alors on tiendra mieux compte de la courbure des douves.

Si on voulait obtenir la surface intérieure du tonneau, on emploierait les mêmes moyens, comme nous l'avons fait remarquer à la note de l'article 105.

On voit que d'une manière ou de l'autre l'opération produit le même résultat, et que la surface de la sphère est de 19 mètres carrés 62 décimètres carrés 50 centimètres carrés.

117. — Un secteur sphérique, comme AHGJ (fig. 42), peut avoir la forme d'une pyramide ou d'un cône ; car si sur l'axe A de la sphère ou boule, on trace pour la base du secteur une figure à plusieurs côtés, cette figure engendrera un secteur AE en forme de pyramide. Dans ce cas, pour avoir la surface entière de ce secteur, il faudra former une corde du point G au point J, c'est-à-dire d'un angle à l'autre de la pyramide, et déterminer par cette corde un arc de cercle qui servira à obtenir la surface convexe de la base.

Si, au contraire, on décrivait un cercle sur le même point A, ce cercle engendrerait un secteur AE en forme de cône. Dans ce dernier cas, il faudrait, pour avoir la surface totale, chercher celle du cône régulier (110) et celle de la calotte, qui est la base convexe de ce cône ; ces deux surfaces réunies formeront la surface totale.

L'on obtiendra la surface de la calotte entière en opérant comme à l'article 121.

Mais pour avoir cette même superficie à la base du secteur pyramidal, l'opération sera plus compliquée.

Après avoir trouvé la surface entière de la calotte, comme si c'était pour le secteur conique, il faudra en déduire les segments sphériques (123) formés par les faces planes de la pyramide ou secteur, sur le cercle circonscrit à sa base.

Exemple :

Diamètre FK du grand cercle de la sphère. . . 2,50

Circonférence. 7,85
Hauteur AI de la calotte. . . . 0,10
____
Base du secteur conique. . 0,7850

Hauteur du plan vertical. 0,05
Hauteur du plan horizontal. 0,18

                                            040
                                            005

                                            0,0090 .
              Rapport. . . . .   3,14 . . .

                                            360
                                             90
                                            270

        Surface d'un segment. . . . 0,028260
        Nombre de segments. . . .   4

Surface des quatre segments. 0,113040

Surface de la calotte entière. 0,7850
Surface des quatre segments engen-
    drés par les faces de la pyramide. 0,1130

              Reste. 0,6720

Surface latérale du secteur conique. . . 1,884
Surface convexe de sa base. 0,785

Surface totale du secteur conique. . . . 2,669

Surface latérale du secteur pyramidal. . 2,400
Surface convexe de sa base. 0,672

Surface totale du secteur pyramidal. . . 3,072

La surface du secteur conique et sphérique sera de 2 mètres carrés 66 décimètres carrés 90 centimètres carrés.

La surface totale du secteur sphérique et pyramidal sera de 3 mètres carrés 7 décimètres carrés 20 centimètres carrés.

118. — Détail de la sphère coupée dans plusieurs sens, et dont on obtiendra la surface des parties en multipliant par la circonférence du grand cercle le diamètre ou partie de diamètre occupé par le segment sphérique.

1. (F. 42.) Diamètre AB, 2,50; circonférence (81)   7,8500000
2. Surface de la sphère   19,6250000
3. Demi-surface de la calotte entière prise sur l'axe AB.   9,8125000
4. Demi-surface de la calotte prise sur AB et sur EC, à 1,25 du point E et du point C.. .   4,9062500
5. Surface du quart de la calotte prise sur AB et sur EC, à 0,625 du point F ou du point K   2,4531250
6. Surface du quart de la calotte, ou seizième partie de la sphère, prise sur un point horizontal AB et sur le point vertical CD (fig. 45), à 0,625 du point E   1,2265625

119. — Pour obtenir la surface d'une zone ou partie de sphère comprise entre deux cercles parallèles, comme ABCD (fig. 43), il faut multiplier la circonférence du grand cercle (81) prise sur l'axe EF, par la partie du diamètre GH, occupée par la zone ou portion de sphère.

Exemple :

Diamètre EF, 2,50 ; circonférence. . . .   7,85
Portion de diamètre de la sphère GH. .   1,25
$$\begin{array}{r} 3925 \\ 1570 \\ 785 \\ \hline \end{array}$$
Produit. 9,8125

Puisque la zone dont il s'agit occupe la moitié de la sphère, elle aura aussi la moitié de la surface, qui est 9 mètres carré 81 décimètres carrés 25 centimètres carrés (118, n° 3) (*).

120. — Lorsque la zone (fig. 43) n'occupera qu'une partie de diamètre, il faudra toujours chercher la surface entière, comme à l'article 119, et établir la proportion suivante :

Le diamètre entier est à la surface entière de la zone comme la partie du diamètre occupée par la partie de la zone en question est à x ; cette portion de zone sera donc égale au produit de la partie du diamètre dont on veut trouver la surface, par la surface entière de la zone divisée par le diamètre entier.

Exemple :

Surface entière de la zone (comme à
    l'article 119). 9,8125
Partie du diamètre occupée par la
    portion de la zone ABSR. 1,10

$$
\begin{array}{l}
981250 \\
98125 \\
\hline
10{,}793750 \\
\phantom{10{,}}793 \\
\phantom{10{,}7}437 \\
\phantom{10{,}}1875 \\
\phantom{10{,}}1250
\end{array}
\left\{
\begin{array}{l}
2{,}50 \;\text{diam. entier.} \\
\hline
4{,}3175
\end{array}
\right.
$$

(*) Si la zone était plus ou moins grande que la demi-sphère, il faudrait, pour en obtenir la surface avec précision : 1° chercher la surface entière de la sphère ; 2° chercher la surface des parties supprimées ou calottes sphériques, comme à la note de l'article 130 ; 3° soustraire ces dernières surfaces de la surface totale de la sphère. Le restant sera la surface de la zone.

La partie de la zone ABCD sera de 4 mètres carrés 31 décimètres carrés 75 centimètres carrés.

121. — Pour obtenir la surface d'une portion de sphère ou calotte sphé.ique ABC (fig. 44), il faut multiplier la circonférence du grand cercle pris sur l'axe AC (81) par la partie du diamètre EB qui est comprise dans cette calotte sphérique.

Exemple :

Diamètre AC 2,50; circonférence. . . 7,85
Hauteur de la calotte EB. 1,25

3925
1570
785

Produit. . . . 9,8125

La calotte aura la surface de la demi-sphère, puisqu'elle occupe la moitié du diamètre ; elle aura donc 9 mètres carrés 81 décimètres carrés 25 centimètres carrés (118, n° 3).

122. — Pour prouver que l'opération est la même, à quelque point que l'on coupe la sphère , nous allons prendre un autre exemple sur le segment AFB (fig. 46).

Diamètre GH 2,50 ; circonférence. . . 7,85
Hauteur de la calotte sphérique. . . . 0,625

3925
1570
4710

Produit. . . 4,90625

Ce segment a pour surface 4 mètres carrés 90 décimètres carrés 62 centimètres carrés 50 millimètres carrés (118, n° 4).

123. — Pour obtenir la surface du quart de la sphère ou demi-calotte formant le quartier d'une pomme, il faut multiplier d'abord la hauteur du plan vertical EC par la longueur du plan horizontal AB (fig. 45), puis le produit par le rapport 3,14159 : le résultat sera la surface demandée.

Exemple :

Hauteur du plan vertical EC.	1,25
Hauteur du plan horizontal AB. . . .	1,25
	625
	250
	125
	1,5625
Rapport.	3,14..
	62500
	15625
	46875
Produit.	4,906250

La surface de la demi-calotte sera de 4 mètres carrés 90 décimètres carrés 62 centimètres carrés 50 millimètres carrés (118, n° 4) (*).

(*) Dans cette opération, nous avons négligé les trois derniers chiffres du rapport ; mais si l'on voulait opérer avec plus de précision, il faudrait employer le rapport entier.

124. — Pour obtenir la surface du quart de la calotte, ou seizième partie de la sphère, il faudra opérer comme à l'article précédent.

Exemple :

Hauteur du plan vertical IF (fig. 46). . . 0,625
Longueur du plan horizontal IB. 0,625

3125
1250
3570

0,390625
Rapport. 314

1562500
0390625
1171875

Produit. 1,22656250

La surface du quart de la calotte est de 1 mètre carré 22 décimètres carrés 65 centimètres carrés 62 millimètres carrés etc. (118, n° 6).

125. — Il résulte de ce qui précède que, pour avoir la surface d'une niche ou demi-calotte d'une sphère, il faudra multiplier d'abord la profondeur du plan horizontal par la hauteur du plan vertical, puis ce produit par le rapport 3,14159. Quant à la partie cylindrique MLON, on en obtiendra la surface en multipliant la partie occupée par le mur par la hauteur de ce même mur ; et comme ce mur cylindrique AFB n'est qu'un arc de cercle, on cherchera sa longueur développée comme il est dit à l'article 84.

Exemple :

Hauteur du plan vertical JK. . . . 1,05
Profondeur du mur cylindrique . . 0,625
                                     ————
                                      525
                                      210
                                      630
                                     ————
                                     6,5625
          Rapport. . . . 3,14 . . .
                                     ————
                                    262500
                                     65625
                                    196875
Surface de la demi-calotte. . 20606250

Longueur développée du mur cylindrique AB. . 2,616
Hauteur NO. 2,00
        Surface du mur cylindrique.. . . . 5,2320000
        Surface de la demi-calotte. 2,0606250
            Surface totale de la niche. . 7,2926250

La surface de la niche est de 7 mètres carrés 29 décimètres
carrés 26 centimètres carrés, etc.

126. — On peut également obtenir cette même surface en
multipliant la circonférence du diamètre MO par la profondeur
du mur cylindrique IF, et en prenant la moitié de ce produit
que l'on ajoutera à la surface du mur cylindrique AFB.

Exemple :

        Circonférence MSO. . . 6,5940
        Profondeur du mur. . . 0,625
                               ————
                              329700
                              131880
                              395640
Surface de la calotte entière . . 4,1212500
Moitié. 2,0606250
Surface du mur cylindrique. . . 5,2320000
    Surface totale de la niche. . 7,2926250

La surface de la niche MLJNO est, comme à l'article précédent, de 7 mètres carrés 29 décimètres carrés 26 centimètres carrés, etc. (*)

§ 4. — *Mesurer la surface d'un berceau.*

127. — Pour obtenir la surface d'une voute ou berceau plein-cintre (fig. 52), soit le parement intérieur ou intrados JIK, soit le parement extérieur ou extrados AL, il ne s'agira que de chercher la longueur développée de l'un ou de l'autre demi-cercle, que l'on obtiendra en multipliant l'un des rayons GI ou GL par le rapport 3,14159, et de multiplier chacune de ces longueurs développées par la longueur de la voute.

Exemple :

Parement intrados { Rayon GI , 2,50; circonférence. 7,85
Longueur de la voute. 8

Produit. 62,80

Parement extrados { Rayon GL, 2,90; circonfér. . 9,1006
Longueur de la voute. 8

Produit. 72,8048

La surface de l'extrados, ou parement extérieur de la voute ou berceau, aura 72 mètres carrés 80 décimètres carrés 48 cen-

---

(*) Il existe une autre manière bien plus précise d'obtenir la surface d'une niche quelconque; mais l'opération est plus compliquée que celle que nous venons d'indiquer, et elle est beaucoup moins à la portée des personnes qui ne sont pas fortes en arithmétique. Elle consiste à multiplier le rayon KN par la hauteur de la calotte JK, et à prendre la racine carrée que l'on multiplie par la circonférence du plan AFB.

limètres carrés ; et celle de l'intrados, ou parement intérieur, sera de 62 mètres carrés 80 décimètres carrés (*).

128. — Si la voûte ou berceau présentait la forme d'un arc de cercle, comme à la figure 55, il faudrait, pour en obtenir la surface intérieure ou intrados AJI, chercher, par le moyen indiqué à l'article 84, combien l'arc contient de degrés, et, par conséquent, quelle est la partie de circonférence qu'il occupe. Pour l'extrados CFH, il faudra aussi savoir quelle est la partie de circonférence qu'il occupe, et multiplier ces longueurs développées par la longueur de la voûte.

Exemple :

Intrados : Rayon AB, 2,55 ; circonférence entière du cercle, 16,01 ; partie de cette circonférence occupée par l'arc AJI. 4,67
Longueur de la voûte MN.. 8,00

Surface de la partie intérieure ou intrados de la voûte 37,3600

Extrados : Rayon CD, 3,65 ; circonférence entière du cercle, 20,40 ; partie occupée par l'arc CEH. . . . 5,67
Longueur de la voûte.. 8,00

Surface de l'extrados. 45,3600

La surface de l'intrados ou partie intérieure de la voûte ou

(*) On voit d'après cela que l'extrados de la voûte a une surface plus grande que l'intrados.

Il arrive souvent que l'extrados, au lieu d'être plein-cintre, présente la forme d'un arc de cercle sur lequel on étend une couche de mortier que l'on nomme *chape*, afin de le garantir des eaux pluviales. Pour en trouver la surface, il faudra opérer comme à l'article 128.

berceau sera de 37 mètres carrés 36 décimètres carrés ; et celle de l'extrados ou partie extérieure, de 45 mètres carrés 36 décimètres carrés (*).

129. — Pour obtenir la surface d'une voute ou d'un berceau à cintre inégal, plus étroit à son extrémité qu'à son entrée (fig. 54), il faudra chercher la longueur développée du cintre EFG*fg* (81) ainsi que celle de ABC, *abc*, les réunir, en prendre la moitié, et multiplier cette moitié par la longueur de la voute, prise sur l'axe D*d*, ou HI.

Exemple :

Circonférence occupée par ABC, *abc*. .	3,14
Circonférence occupée par EFG, *efg*. .	6,28
Circonférences réunies. . . .	9,42
Circonférence moyenne. . . .	4,71
Longueur de la voute HI. . .	8,00
Produit.	37,6800

La voute ou berceau à cintre inégal (fig. 54) aura pour surface 37 mètres carrés 68 décimètres carrés (**).

(*) Si la voute ou berceau était de biais, c'est-à-dire si les murs ou culées qui la supportent, quoique parallèles entre eux, ne formaient pas angle droit avec le cintre, comme à la figure 53, il faudrait, pour avoir le diamètre de cette voute et pour chercher la circonférence développée EGH, retourner une ligne d'équerre AB sur les murs ou culées, et prendre la longueur de la voute du point E au point A, ou du point D au point C. Le reste de l'opération s'effectuerait comme aux articles 127 et 128. Si le berceau était en talus, on opérerait comme pour le cylindre tronqué obliquement (108).

(**) Si les cintres, au lieu d'être des demi-circonférences, étaient des arcs de cercle, il faudrait, pour avoir leurs longueurs développées, opérer comme à l'article 128.

§ 5. — *Mesurer la surface d'une voute sphérique.*

150. — Pour obtenir la surface convexe ou concave d'une voute sphérique, dite en cul de four (fig. 44), soit que cette voute ait la hauteur d'un demi-diamètre FDG, ce que l'on nomme plein-cintre, soit que la flèche ou montée ED s'élève au-dessus du point D, ce qui est dit voute surhaussée, ou bien que le rayon soit moindre que le demi-diamètre EF, ce qu'on appelle voute surbaissée, il faut, comme à l'article 121, multiplier la circonférence entière, prise sur le diamètre FG, par la flèche ou montée ED, et l'on aura alors la surface concave. Si on veut la surface convexe, ou ajoutera au diamètre FG deux fois l'épaisseur du mur GH, ce qui donnera la circonférence extérieure de la voute; la hauteur ED sera pareillement augmentée de DI, et l'on opérera ensuite comme pour la partie concave (*).

151. — Si la voute sphérique ou en cul de four était tronquée, comme le sont ordinairement les dômes surmontés d'une campanille ou d'une lanterne (voir IJK, fig. 43), il ne s'agirait que d'avoir la surface entière de la voute LNM (121), de chercher la surface de la partie tronquée JIN, que l'on obtiendrait de la même manière que celle de la coupole entière, en multipliant la circonférence du cercle, pris sur le diamètre IJ, par la hauteur NO, et de soustraire la surface de cette partie tronquée de la surface totale du dôme.

(*) Il y a un autre moyen d'obtenir la surface d'une voute formant le segment quelconque d'une sphère ou boule; il consiste à multiplier le demi-diamètre ou rayon par la hauteur de la calotte, et à prendre la racine carrée, que l'on multiplie par la circonférence du plan horizontal. Ce moyen étant fort exact, on pourra l'employer pour toute espèce de voute, soit qu'elle ait pour plan un cercle ou un ovale, soit qu'elle ait la forme d'un polygone.

Exemple :

Circonférence de la voute, prise sur le diamètre LM   7,85
Hauteur de la coupole NP.   1,25

                                                        3925
                                                        1570
                                                         785

            Surface entière de la voute. . . . 9,8125

Circonférence de la partie tronquée, prise sur le
    diamètre IJ   6,594
Hauteur ON de cette même partie.   0,58

                                                       52752
                                                       32970

            Surface de la partie tronquée. . 3,82452

        Surface totale de la voute. 9,81250
        Surface de la partie tronquée. . . 3,82452

                    Reste. 5,98798

La surface entière de la voute étant de 9 mètres carrés 81
décimètres carrés 25 centimètres carrés, et celle de la partie
tronquée étant de 3 mètres carrés 82 décimètres carrés 45 centimètres carrés 20 millimètres carrés, il restera pour la surface
de la maçonnerie 5 mètres carrés 98 décimètres carrés 79 centimètres carrés 80 millimètres carrés (*).

(*) Pour avoir la surface convexe, il faudrait opérer comme à l'article 130.

§ 6. — *Pénétrations plein-cintre ; mesurer leurs surfaces.*

132. — Pour obtenir la surface d'une partie tronquée d'un berceau plein-cintre, comme IJH (fig. 58) de la lunette ELG, vue en dedans de la voute ou berceau, il faudra chercher la surface du triangle EFG (67), doubler le produit, et le total sera la surface du tronc du berceau formant la figure IJH.

Exemple :

$$
\begin{array}{lr}
\text{Longueur EG.} \ldots \ldots \ldots & 5,00 \\
\text{Hauteur RF, 2,50 ; moitié.} \ldots & 1,25 \\
\hline
& 2,500 \\
& 1000 \\
& 500 \\
\hline
\text{Produit} \ldots \ldots & 6,2500 \\
\text{à multiplier par} \ldots & 2 \\
\hline
\text{Surface de la partie tronquée.} & 12,5000 \\
\end{array}
$$

La surface de la partie tronquée du berceau sera de 6 mètres carrés 50 décimètres carrés.

133. — Pour obtenir la surface de l'intrados d'une lunette plein-cintre formant pénétration dans un berceau de même plan, comme ELG, EFG (fig. 58), il faut multiplier la longueur développée ELG (81) par le rayon LR, multiplier ce premier produit par 28, 50 , qui est le premier terme , et diviser ce second produit par 78,50, qui est le second terme invariable.

Exemple :

Diamètre EG, 5,00; circonférence entière,
15,70, dont la moitié pour ELG.. 7,85
Rayon LR.. 2,50
                                        ————————
                                          39250
                                           1570

Produit du rayon LR par la circonf. ELG   19,6250
              Premier terme. . . .   28,50
                                        ————————
                                        9812500
                                         157000
                                          39250
                                        ————————
                                        559,312500 ⎰ 78,50
                                             9812 ⎱ 7,125
                                            19625
                                            39250
                                            00000

La surface de l'intrados de la lunette aura 7 mètres carrés
12 décimètres carrés 50 centimètres carrés.

134. — Pour prouver l'exactitude de ces deux opérations,
nous allons démontrer, en décomposant la figure 58 en six segments de cercle, un triangle et deux trapèzes, que l'on obtiendra la même surface que par les moyens que nous venons d'indiquer.

Surface de la partie IHJ du tronc du berceau (132) :

    Surface du triangle n° 1 (67) . . .   1,48
    Surface du trapèze n° 2 (73). . . .   4,26
    Surface du trapèze n° 3.   6,47
    Surface des six segments (89). . .   0,29
                                        ————————
    Surface de la partie tronquée IHJ. 12,50

Surface de la partie KHI de l'intrados de la lunette (133) :

Surface du triangle n° 1 (67). . .	1,255
Surface du trapèze n° 2 (73). . .	3,32
Surface du trapèze n° 3	2,84
Surfaces réunies.	7,415
dont il faut déduire les six segments.	0,290
Reste pour la partie KHI. . .	7,125

La surface de la partie tronquée du berceau est de 12 mètres carrés 50 décimètres carrés ; et celle de l'intrados de la lunette de 7 mètres carrés 12 décimètres carrés 50 centimètres carrés, comme aux articles 132 et 133 (*).

§ 7. — *Mesurer la surface des voutes annulaires.*

135 — Pour obtenir la surface d'une voute sur noyau, dite voute annulaire, si elle est sur plan carré, comme à la figure 59, il faudra réunir la longueur développée ou pourtour des murs latéraux ABCD à la longueur développée du noyau EFHG, en prendre la moitié, et l'on aura ainsi une longueur moyenne que l'on multipliera par la longueur développée ou circonférence du cintre FIJ (81). Le résultat de cette multiplication sera la surface cherchée.

(*) Si l'on veut connaître la surface réelle d'un berceau percé d'une ou de plusieurs ouvertures formant pénétration ordinaire plein-cintre, il faudra chercher d'abord la surface entière du berceau, comme à l'article 127, puis la surface qu'occupe l'ouverture dans ce berceau, comme à l'article 132, et déduire cette dernière surface de la surface totale du berceau.

Exemple :

Longueur AB. 4,00
Longueur BC 5,00
Longueur CD 4,00
Longueur DA 5,00
Longueur EF 0,50
Longueur FH 1,50
Longueur HG 0,50
Longueur GE 1,50

Total. . . . 22,00

dont la moitié est. . 11,00
à multiplier par la circonférence FJI. . 2,747

7700
4400
7700
2200

Produit. . . . 30,21700

La surface de la voute annulaire sur plan carré sera de 30 mètres carrés 21 décimètres carrés 70 centimètres carrés.

136. — On peut encore obtenir la longueur moyenne ou pourtour de la voute, en prenant son développement sur l'axe ou lignes KLMN (fig. 59).

Longueur KL. 2,25
Longueur LN. 3,25
Longueur NM. 2,25
Longueur MK. 3,25

Longueur moyenne. 11,00

La longueur moyenne de la voute annulaire sur plan carré, prise sur l'axe KLMN, sera, comme à l'article 135, de 11 mètres.

137. — Si cette voûte est sur un plan circulaire, comme à la figure 60, on peut, par deux moyens, obtenir la circonférence moyenne ou pourtour. Le premier consiste à chercher la circonférence AJEK et la circonférence BLDM, pour les réunir et en prendre la moitié ; le second consiste à réunir à un des diamètres AB ou DE le diamètre ou épaisseur du noyau BD, dont on multipliera la somme par le rapport 3,14159, et d'une manière ou de l'autre on aura la circonférence moyenne, que l'on multipliera par la longueur développée du cintre ACB, et le produit sera la surface de la voûte.

Nous allons donner deux exemples, afin qu'on puisse en juger.

1ᵉʳ exemple :

Diamètre AE, 4,00; circonférence AJEK. . 12,56
Diamètre DB, 0,50; circonférence BLDM. .   1,57

    Circonférences réunies. 14,13
    Circonférence moyenne   7,065

2ᵉ exemple :

Diamètre AB ou DE.   1,75
Diamètre BD.   0,50

    Diamètres réunis. . . .   2,25
    Rapport. . . . .   3,14...

       900
       225
       675

Circonférence moyenne GHFI.   7,0650
Longueur développée ACB. . .   2.747

     494550
     282600
     494550
     141300

    Produit. . . .   19,4075550

La surface de la voute annulaire sur plan circulaire sera donc de 19 métres carrés 40 décimètres carrés 75 centimètres carrés 55 millimètres carrés (*).

§ 8. — *Mesurer la surface d'une voute en pendentif.*

158. — La surface d'une voute en pendentif (fig. 61) peut être assimilée à celle de la base d'un secteur sphérique pyramidal (fig. 42); car, comme la base de ce secteur, la voute en pendentif a la figure d'une calotte sphérique tronquée par les quatre murs ABCD qui la supportent, et n'est entière que dans les angles IEFG. Par conséquent, pour en avoir la surface, il faudra opérer comme pour celle du secteur pyramidal (117), c'est-à-dire chercher la surface entière de la calotte ou voute sphérique ABCD, comme à l'article 121, puis chercher la surface des quatre segments IF, FG, EF, GH, sur le cercle circonscrit au carré IEFG, comme à l'article 122, et déduire ces quatre surfaces de la surface entière de la calotte. Le reste sera la surface de la voute en pendentif.

Exemple :

Diamètre AC, 4,35 ; circonférence. 13,66
Hauteur de la voute ou demi-diamètre ID. . . 2,175

$$\begin{array}{r} 6830 \\ 9562 \\ 1366 \\ 2732 \end{array}$$

Surface entière de la voute sphérique. . . 29,71050
dont il faut retrancher la surface des quatre seg-
ments sphériques. 3,18

Reste pour la voute. . . . 26,53050

(*) Lorsque les voutes seront rampantes, comme le sont les vis Saint-Gilis

La surface de la voute en pendentif sera de 26 mètres carrés 53 décimètres carrés 5 centimètres carrés.

§ 9. — *Mesurer la surface d'une voute en arc de cloitre.*

139. — La surface d'une voute en arc de cloitre plein-cintre (fig. 64) est égale au double du plan horizontal ABCD, qui exprime sa projection; ainsi, il ne s'agira que de faire deux multiplications pour obtenir ce résultat.

Exemple :

Longueur AD. . . .	3,00
Longueur DC. . . .	3,00
Surface du plan ABCD. .	9,00
	2
Produit. . .	18,00

La surface de la voute en arc de cloitre sera de 18 mètres carrés.

§ 10. — *Mesurer la surface d'une voute d'aréte.*

140. — Pour obtenir la surface d'une voute d'arète plein-cintre dont le plan horizontal sera un carré parfait, comme ABCD (fig. 65), puisque cette voute est composée de quatre pans ayant

---

pour les escaliers sur noyau carré ou cylindrique, on obtiendra leurs surfaces de la même manière; seulement, il faudra chercher la circonférence moyenne ou pourtour, en prenant les longueurs DABC, GHFE (fig. 59), AJEK', MBLD (fig. 60), suivant la ligne de pente ou rampe de la voute. Pour le reste de l'opération, on procédera comme aux articles 135 et 137.

chacun la forme d'une lunette, il faudra chercher la surface d'un de ces pans, comme à l'article 133, et multiplier cette surface par 4, nombre de pans dont la voute se compose.

Exemple :

Surface d'un des pans 2,566
Nombre de pans ou côtés. . . 4
Produit. 10,264

La surface de la voute d'arète, suivant l'exemple donné à l'article 133, sera de 10 mètres carrés 26 décimètres carrés 40 centimètres carrés.

141. — Cette opération étant un peu compliquée, nous allons indiquer un autre moyen (extrait de Bullet) qui sera plus facile, mais moins exact. Il ne s'agira pour cela que d'avoir le plan horizontal ABCD (fig. 65), dont on prendra le septième, que l'on réunira au plan lui-même.

Exemple :

Longueur AB. . . 3,00
Longueur CD. . . 3,00

9,00 | 7
20 | 1,2857
60
40
50

La surface de la voute d'arète, suivant le rapport de Bullet, aurait 10 mètres carrés 28 décimètres carrés 57 centimètres carrés.

142. — Il est reconnu que la surface d'une voute d'arête et celle d'une voute en arc de cloitre du même plan réunies, égalent ensemble la surface de deux berceaux de même dimension.

Exemple :

Surface de la voute en arc de cloitre (139). . 18,00
Surface de la voute d'arête (140). 10,26

Surface des deux voutes réunies. . . . 28,26

Surface des deux berceaux (fig. 65) :

Rayon FH, 1,50 ; circonférence (81). 4,71
Longueur AD du berceau 3

Produit. 14,13
Doubler ce produit. 2

Surface des deux berceaux. . 28,26

La surface des deux berceaux réunis sera, comme celle des deux voutes réunies, de 28 mètres carrés 26 décimètres carrés (*).

(*) Puisque les deux berceaux égalent ensemble une surface de 28 mètres carrés 26 décimètres carrés, comme les voutes en arc de cloitre et d'arête réunies ensemble, suivant le premier rapport dont nous avons donné des exemples (139 et 140), et que, suivant le rapport de Bullet, il existe une différence de 2 décimètres carrés, nous devons en conclure que ce dernier rapport est plus simple, mais que celui que nous avons démontré est plus exact.

§ 11. — *Mesurer les surfaces elliptiques.*

143. — Pour obtenir la surface d'un sphéroïde ou solide elliptique, comme ABCD (fig. 62), il ne s'agira que de multiplier la circonférence AEBF du cercle inscrit dans ce sphéroïde par la hauteur du grand axe DC.

Exemple :

Diamètre AB, 2,00, circonférence. .   6,28
Hauteur DC.   4,00
                                    ————————
                    Produit. . . .   25,12

La surface du sphéroïde est de 25 mètres carrés 12 décimètres carrés (*).

144. — Pour obtenir la surface d'un demi-sphéroïde, comme ABD (fig. 67), il faut multiplier la circonférence AIDJ par la partie HB de la hauteur du grand axe.

Exemple :

Diamètre AD, 2,00 ; circonférence. . .   6,28
Hauteur HB   2,00
                                    ————————
                    Produit. . . .   12,56

La surface du demi-sphéroïde sera de 12 mètres carrés 56 décimètres carrés.

———————————————

(*) On peut voir que, comme la sphère, le sphéroïde égale la surface convexe du cylindre circonscrit à ce même sphéroïde.

145. — Pour obtenir la surface d'une zone ou segment de sphéroïde comprise entre deux cercles parallèles, comme LBC, GEF (fig. 67), il ne s'agira que de multiplier la circonférence du cercle MK, inscrit dans cette partie du sphéroïde, par la hauteur FB; le résultat de cette opération sera la surface demandée.

Exemple :

Diamètre du cercle MK, 1,00; circonférence. .   3,14
Hauteur du grand axe FB.   4,00
                                        Produit.   12,56

La zone occupant la moitié du sphéroïde aura, par conséquent, la même surface que celle trouvée à l'article 144, c'est-à-dire 12 mètres carrés 56 décimètres carrés.

146. — Pour obtenir la surface d'un segment de sphéroïde, comme CDE (fig. 67), il faudra chercher la circonférence du cercle inscrit dans ce même segment (81), et la multiplier par la hauteur du grand axe FB. Le diamètre de ce cercle étant la quatrième partie du petit axe AD, la surface du segment sera aussi la quatrième partie de la surface entière du sphéroïde.

Exemple :

Diamètre de l'arc KD, 0,50; circonférence. . .   1,57
Hauteur du grand axe   4,00
                                        Produit.   6,28

La surface du segment du sphéroïde occupant le quart du petit axe AD sera de 6 mètres carrés 28 décimètres carrés.

147. — Pour obtenir la surface de divers segments du sphéroïde, comme GEF , AG , AGED , etc. (fig. 67), la coupe de ces segments n'étant pas parallèle au grand axe FB, il faudra multiplier la circonférence AIDJ du petit axe par la plus grande hauteur du segment proposé.

Exemple :

1er segment GEF :

Diamètre AD, 2,00 ; circonférence. . . 6,280
Hauteur NF 0,334

                    25120
                    18840
                    18840

Surface du segment GEF. . 2,097520

2me segment AG :

Diamètre AD, 2,00 ; circonférence. . . 6,28
Hauteur OP 0,15

                    3140
                    628

Surface du segment AG.. . . 0,9420

3me segment ADGE , formant une calotte ou un demi-sphéroïde tronqué :

Diamètre AD, 2,00 ; circonférence. . . 6,280
Hauteur HN 1,666

                    37680
                    37680
                    37680
                    6280

Surface du segment ADGE.. 10,462480

4me segment AORD , formant une zone de sphéroïde :

Diamètre AD, 2,00; circonférence. . . 6,28
Hauteur JH 1,00

Surface du segment AORD. . . 6,2800

5me segment OFR , formant la demi-calotte du sphéroïde :

Diamètre AD, 2,00; circonférence. . . 6,28
Hauteur IB.. 1,00

Surface du segment OFR. . . 6,2800

6me segment ALBC :

Diamètre AD, 2,00; circonférence. . . 6,28
Hauteur JF.. 1,00

Surface du segment ALBC. . . 6,2800

7me segment AGFDC :

Diamètre AD, 2,00; circonférence. . . 6,28
Hauteur IF.. 3,00

Surface du segment AGFDC . 18,8400

8me segment ADGF :

Diamètre AD, 2,00; circonférence. . . 6,28
Hauteur PR 1,85

                                       3140
                                       5024
                                        628

Surface du segment ADGF . . 11,6180

148. — En réunissant les segments dont nous venons de chercher la surface , nous allons démontrer que ces diverses surfaces réunies forment des demi-surfaces ou des surfaces entières du sphéroïde.

Surface du segment n° 1.	2,09752
Surface du segment n° 3.	10,46248
Surface du demi-sphéroïde (144).	12,56000

Surface du segment n° 4.	6,28
Surface du segment n° 5.	6,28
Surface de la calotte , ou demi-sphéroïde (144).	12,56

Surface du segment n° 6.	6,28
Surface du segment n° 7.	18,84
Surface du sphéroïde (143).	25,12

Surface du segment n° 2	0,942
Surface du segment n° 8.	11,618
Surface de la calotte, ou demi-sphéroïde. . . .	12,560

149. — Pour obtenir la surface d'une partie de sphéroïde formant une demi-calotte ou niche , dont le plan vertical et le plan horizontal sont différents l'un de l'autre, soit la niche dont le plan vertical est ACB ou DHF (fig. 66), et le plan horizontal DEF ou DGF , il ne s'agira que de multiplier la profondeur du plan horizontal ou la hauteur du plan vertical par 3,14159 , et de multiplier de nouveau ce produit par la hauteur de l'autre plan.

Exemple :

Niche ACB , DEF :

Rapport.   3,14
Profondeur IE.   1,00

                                      3,1400
Hauteur du plan vertical JC.. .   2,0000

        Produit.   6,280000

La niche aura 6 mètres carrés 28 décimètres carrés.

Niche ACB , DHF :

Rapport.   3,14
Profondeur IH..   1,50

                                        15700
                                      314..

                                      4,7100
Hauteur JC. . . . .   2,00..

        Produit.   9,420000

On voit que la surface ACB, DHF égale les trois huitièmes du sphéroïde, ou 9 mètres carrés 42 décimètres carrés (*).

(*) En examinant la partie qu'occupe le plan horizontal de cette niche sur la figure 66, on se convaincra mieux de l'exactitude de l'opération.

Si les plans étaient disposés en sens contraire, c'est-à-dire si le plan horizontal était le plan vertical JC, et *vice versâ*, il faudrait opérer de la même manière.

Niche ACB, DGF :

Rapport. 3,14
Hauteur JC. 2,00
                                 ____
                                 6,2800
Profondeur IG. . . . . 2,00 . .
                                 ____
        Produit. 12,560000

La niche aura 12 mètres carrés 56 décimètres carrés.

150. — Pour obtenir la surface convexe d'un paraboloïde ou d'un hyperboloïde, il faut chercher le rayon moyen, comme à l'article 83, et multiplier cette moyenne par la circonférence de la base du solide.

On concevra que si, au lieu d'un demi-paraboloïde, il s'agissait d'un solide entier, on devrait doubler le rayon moyen pour le multiplier ensuite par la circonférence du petit axe.

Pour en donner un exemple, nous supposerons que ABC (fig. 76) soit un solide dont la base AB serait un cercle.

Rayon DB.   6,10
  —   ED.   6,00
  —   FD   5,55
  —   GD   5,20
  —   HD.   4,80
  —   ID   4,78
  —   JD   5,00
  —   CD   5,35
                     ____
Rayons réunis. 42,78

$$\left.\begin{array}{l} 4278 \\ 27 \\ 38 \\ 60 \\ 40 \\ 00 \end{array}\right\rbrace \begin{array}{l} 8 \text{ nombre de rayons.} \\ \rule{4cm}{0.4pt} \\ 5,3475 \text{ rayon moyen.} \end{array}$$

Diamètre AB..	10,70
Circonférence (81) . . .	33,60
Rayon moyen.	5,3475
	16800
	23520
	13440
	10080
	16800
Produit.	179,676000

La surface du demi-paraboloïde sera de 179 mètres carrés 67 décimètres carrés 60 centimètres carrés (*).

151. — Comme il n'est pas toujours possible, dans la pratique, de chercher le diamètre moyen, surtout lorsqu'il s'agit d'un solide, attendu qu'il faudrait beaucoup de temps et de précautions, nous allons indiquer une autre manière d'obtenir cette surface par des moyens bien plus simples et presque aussi exacts.

Il s'agira de chercher, au moyen d'un cordeau ou d'une chaîne, la longueur développée ou circonférence ABC (fig. 76), de réunir à cette longueur la circonférence AC et la moyenne entre les deux rayons AD et DB, de multiplier ce total par 89,84,

---

(*) Si la base de ce solide, au lieu d'être un cercle, avait la forme d'une ellipse, il faudrait opérer comme aux articles 82 et 83.

premier terme, et de diviser ce produit par 28,01, second terme ;
le quotient sera la surface demandée.

Exemple :

Longueur développée ABC. 16,80
Diamètre AC, 10,70 ; circonférence. . 33,60
Longueur AD et DB, 11,45 ; moitié. . 5,725

    Longueurs réunies. 56,02
    Premier terme. 89,84

        22408
      44816
    50418
    44816

    5032,8368 { 28,01 2ᵉ terme.
    22318 { 179,68 surface.
     27113
      19046
      22408
      00000

La surface du paraboloïde sera de 179 mètres carrés 68 décimètres carrés, comme à l'article précédent.

§ 12. — *Mesurer la surface d'une voute en cul de four sur plan elliptique.*

152. — Pour obtenir la surface d'une voute en cul de four
formée sur un plan elliptique, comme fig. 63, il faudra multiplier la longueur DB du grand axe par 3,14159, et multiplier
de nouveau ce produit par la hauteur EF de la voute. Si la voute
était tronquée, comme le sont les voutes sphériques (131), l'o-
pération serait la même ; cependant la hauteur serait moins

grande, à cause du tronçon ; car en supposant que ce tronçon prit 0,20 à la hauteur EF, il ne resterait de hauteur réelle que 0,80 (*).

Exemple :

Longueur du grand axe.. . . . 4,00
Rapport. 3,14
                               ____
                                1600
                                 400
                                1200
                               ____
                               12,5600
Hauteur EF.   1,00
                               ____
Surface de la voûte. . 12,560000

La surface de la voûte en cul de four sera de 12 mètres carrés 56 décimètres carrés.

§ 13. — *Pénétrations surbaissées, mesurer leur surface.*

155. — Pour obtenir la surface d'une partie tronquée d'un berceau surbaissé sur un plan carré, ou de la section qu'occupe une ouverture ou pénétration de même plan vue en dedans de la voûte ou berceau, comme EAD (fig. 72), il ne s'agira que de chercher la longueur développée ou circonférence KLN (82), en prendre la moitié, que l'on multipliera par le diamètre KN ; et, après avoir multiplié le premier produit par 33,74095, premier terme, on divisera le second produit par 58,90, second terme ; le quotient sera la surface demandée.

(*) Si la voûte, au lieu d'être une calotte entière, ne formait qu'une partie de la calotte dont le plan vertical serait GEH et le plan horizontal DAB, il faudrait opérer, pour obtenir la surface, comme à l'article 146.

Exemple :

Circonférence KLN (82) . .	23,56
Moitié.	11,78
Diamètre KN..	20,00
Produit. . .	235,6000
1ᵉʳ terme.	33,74095

$$117800$$
$$212040$$
$$942400$$
$$164920$$
$$70680$$
$$70680$$

7949,3678200   58,90 2ᵉ terme.
20593   134,9638 surface.
29236
56767
37578
22382
47120
0000

La surface de la partie tronquée du berceau surbaissé sur un plan carré est de 134 mètres carrés 96 décimètres carrés 38 centimètres carrés.

154. — Pour obtenir la surface de l'intrados d'une lunette surbaissée sur un plan carré formant pénétration dans un berceau de même plan, comme KLN, DAB (fig. 72), il faut multiplier la longueur développée ou pourtour KLN par la longueur HA de la perpendiculaire ou apothème du triangle qui exprime la projection sur le plan horizontal ou plan par terre, multiplier

ce produit par 25,15905, premier terme, et diviser ce nouveau produit par 58,90, second terme; le quotient sera la surface cherchée.

Exemple :

Circonférence KLN (82) . .   23,56
Longueur de l'apothème HA   10,00
____
235,60
1ᵉʳ terme.   25,15905
____
117800
2120400
117800
23560
117800
47120
____
5927,4721800 | 58,50 2ᵉ terme.
37472 |
21321 | 100,6362 surface.
36518
11780
0000

La surface de l'intrados de la lunette surbaissée et sur plan carré sera de 100 mètres carrés 63 décimètres carrés 62 centimètres carrés.

135. — Nous allons donner la preuve de ces deux rapports, comme pour les pénétrations plein-cintre (134), en décomposant les plans développés en un triangle, deux trapèzes et quatre segments de cercle.

Exemple :

**Surface de la partie AED ou tronc de berceau surbaissé
sur un plan carré :**

Surface du triangle n° 1 (67). . .   44,4150
Surface du trapèze n° 2 (73). . .   33,8800
Surface du trapèze n° 8.   55,9800
Surface des quatre segments (89)   0,7188
————————
Surface totale. . . .   134,9638

**Surface de la partie KLN, ADB, ou intrados de la lunette
surbaissée sur un plan carré :**

Surface du triangle n° 1.   44,8358
Surface du trapèze n° 2.   27,7082
Surface du trapèze n° 3.   28,8110
————————
Surfaces réunies. . .   101,3550
A déduire les 4 segments. .   0,7188
————————
Reste pour surface réelle. .   100,6362

La surface de la partie tronquée du berceau surbaissé sur un plan carré sera , comme à l'article 153, de 134 mètres carrés 96 décimètres carrés 38 centimètres carrés, et la surface de l'intrados de la lunette sera, comme à l'article 154, de 100 mètres carrés 63 décimètres carrés 62 centimètres carrés (*).

(*) Si on veut connaître la surface réelle d'un berceau surbaissé percé d'une ou de plusieurs ouvertures formant pénétration surbaissée, il faudra : 1° chercher la surface entière du berceau, comme à l'article 159 ; 2° chercher la surface qu'occupe l'ouverture dans ce berceau (153) ; 3° Déduire cette dernière surface de la surface totale du berceau.

§ 14. — *Voutes surbaissées ; mesurer leurs surfaces.*

156. — Pour obtenir la surface d'une voute en arc de cloître surbaissée dont le plan horizontal sera carré, comme ABCD (fig. 68), il faut chercher la surface d'un pan ou côté de la voute, et la multiplier par 4, qui est le nombre des côtés.

Or, comme le pan d'une voute en arc de cloître surbaissée égale en surface le tronçon d'un berceau produit par une lunette de même dimension, il ne s'agira, pour avoir la surface d'un pan, que d'opérer comme à l'article 152.

Exemple :

Surface d'un pan de la voute en arc de cloître (153).   67,48
Nombre de côtés..   4

Produit.   269,940

La surface de la voute en arc de cloître surbaissée sera de 269 mètres carrés 94 décimètres carrés.

157. — Pour obtenir la surface d'une voute d'arête surbaissée dont le plan horizontal ou plan par terre sera carré, comme ABCD (fig. 69), il faudra, de même qu'à l'article 140, pour la voute d'arête plein-cintre, chercher la surface d'un côté, et multiplier cette surface par le nombre de côtés dont la voute sera composée ; or, puisque les cintres de celle-ci sont surbaissés, chaque pan égalera la surface d'une lunette surbaissée, comme à l'article 154.

Exemple :

Surface d'un côté de la voute d'arête cherchée
   comme à l'article 154.   50,325
Nombre de côtés   4

201,300

La surface de la voûte d'arête surbaissée sur plan carré sera de 201 mètres carrés 30 décimètres carrés.

158. — Nous avons dit à l'article 142 que la surface d'une voûte d'arête réunie à celle d'une voûte en arc de cloître de même plan égalait la surface de deux voûtes en berceau de même dimension ; nous allons en donner la preuve, en comparant la surface des deux voûtes réunies à celle des deux berceaux réunis (fig. 69).

Exemple :

Longueur développée ou circonférence du
    berceau AEB (82). 15,708
Longueur BC. 15,000
                             78540000
                             15708

Surface d'un berceau. . . . 235,620000
         à multiplier par. . . .   2

Surface de deux berceaux. . 471,240000

Surface de la voûte en arc de cloître,
comme à l'art. 153. 269,94
Surface de la voûte d'arête, comme à
l'art. 154. 201,30

Total des deux voûtes réunies. 471,24

Les deux voûtes réunies et les deux berceaux réunis ont donc une surface égale de 471 mètres carrés 24 décimètres carrés.

159. — M. Seguin donne une manière de trouver la surface d'une voûte en arc de cloître surbaissée sur un plan carré, qui nous a semblé assez exacte.

Ce moyen consiste à multiplier la montée de la voûte EF (fig. 68) par 3, à ajouter à ce produit le diamètre BC, que l'on multipliera ensuite par le pourtour de son plan horizontal ABCD, et à diviser le produit par 5 : le quotient sera la surface cherchée.

Exemple :

Montée EF de la voûte E. . .   2,50
à multiplier par. . .   3
____
7,50
Diamètre BC.. 15,00
____
22,50
Pourtour ABCD. 60,00
____
1350,0000   5
350   270
00

La surface, d'après M. Seguin, est de 270 mètres carrés, et d'après l'opération indiquée à l'article 155, cette même surface est de 269 mètres carrés 94 décimètres carrés (*).

160. — Voici un autre moyen, donné également par M. Seguin, pour obtenir la surface d'une voûte d'arête surbaissée sur plan carré.

Il faut multiplier le diamètre AB (fig. 69) par 6, ajouter au

____

(*) La différence. qui n'est ainsi que de 6 décimètres carrés, est sans importance.

produit de cette multiplication les deux cinquièmes du diamètre AB, multiplier la montée de la voûte EF par 3, y ajouter le
cinquième de cette même montée, réunir les deux produits,
multiplier le total par le diamètre AB, et diviser le produit par
7 : le quotient sera la surface demandée.

Exemple :

Diamètre AB.	15,00
à multiplier par.	6
	90,00
2/5 du diamètre AB.	6,00
Total.	96,00
Montée EF de la voûte. . .	2,50
à multiplier par.	3
	750
1/5 de la montée..	050
	8,00
Produit du diamètre AB . .	96,00
	104,00
Diamètre AB.	15,00
	5200000
	10400 . . .

$$
\begin{array}{r|l}
1560,0000 & 7 \\
16 & \overline{222,8571} \\
20 & \\
60 & \\
40 & \\
50 & \\
100 &
\end{array}
$$

La surface , d'après M. Seguin, est de 222 mètres carrés 85 décimètres carrés 71 centimètres carrés , tandis que , d'après l'opération indiquée à l'article 157, cette surface n'est que de 201 mètres carrés 30 décimètres carrés (*).

161. — Nous répéterons encore que la surface d'une voûte en arc de cloître , réunie à celle d'une voûte d'arête , égale la surface de deux berceaux réunis , comme on peut le voir à la fig. 72 , les deux pans ABC EAD sont deux côtés développés d'une voûte en arc de cloître. Or, puisque ces deux demi voûtes égalent la surface d'un berceau , on doit en conclure que la surface des deux voûtes réunies égale celle de deux berceaux réunis sur le même plan.

Nous allons démontrer qu'il n'en serait pas ainsi suivant le système de M. Seguin.

D'après lui, la surface de la voûte en arc
de cloître serait de (159) 270,00
Celle de la voûte d'arête de (160). 222,8571

Total des deux voûtes réunies 492,8571
Surface des deux berceaux réunis sur le
même plan (158). 471,2400

Différence. 21,6171

La surface de la voûte d'arête et celle de la voûte en arc de cloître réunies , seraient, d'après M. Seguin , de 492 mètres carrés , 85 décimètres carrés, 71 centimètres carrés , c'est-à-dire , qu'elle excéderait 21 mètres carrés, 61 décimètres carrés, 71 centimètres carrés la surface des deux berceaux réunis, ce qui n'est pas exact.

(*) On voit, d'après cela, que la méthode de M. Seguin est beaucoup moins exacte que celle que nous avons démontrée, puisqu'elle produit en plus une différence de 21.5771, trop considérable pour pouvoir être tolérée.

§ 15. — *Pénétrations plein-cintre dans un berceau surbaissé ;
mesurer leurs surfaces.*

162. — Pour obtenir la surface d'une partie tronquée d'un berceau surbaissé, ou de la section qu'occupe une ouverture ou pénétration comme ABC (fig. 73), ou de la pénétration d'une lunette DEF, IJK, dont l'intrados sera plein-cintre, il faudra chercher la longueur développée ou circonférence LMN du grand cintre de la voûte surbaissée dont on prendra la moitié, multiplier cette moitié par le diamètre AB du petit cintre, multiplier encore ce premier produit par 34,00 premier terme, et diviser ce second produit par 58,90, second terme : le quotient sera la surface cherchée.

Exemple :

Circonférence LMN, comme à l'art. 82.. 23,56

Dont la moitié est. 11,78
A multiplier par le diamètre AB.. 10,00

117,80
Premier terme 34,00

47120 00
35340   58,90
1005,2000   68,00
471 20
0 00

La surface de la partie tronquée du berceau surbaissé par une lunette plein-cintre, sera de 68 mètres carrés.

163. — Si le berceau, au lieu d'être surbaissé, était plein-cintre, et qu'il fût tronqué par une lunette ou pénétration surbaissée, comme LMN, OIK (fig. 73), il ne s'agirait que de chercher la longueur développée ou circonférence du petit cintre de la voûte DEF dont on prendra la moitié que l'on multipliera par le diamètre LN du cintre surbaissé; on multipliera de nouveau le produit par 50,295 premier terme, et on divisera le second produit par 78,50, second terme invariable : le quotient sera la surface demandée.

Exemple :

Circonférence DEF, cherchée comme
 à l'art. 81.   15,70

Dont la moitié est.   7,85
Diamètre LN.   20,00

        157,0000
  Premier terme.   50,295

      7850000
     14130000
      3140000
    28500000

    7896,3150000 $\Big\{$ 78,50 second terme.
      46315
      70650 $\Big($ 100,59 surface.
      0009

La surface de la partie du berceau plein-cintre, tronquée par une lunette surbaissée, est de 100 mètres carrés 59 décimètres carrés.

164. — Pour avoir la surface de l'intrados d'une lunette surbaissée formant pénétration dans un berceau plein-cintre,

comme LMN,ACP (fig. 73), il ne s'agira que de chercher la longueur développée ou circonférence LMN du cintre de la lunetlte ; multiplier cette longueur par la moitié du diamètre AB du cintre de la voûte; multiplier ce premier produit par 24,90 , qui est le premier terme, et diviser ce second produit par 58,90 , second terme : le quotient sera la surface demandée.

Exemple :

Circonférence de la lunette LMN (81).　23,56
Diamètre AB 10,00 , dont la moitié.. .　5,00

117,80

Premier terme. . . . . . . ·.　24,90

<pre>
         1060200
          47120
          23560   ⎧ 58,90 second terme.
         ─────────   ⎪
         2933,2200   ⎬ ─────────
           57722   ⎪ 49,80 surface.
           47120   ⎭
             000
</pre>

La surface de l'intrados de la lunette sera de 49 mètres carrés , 80 décimètres carrés.

165. — Pour obtenir la surface de l'intrados d'une lunette plein-cintre, formant pénétration dans un berceau surbaissé , comme DEF,IJK (fig. 73), il faudra chercher la longueur développée ou circonférence du cintre de la lunette DEF, que l'on multipliera par la moitié du diamètre LN de la voûte en berceau ; on multipliera ce premier produit par 28,20, premier terme, et on divisera le second produit par 78,50, second terme : le quotient sera la surface cherchée.

Exemple :

Circonférence DEF de la lunette (81). .   15,70
Diamètre LN 20,00 , dont la moitié. . .   10,00
                                              ————————
                                                157,00
                    Premier terme.   28,20
                                              ————————
                                                314000
                                                 12500
                                                 31400
                                              ———————— ⎰ 78,50
                                               4427,4000 ⎱ ————————
                                                 50240   ⎰ 56,40
                                                 31400
                                                 0000

La surface de l'intrados de la lunette plein-cintre sera de 56 mètres carrés, 40 décimètres carrés.

166. — Pour ces rapports, comme pour les précédents, nous allons donner la preuve géométrique en cherchant les surfaces partielles de chacun des plans décomposés en triangles, trapèzes et segments de cercles, ainsi que nous l'avons fait aux articles 134 et 155.

Développement de la partie tronquée ABC du berceau surbaissé produite par la lunette plein-cintre DEF,IJK. (fig. 73) :

    Trapèze n° 1..   31,72
    Triangle n° 2.   34,98
    Surface des deux segments de cercle. .   1,30
                                               ————————
                                                   68,00

La surface de la partie ABC est de 68 mètres carrés (162).

Développement de la partie tronquée OKI du berceau plein-cintre, produite par la lunette surbaissée LMN,ACP.

Trapèze n° 1.. 57,10
Trapèze n° 2.. 22,81
Trapèze n° 3.. 19,08
Surface des quatre segments..   1,60
                                        ———————
                                         100,59

La surface de la partie tronquée OKI est de 100 mètres carrés, 59 décimètres carrés (163).

Développement de la partie ACP , intrados de la lunette surbaissée.

Triangle n° 1. 34,94
Trapèze n° 2.. 16,16
                                       ———————
                                        51,10
A déduire les deux segments.. 1,30
                                       ———————
                                        49,80

La surface de la partie ACP est de 49 mètres carrés , 80 décimètres carrés (164).

Développement de la partie IJK , intrados de la lunette plein-cintre.

Trapèze n° 1.. 20,10
Trapèze n° 2.. 18,91
Triangle n° 3. , ... 18,99
                                       ———————
                                        58,00
A déduire les quatre segments.. 1,60
                                       ———————
                                        56,40

La surface de la partie IJK est de 56 mètres carrés, 40 décimètres carrés (165).

§ 16. — *Voûtes surbaissées sur plan barlong ; — mesurer leurs surfaces.*

167. — Pour obtenir la surface d'une voûte en arc de cloître sur un plan barlong (fig. 70), il ne s'agira que de chercher la surface de chacun des deux pans, et de multiplier cette surface par 2.

Exemple :

Surface du pan AD, cherchée comme à l'art. 162..   22,66
Surface du pan AB, cherchée comme à l'art. 163..   37,73
                                                    ————
                                                    60,39
A multiplier par.   2
                                                    ————
                                                    120,78

La surface de la voûte en arc de cloître sur un plan barlong est de 120 mètres carrés, 78 décimètres carrés.

168. — Pour obtenir la surface d'une voûte d'arête sur un plan barlong (fig. 71), il faudra chercher la surface de chacun des deux pans, et multiplier la somme par 2 ; le produit sera la surface demandée.

Exemple :

Surface du pan AB, cherchée comme à l'art. 162..   16,60
Surface du pan AD, cherchée comme à l'art. 163..   21,18
                                                    ————
                                                    37,78
A multiplier par.   2
                                                    ————
                                                    75,56

La surface de la voûte d'arête sur plan barlong sera de 75 mètres carrés 56 décimètres carrés.

169. — Il en est de ces sortes de voûtes comme de toutes les autres, c'est-à-dire que la surface d'une voûte d'arête, réunie à celle d'une voûte en arc de cloître, égale deux berceaux de même plan. Pour en avoir la preuve, il faudra opérer comme aux articles 142 et 158.

Exemple :

Surface de la voûte en arc de cloître (167). . .	120,78
Surface de la voûte d'arête (168).	75,56
Surfaces réunies. . . .	196,340

Surface du berceau surbaissé, suivant le plan ABDC (fig. 70).	78,539
Surface du berceau plein-cintre, suivant le plan ABDC.	117,801
	196,340

La surface des deux voûtes réunies est, comme celle des deux berceaux de même plan réunis, de 196 mètres carrés 34 décimètres carrés (*).

§ **17.** — *Berceaux curvilignes ; — mesurer leurs surfaces.*

170. — Pour obtenir la surface d'un berceau ogive dont le

(*) On concevra l'importance que nous avons attachée à faire la preuve de chacune de ces opérations, afin de bien convaincre que nos rapports correspondent avec précision aux preuves démontrées dans les éléments de géométrie.

cintre principal est formé par deux arcs de cercles AB, BC, ayant leur centre respectivement au point de la naissance (fig. 78), il ne s'agira que de chercher la longueur développée de chaque arc, comme à l'article 84, de réunir ces deux longueurs et de multiplier le total par la longueur BD de la voûte, que nous supposons être de 8 mètres : le produit sera la surface demandée.

Exemple :

En opérant comme à l'article 84, on trouve que la longueur développée de chaque arc de cercle est de 5,234 ; les deux ont donc ensemble.   10,468
Longueur DE de la voûte. . .   8,000
Produit. . .   83,744

La surface du berceau ogive sera de 83 mètres carrés 74 décimètres carrés 40 centimètres carrés.

171. — Pour obtenir la surface d'une voûte ou berceau dont le cintre principal aurait la forme d'une ellipse ou d'une parabole (fig. 74 et 75), on opérera comme pour les voûtes en ogive (170) ; seulement, il faudra chercher la longueur développée du cintre, comme à l'article 83 ; et si ce cintre présentait la forme d'une hyperbole, on aurait à chercher le diamètre moyen, comme à la note de l'article 83 ; le reste de l'opération se fera comme à l'article 170 (*).

(*) Un berceau rampant peut être assimilé à un berceau ogive ; car, comme dans le berceau ogive, le cintre principal du berceau rampant est formé par deux arcs de cercle AB, BC ; on obtiendra, par conséquent, la surface de la même manière que pour la voûte en ogive (170).

§ **18**. — *Pénétrations curvilignes ; — mesurer leurs surfaces.*

172. — On obtiendra la surface de la partie tronquée d'un berceau ogive, ou de la section qu'occupe une ouverture ou pénétration aussi ogive dans le berceau (comme ACB, fig. 76), et dont le développement égale en surface le côté d'une voûte en arc de cloître de même plan, en opérant comme aux articles 133 et 153. On devra chercher la longueur développée d'un des arcs du cintre principal de la lunette ACB; multiplier cette longueur par le diamètre AB; multiplier de nouveau ce premier produit par 35,105, premier terme, et diviser le second produit par 52,34, second terme : le quotient sera la surface cherchée.

Exemple :

```
Longueur développée de l'arc AC ou BC.   104,68
Diamètre AB. . . . . . . . . . . . . . .   10,00
                                         ────────
                                          104,68
             Premier terme. . . . .        35,105
                                         ────────
                      52340
                      10468
                      52340
                      31404
                     ─────────
                     3674,79140 ⎰ 52,34
                       10,991   ⎱ 70,21
                        52340
                         0000
```

La surface de la partie tronquée sera de 70 mètres carrés 21 décimètres carrés.

175. — Pour obtenir la surface de l'intrados d'une lunette ogive, formant pénétration dans un berceau de même plan, comme GHI (fig. 76), et EFJ qui est son développement, il faut chercher la longueur développée du cintre principal GHI (170); multiplier cette longueur par la moitié du diamètre GI; multiplier de nouveau le produit par 17,235, qui est le premier terme, et diviser le second produit par 52,34, qui est le second terme : le quotient sera la surface demandée.

Exemple :

Longueur développée d'un arc (84) 10,468 ; les deux. 20,936

Diamètre GI 10,000 ; dont la moitié. 5,00

104,68000

Premier terme. 17,235

523400
314040
209360
732760
104680

1804,159800 $\Big\{$ 52,34

23395 $\Big($ 34,47

24599
36638
0000

La surface de l'intrados de la lunette ogive sera de 34 mètres carrés 47 décimètres carrés.

174 — Pour prouver l'exactitude de ces deux rapports, nous opérerons de la même manière qu'aux articles 134, 155 et 166,

c'est-à-dire, que nous décomposerons le plan développé de chacune des surfaces en un triangle , quatre trapèses et huit segments de cercle dont nous chercherons les surfaces partielles ,
savoir :

Pour le triangle , comme à l'article 67 ;
Pour les trapèzes, comme à l'article 73 ;
Pour les segments de cercle, comme à l'article 89.

Exemples :

Partie tronquée DEF.

Triangle n° 1. . . .	0,76
Trapèze n° 2. . . .	3,696
Trapèze n° 3. . . .	19,89
Trapèze n° 4. . . .	17,784
Trapèze n° 5. . . .	25,99
Segment.	2,09
Surface de la partie DEF. . .	70,210

Intrados de la lunette , ou partie DEK.

Triangle n° 1. . . .	0,889
Trapèze n° 2. . . .	4,019
Trapèze n° 3. . . .	16,248
Trapèze n° 4. . . .	9,644
Trapèze n° 5. . . .	5,560
	36,560
A déduire les segments.	2,09
Surface de la partie DEK.. . .	34,47

La partie tronquée du berceau ogive aura , comme à l'article 172 , 70 mètres carrés 21 décimètres carrés, et l'intrados de la lunette aura 34 mètres carrés 47 décimètres carrés comme à l'article 173 (*).

§ 18. — *Voûtes curvilignes ; — Mesurer leurs surfaces.*

175. — Pour obtenir la surface d'une voûte en arc de cloître dont les cintres principaux seraient ogives, comme ACB (fig. 77), il faudra opérer comme nous avons fait pour les autres voûtes, c'est-à-dire chercher la surface d'un pan ou côté de la voûte, et la multiplier par le nombre de côtés dont la voûte est composée.

Puisque la surface d'un pan d'une voûte en arc de cloître est égale à la surface d'un tronçon d'un berceau produit par la pénétration d'une lunette, pour avoir la surface de ce pan, il faudra opérer comme à l'article 172.

Exemple :

Surface d'un pan (172). 17,5525
Multiplier par le nombre des côtés.   4
____
70,2100

La surface de la voûte en arc de cloître ogive sera de 70 mètres carrés 21 décimètres carrés.

(*) Pour obtenir la surface d'un berceau ogive percé d'une ou de plusieurs ouvertures aussi ogives, il ne s'agira que de chercher la surface entière du berceau, comme à l'article 170, de chercher ensuite la surface qu'occupe l'ouverture ou pénétration, comme à l'article 171, et de déduire cette dernière surface de la surface totale du berceau. On voit que l'opération est la même que pour les berceaux dont nous avons parlé aux notes des articles 134 et 155.

176. — Pour obtenir la surface d'une voûte d'arête dont les cintres principaux seront ogives, comme ABC (fig. 78), il faudra chercher la surface d'un des pans ou côtés de la voûte, que l'on multipliera par le nombre des côtés dont la voûte sera composée.

Or, comme le pan d'une voûte d'arête égale en surface l'intrados d'une lunette de même plan, on en obtiendra la surface comme à l'article 173.

Exemple :

Surface d'un pan cherché comme à l'article 173. 8,6175
à multiplier par le nombre des côtés. 4

34,4700

La surface de la voûte sera de 34 mètres carrés 47 décimètres carrés.

177. — La preuve de ces opérations sera la même que celle des autres voûtes, c'est-à-dire, qu'une voûte en arc de cloitre réunie à une voûte d'arête de même plan égale la surface de deux berceaux de même dimension. (Voir les articles 142, 158, 161 et 169.)

Exemple :

Surface d'un berceau ogive :

Longueur développée ABC 10,468
Longueur de la voûte. 5,000

52,340
à multiplier par 2

Surface des deux berceaux. 104,680

7

$$\begin{array}{lr}
\text{Surface de la voûte en arc de cloître (175)} & 70,21 \\
\text{Surface de la voûte d'arête (176).} \ldots\ldots & 34,47 \\
\hline
\text{Surface des deux voûtes.} \ldots\ldots & 104,68
\end{array}$$

La surface des deux berceaux réunis est, comme celle des deux voûtes réunies, de 104 mètres carrés 68 décimètres carrés.

§ 19. — *Tableaux pour la confection d'un mètre superficiel d'ouvrage ordinaire.*

MAÇONNERIE.

178.

DÉSIGNATION DES DIVERS OUVRAGES.	QUANTITÉS en nombre.	DÉSIGNATION des matériaux.	QUANTITÉS en mètres cubes.	DÉSIGNATION des matériaux.	NOMBRE D'HEURES pour la façon.
Parement-vu de pierre franche bouchardée, lit et joints compris. . .	»	»	»	»	48
Parement-vu de pierre franche layée, lit et joints compris.	»	»	»	»	56
Mur à chaux et sable de 0,40 à 0,50 ou 0,60 d'épaisseur, compris le bardage des matériaux et la façon du mortier.	»	»	»	»	4
Crépissage, façon du mortier comprise.	»	»	0,010	Mortier.	0 $\frac{1}{2}$
Carrelage en carreaux de 0,23 sur 0,35.	19	Carreaux.	0,050	id.	0 $\frac{3}{4}$
Carrelage en briques de 0,28 sur 0,35. . . . :	10	Briques.	0,050	id.	0 $\frac{2}{3}$
Pavé en cailloux roulés de 0,10 sur 0,15.	»	»	0,150	Cailloux.	1
Pavé en moëllon, smillage compris, de 0,25 à 0,30 d'épaisseur. . . .	»	»	0,110	Mortier.	4
Dallage en pierre de taille, façon et pose comprises.	»	»	0,065	id.	18

PLÂTRAGE.

179.

DÉSIGNATION DES DIVERS OUVRAGES.	QUANTITÉS en nombre.	DÉSIGNATION des matériaux.	QUANTITÉS en kilogrammes.	DÉSIGNATION des matériaux.	NOMBRE D'HEURES pour la façon.
Stuc marbré, non compris l'ocre.	»	»	10	Platre.	12
Stuc en fond uni pour peindre à fresque	»	»	10	id.	6
Enduit ordinaire.	»	»	10	id.	$\frac{1}{2}$
Plafond tout en plâtre	10	Lattes.	20	id.	3
Cloison ordinaire.	10	Briques.	7,50	id.	$^3/_4$

CHARPENTERIE.

180.

DÉSIGNATION DES DIVERS OUVRAGES.	QUANTITÉS en nombre.	DÉSIGNATION des matériaux.	QUANTITÉS en mètres cubes.	DÉSIGNATION des matériaux.	NOMBRE D'HEURES pour la façon.
Combles à deux eaux.	»	»	»	»	5 $\frac{1}{2}$
Combles à trois eaux.	»	»	»	»	6 $\frac{1}{2}$
Combles à quatre eaux.	»	»	»	»	7 $^3/_4$
Lattis en lattes de 0,167 sur 2,00. .	3	»	»	»	»
Tuiles à canal	31 $^1/_4$	»	»	»	»
Tuiles à crochet..	60	»	»	»	»
Ardoises.	12 $^1/_2$	»	»	»	»
Plancher blanchi d'un côté.	»	»	»	»	6
Plancher blanchi des deux côtés. . .	»	»	»	»	7 $^3/_4$

MENUISERIE.

181.

DÉSIGNATION DES DIVERS OUVRAGES.	NOMBRE D'HEURES pour la façon.
Portes et contrevents ordinaires.	12
Volet brisé.	18
Persiennes ordinaires.	18
Châssis à vitres pour portes et croisées.	18
Lambris pour placards ou d'appui.	24
Portes à panneaux simples.	12
Portes avec chambranle.	24
Lambris pour plafond d'église.	6
Parquet ordinaire en bois de chêne..	18

Pour les objets susceptibles de changer de dimension dans la confection des ouvrages, la quantité brute pourra être connue en en effectuant le mesurage dans les fabriques ou magasins.

Nous avons cru utile de faire connaître le nombre d'heures que peut mettre un ouvrier ordinaire à la confection des divers ouvrages indiqués aux tableaux ci-dessus, attendu que ce nombre ne change en aucun temps ni dans aucun lieu.

CINQUIÈME PARTIE.

DES CUBES ANGULAIRES.

TITRE I.

PRÉLIMINAIRES DES CORPS OU SOLIDES ANGULAIRES.

182. — On donne le nom générique de *corps* ou *solide* à tout ce qui a trois dimensions : longueur, largeur et hauteur.

183. — Les solides angulaires sont composés ou terminés par des plans ou surfaces planes, tels que le prisme, la pyramide, les polyèdres.

184. — On appelle *solidité* ou *volume* d'un corps l'espace occupé par ce corps : si c'est un corps creux que l'on considère, on désigne encore son volume par le mot de *capacité*.

§ Ier. — *Des Polyèdres.*

185. — On appelle *corps polyèdre*, tout corps terminé de toutes parts par des surfaces planes.

Les faces d'un polyèdre sont des triangles, des quadrila-tères, des pentagones, etc. Ces polygones sont réguliers ou irréguliers : si toutes les faces du polyèdre sont des polygones réguliers égaux, le polyèdre est dit *régulier* ; si les faces du polyèdre étaient des polygones réguliers inégaux, le polyèdre serait *irrrégulier*.

186. — Il n'y a que cinq polyèdres réguliers; mais il y en a une infinité d'irréguliers.

187. — Les polyèdres se distinguent encore par le nombre de faces : le *tétraèdre*, qui a quatre faces; le *pentaèdre*, qui a cinq faces; l'*hexaèdre*, qui a six faces, etc.

Les faces des polyèdres se réunissent de manière à former des angles solides, dont les plus simples ont trois faces.

188. — Parmi les polyèdres, on distingue les prismes et les pyramides.

§ 2. — Des Prismes.

189. — Un prisme prend le nom de *parallélipipède*, lorsque toutes les faces sont des parallélogrammes : les figures 30 et 32 sont des parallélipipèdes (fig. 30).

Si toutes les faces sont des rectangles, le parallélipipède sera dit rectangle; si la base EF,GH, n'était pas un rectangle, les arêtes CD,FC,GA,HB étant perpendiculaires, le parallélipipède serait droit, et ses faces latérales seraient des rectangles, si la base ED,GA,EG,HB était oblique par rapport à cette base, le parallélipipède serait oblique.

Les prismes sont de plusieurs autres espèces, suivant la forme de leurs bases.

190. — Le prisme est droit, quand ses arêtes sont perpendiculaires, autrement il est oblique.

§ 3. — *Des Pyramides.*

191. — Une pyramide est un polyèdre terminé par une base qui peut être un polygone quelconque, dont les côtés sont eux-mêmes la base d'autant de triangles qui se réunissent de manière telle que leurs sommets sont en un même point situé au dessus de la base de la Pyramide.

192. — Les pyramides sont régulières ou irrégulières : une pyramide est régulière quand la base est un polygone régulier, et que la perpendiculaire abaissée du sommet sur la base passe par le centre de cette dernière ; dans tout autre cas, la pyramide est irrégulière.

193. — Les pyramides se distinguent par le nombre des côtés de leur base.

194. — La pyramide est droite quand toutes ses arêtes sont égales, autrement elle est oblique.

TITRE II.

MESURES DES VOLUMES OU CORPS ANGULAIRES.

195. — Mesurer le volume d'un corps, c'est chercher combien de fois il contient le volume d'un autre corps pris pour unité de mesure.

196. L'énonciation du mètre ou des parties du mètre cube, n'est pas la même que celle du mètre superficiel. Pour faire comprendre plus facilement la différence, nous opérerons pour les cubes de la même manière que pour les surfaces, mais sur un nombre différent, qui sera 184424650. Il suffira de séparer par une virgule les décimales des mètres, et l'on dira 1844 mètres cubes : les cinq derniers chiffres exprimeront des parties décimales du mètre cube.

Si l'on veut tenir compte des chiffres décimaux placés à la droite, il faut observer que les parties qu'ils expriment sont successivement le dixième, le centième, etc, du mètre cube ; et l'on ne doit pas confondre le dixième du mètre cube avec le décimètre cube, car un mètre linéaire contenant 10 décimètres (4), la base du mètre cube contiendra 1000 petits cubes d'un décimètre (23), et le décimètre cube 1000 centimètres cubes (24). Il résulte de là que le décimètre cube est la millième partie du mètre cube, comme le centimètre cube est la millième partie du décimètre cube, et qu'en général, il faut prendre les chiffres de trois en trois à la droite, à partir de la virgule.

La partie décimale du nombre 1844,24650 ne contenant pas six chiffres, on y ajoutera un zéro et l'on prononcera 1844 mètres cubes, 246 décimètres cubes, 500 centimètres cubes.

§ 1er. — *Mesurer la solidité d'un hexaèdre.*

197. — L'hexaèdre (fig. 30) a la forme d'un dé à jouer ; c'est un solide rectangle dont toutes les faces sont égales, et les angles solides droits : on obtiendra la solidité ou le cube de ce corps en cherchant la superficie d'une de ses faces, comme à l'article 98, et en multipliant cette superficie par la hauteur d'un des côtés.

Exemple :

En opérant comme l'article 98, je trouve que la surface d'une
des faces du polyèdre est de. 16,00
Hauteur GA ou FG. 4,00
____
Produit. 64.0000

Le volume de l'hexaèdre est de 64 mètres cubes.

198. — On peut aussi obtenir le volume ou cube d'un hexaèdre en multipliant l'une par l'autre les arêtes qui concourent à
former un des angles solides ; ou , pour mieux faire comprendre , en multipliant la longueur par la largeur , et en multipliant
de nouveau ce produit par la hauteur. On emploie plus particulièrement ce système à la mesure du parallélipipède , ou
prisme quadrangulaire, qui est un solide barlong.(fig. 32).

Exemple :

```
Longueur de l'arête AB. . . . . . . . . . .    1,50
Longueur de l'arête BC. . . . . . . . . .  .   1,50
                                             ______
                                              750
                                              150
                                             ______
                                             2,2500
Hauteur. . . . . . . . . . . . . . . . . . . 3,00
                                             ______
        Produit. . . . . . . . . . 6,750
```

Le volume du parallélipipède ou prisme quadrangulaire sera
de 6 mètres cubes 750 décimètres cubes.

199. — Pour obtenir le volume d'une hexaèdre irrégulier
(fig. 27) , dont l'un des côtés est composé d'angles rentrants
plus ou moins prononcés , ce qui se rencontre souvent dans les
blocs de pierre de forte dimension, il ne s'agira que de chercher la surface du parallélogramme A*a*, G*g*, comme à l'article
92, et de multiplier cette surface par la hauteur du solide ,
comme à l'article 197.

§ 2. — *Mesurer la solidité d'un prisme.*

200. — On obtiendra la solidité d'un prisme quelconque, soit du prisme triangulaire (fig. 31), soit du prisme quadrangulaire ou parallélipipède (fig. 32) , soit du prisme hexagonal (fig. 34), en multipliant la superficie d'une de leurs bases par la hauteur.

On trouvera la surface de la base de chacun des prismes, en opérant comme aux articles ci-après :

Pour le prisme triangulaire (67);
Pour le prisme quadrangulaire (69);
Pour le prisme hexagonal (76).

Exemple :

Surface de chaque base, cherchée aux articles ci-dessus, et en supposant les mêmes dimensions que dans ces articles :

Prismes

	Triangulaire.	Quadrangulaire.	Hexagonal.
Base. . .	1,1250	12,25	10,50
Hauteur .	3	3	3
	3,3750	36,75	31,50

Le volume du prisme triangulaire est de 3 mètres cubes 375 décimètres cubes ; le volume du prisme quadrangulaire est de 36 mètres cubes 750 décimètres cubes; le volume du prisme hexagonal est de 31 mètres cubes 500 décimètres cubes. (*)

(*) Puisque le mètre cube est composé de 1000 décimètres cubes (196), on peut dire 31 mètres cubes et demi.

201. — Pour obtenir la solidité ou volume d'un prisme quelconque tronqué obliquement, il ne s'agira que de chercher la surface de la base non tronquée ; et si les deux bases étaient tronquées, il faudrait toujours supposer une base dont la section fut perpendiculaire aux côtés latéraux du prisme ; c'est suivant cette dernière que l'on chercherait la surface, et non suivant la section oblique, qui donnerait une surface trop grande.

Il faudra ensuite réunir la hauteur de chacune des arêtes , dont on prendra une moyenne que l'on multipliera par la surface de la base.

Nous allons donner un exemple pour un prisme quadrangulaire tronqué à une base, et un autre exemple pour un prisme triangulaire tronqué aux deux bases (*).

Exemples :

Prisme quadrangulaire (fig. 33) :

```
Surface de la base ADFG. . . . . . . .   3,0000
Hauteur moyenne (comme à l'article 101)  0,4675
                                         ───────
                                            15
                                            21
                                            18
                                            12
                                         ───────
            Produit. . . .   1,40250000
```

(*) Ce dernier exemple sera fort utile aux personnes qui se livrent aux travaux publics pour mesurer le gravier ou le sable dont ils ont à faire l'approvisionnement.

Prisme triangulaire (fig. 80) :

Base du triangle BF, *bf*.	1,50
Hauteur ou apothéme C*c* 0,80, dont la moitié est.	0,40
Surface de la base du prisme.	0,6000
Longueur de l'arête AB, GF.	3,00
Longueur de l'arête CD, *cd*.	1,50
Longueurs réunies.	4,50
Longueur moyenne.	2,25
Surface de la base.	0,60
Produit.	1,3500

Le volume du prisme triangulaire tronqué aux deux bases est de 1 mètre cube 350 décimètres cubes ; et celle du prisme quadrangulaire sera de 1 mètre cube 402 décimètres cubes 500 centimètres cubes (*).

§ 5. — *Mesurer la solidité d'une pyramide.*

202. — Une pyramide triangulaire (fig. 38) est le tiers d'un prisme triangulaire de même base et de même hauteur.

Une pyramide quadrangulaire est le double d'une pyramide triangulaire, et peut, ainsi que les pyramides pentagonales et autres, se composer de pyramides triangulaires. Ainsi, puisque les pyramides, quel que soit le nombre de leurs côtés, sont considérées en volume comme le tiers d'un prisme de même base et de même hauteur, on obtiendra leur solidité en multi-

---

(*) Afin de bien familiariser avec les fractions cubiques, nous ferons remarquer de nouveau que 500 centimètres cubes égalent un demi-décimètre cube.

pliant la surface de leurs bases par le tiers de la perpendiculaire ou ligne d'axe qui tombe du sommet sur les mêmes bases, et qui est la hauteur des pyramides.

Exemple ·

Pyramide triangulaire (fig. 38) :

    Longueur FE.   2,00
    Longueur ED.   2,00
                                      ______
                                       4,00
    Tiers de la ligne d'axe FE. . . . 1.60
                                      ______
                                      24000
                                       400
                                      ______
                                      6,4000

Le volume de la pyramide sera de 6 mètres cubes 400 décimètres cubes.

205. — Pour obtenir la solidité d'une pyramide tronquée (fig. 40), il faut opérer comme si la pyramide était entière ; et, par le même procédé, en déduire la partie enlevée ou supprimée ; car le tronc d'une pyramide vaut en volume la pyramide entière, moins la partie retranchée dans le haut.

On trouvera la hauteur de la pyramide totale en multipliant la hauteur du tronc par un des côtés de la base inférieure, et en divisant le produit par la différence entre ce côté et le côté homologue de la base supérieure ; la hauteur de la pyramide partielle sera la différence entre la pyramide totale et la hauteur du tronc.

Exemple :

Hauteur AB du tronc. 7,00
Côté GH de la base inférieure. 2,00

$\qquad$ Produit. 14,00

Côté GH de la base inférieure. 2,00
Côté IJ de la base supérieure. 1,50

$\qquad$ Différence. . . 0,50

$$14,00 \ \ \Big\{ \ \ \begin{array}{c} 0,50 \\ \hline 28 \end{array}$$
$$400$$
$$00$$

Hauteur de la pyramide entière. . . 28,00
Hauteur du tronc.. 7,00

Hauteur de la pyramide partielle. . 21,00

Côté GH de la pyramide. 2,00
Côté HI. 2,00

Surface de la base de la pyramide. . 4,00
Hauteur totale de la pyramide 28,00,
dont le tiers est. 9,333

$$1200$$
$$1200$$
$$1200$$
$$3600$$

Volume de la pyramide entière. . 37,33200

Côté IL de la base de la pyramide
partielle ou base supérieure du
tronc. ·.   1,50
Côté LJ.   1,50
                                 ———————
                                   7500
                                    150
                                 ———————
Surface de la base de la pyramide
partielle.   2,2500
Hauteur de la pyramide partielle
    21,00, dont le tiers est. . . .   7,00
                                 ———————
Volume de la pyramide partielle   15,750000
                                 ═══════════

Volume de la pyramide totale. .   37,332
Volume de la pyramide partielle   15,750
                                 ———————
Reste pour le tronc.   21,582

Le volume de la pyramide tronquée est de 21 mètres cubes
582 décimètres cubes.

204. — Pour trouver le troisième élément qui doit déterminer la capacité d'un volume quelconque dont on ne connaîtra
que deux dimensions, il faudra chercher la surface de la base
que l'on obtiendra en multipliant l'une par l'autre les dimensions connues ; puis on établira la proportion suivante : la surface connue est à 100, comme le cube demandé est à x ; c'est-
à-dire qu'il faudra multiplier le cube que l'on veut connaître
par 100, qui est le volume d'un mètre cube, et diviser le produit par la surface connue.

Nous allons en donner un exemple en cherchant la hauteur
d'une caisse ayant la forme d'un parallélipipède tronqué obliquement sur les quatre côtés latéraux, et dont les deux bases
parallèles auraient une surface différente : on emploie le plus

souvent ces sortes de caisses pour mesurer du gravier et du sable.

Exemple :

Base inférieure ABCD (fig. 81);

Longueur BC.   3,00
Largeur BA.   1,50
                        ─────────
                         15000
                          300
                        ─────────
Surface de la base inférieure. . 4,5000.. . .   4,50

Base supérieure EFGH;

Longueur FH.   1,50
Largeur FE.   0,20
                        ─────────
Surface de la base supérieure.   0,3000. . . .   0,30
                        Surfaces réunies. . . .   4,80
                        Surface moyenne. . . .   2,40

Nous voulons que la capacité de cette caisse soit d'un mètre cube.

$$2,40 : 100 : : 1,00 : x$$

Terme invariable. . . .   1,00
Capacité demandée. . .   1,00
                        ─────────
                          1,0000

1,000) 2,40
                        ─────────
 400) 0,4166 hauteur demandée.
        1600
        1600
         160

La hauteur de la caisse sera de 41 centimètres 66 millimètres.

Surface moyenne. . . .	2,40
Hauteur de la caisse. . .	0,4166

$$
\begin{array}{r}
1440 \\
1440 \\
240 \\
960 \\
\hline
0,999840
\end{array}
$$

La capacité de la caisse sera de 999 décimètres cubes 840
centimètres cubes.

205. — Pour avoir la solidité d'une pyramide tronquée
obliquement comme EF (fig. 40), l'opération sera la même que
la précédente (203). On prendra la hauteur de la perpendiculaire ou ligne d'axe au milieu des deux bases, pour avoir la
hauteur réduite.

206. — Pour avoir la solidité d'une pyramide inclinée comme (fig. 41), on opérera de la même manière que ci-dessus
(205); seulement, il faudra prendre pour hauteur le tiers de la
ligne FD, perpendiculaire abaissée du sommet sur la ligne de
base.

SIXIÈME PARTIE.

DES CUBES CYLINDRIQUES, OU CORPS RONDS.

TITRE Ier.

PRÉLIMINAIRES DES CORPS OU SOLIDES CYLINDRIQUES.

207. — Nous distinguerons quatre corps ronds : le cylindre, le cône, la sphére et le sphéroïde.

§ 1. — *Du Cylindre.*

208. — Le cylindre est un corps qui a deux bases circulaires FBGH, IAKJ (fig. 42), parallèles et égales entr'elles, lesquelles sont réunies par une surface courbe engendrée par une ligne droite qui glisse parallèlement à elle-même sur la circonférence des deux bases. La droite AH , qui joint les centres de ces bases, se nomme l'*axe du cylindre*. Si l'axe est perpendiculaire au plan d'une base, le cylindre est droit ; autrement il est oblique, comme à la figure 50.

209. — On peut considérer un cylindre droit comme un prisme d'une infinité de côtés ; c'est pourquoi sa surface, sans y comprendre la base, est égale au produit du contour d'une de ses bases par sa hauteur.

210. — Toute section faite dans un cylindre par un plan parallèle à la base, est un cercle égal à cette base.

211. — Toute section faite dans un cylindre par un plan non parallèle à la base, comme DCEL (fig. 42), est une ellipse.

§ 2. — *Du Cône.*

212. — Un cône est un corps dont la base est un cercle, comme ABCE (fig. 48), et la face latérale une surface engendrée par une ligne droite DA, qui, tournant autour d'un point fixe D, glisse sur la circonférence de sa base. Le point D est le sommet du cône ; et la droite DF, qui joint le sommet D et le centre F de la base, en est l'axe.

213. — Les cônes sont des espèces de pyramides dont la base est un polygone d'une infinité de côtés, c'est-à-dire un cercle dont la surface latérale est courbe, comme, par exemple, un pain de sucre. Ainsi, la pyramide triangulaire et le cône sont les extrèmes de toutes les pyramides.

214. — Toute section faite dans le cône par un plan parallèle à la base, est un cercle dont le rayon est d'autant plus petit que le plan de la section est plus près du sommet.

215. — Toute section faite par un plan qui n'est parallèle ni à la base, ni au côté, ni à l'axe du cône, est une ellipse.

216. — Toute section faite par un plan parallèle à deux génératrices du cône, est une ellipse.

217. —· Toute section faite par un plan parallèle à un plan tangent à la surface du cône, est une parabole.

218. — Toute section faite par un plan mené par le sommet et deux points de la circonférence de la base du cône, est un triangle ; si le plan coupant passait par l'axe, la section serait ce qu'on appelle *le triangle sur l'axe.*

219. — La figure 49 est un cône tronqué ; la petite base DBFP est parallèle à la grande CAEQ ; l'axe du tronc est la droite AR, qui joint les centres des deux bases.

220. — Un cône est oblique (fig. 51) lorsque l'axe n'est pas parallèle à la base.

§ 5. — De la Sphère.

221. — La sphère ou boule (fig. 42) est un corps terminé par une surface dont les points sont à une égale distance d'un point intérieur que l'on appelle centre. On peut dire aussi que la sphère est engendrée par un demi-cercle qui fait sa révolution autour de son diamètre. L'axe de la sphère est une droite qui la traverse en passant par le centre. Le point H, pris dans l'intérieur de la figure 42, est le centre de la sphère ; et la ligne FK, qui est censée passer par le point H, est l'axe de la sphère.

222. — Toute section faite par un plan dans la sphère est un cercle, quelle que soit la situation du plan. Si ce plan passe par le centre de la sphère, sa section sera ce qu'on appelle un grand cercle ; ce grand cercle n'est autre que celui qui a servi à engendrer la sphère.

223. — On appelle secteur sphérique une portion de sphère qui serait engendrée par un secteur de cercle dont la base serait au centre de la sphère, et qui tournerait autour d'un rayon. Dans ce cas, le secteur aurait la forme d'un cône dont la base serait convexe. Si, au lieu d'être engendré par un cercle, il l'était par un polygone quelconque, le secteur serait alors pyramidal, et sa base convexe serait tronquée par les faces de la pyramide.

224. — On appelle segment sphérique une portion de sphère formée par la surface et le plan droit qui occuperaient la sphère, comme BAC (fig. 45).

225. — Si cette sphère était coupée en deux parties égales sur un plan qui traverserait le centre H (fig. 42), chaque portion ne serait ni un segment, ni un secteur, mais une demi-sphère ou calotte sphérique.

226. — Si cette surface était coupée en quatre parties égales, alors chacune des quatre portions formerait une demi-calotte sphérique. Il peut y avoir des demi-calottes sphériques qui ne seraient cependant point des quarts de sphère, comme AFB (fig. 46).

227. — La zone est une section de la sphère comprise entre deux cercles parallèles, comme ABCD (fig. 43).

§ 4. — *Du Sphéroïde.*

228. — Le sphéroïde est un corps qui a la forme d'un œuf (fig. 67). Il est formé par la circonvolution d'une demi-ellipse autour d'un de ses axes.

229. — Le sphéroïde est, ainsi que la sphère, les deux tiers du cylindre GHIJ qui lui est circonscrit; c'est-à-dire qu'il a pour diamètre le petit axe AB, et pour hauteur le grand axe DC (fig. 62).

230. — Le sphéroïde est quadruple du cône ACB, dont la base aurait pour diamètre le petit axe AB, et pour hauteur la moitié du grand axe DC (fig. 62).

231. — Toute section faite dans le sphéroïde par un plan parallèle au petit axe, est un cercle.

232. — Toute section faite dans le sphéroïde par un plan parallèle au grand axe, est une ellipse.

233. — La section ACB (fig. 66) est une partie de sphéroïde dont le plan horizontal DEF est un arc de cercle, et le plan vertical ACB une demi-ellipse; cette section de sphéroïde forme une partie de calotte sphéroïque dont le plan vertical est parallèle au grand axe, et le plan horizontal au petit axe.

234. — La section GEFII (fig. 63) est une partie de sphéroïde dont le plan horizontal DAB et le plan vertical DEH sont des demi-ellipses; cette section de sphéroïde forme aussi une partie de calotte sphéroïque dont le plan horizontal et le plan vertical sont parallèles au grand axe.

235. — La section LGCE (fig. 67) est une partie de sphéroïde comprise entre deux plans parallèles ayant chacun la forme d'une ellipse; cette portion s'appelle aussi zone sphéroïque.

TITRE II.

MESURER LES VOLUMES DES SOLIDES OU CORPS CYLINDRIQUES.

§ 1. — *Mesurer le volume d'un cylindre.*

236. — Pour obtenir le volume d'un cylindre droit (fig. 42), puisque le cylindre est composé comme une espèce de prisme d'une infinité de côtés (209), il ne s'agira que de multiplier la surface de la base par la hauteur du cylindre.

Exemple :

En opérant comme à l'article 86, je trouve qu'un cercle dont le diamètre est de 2,50, a une surface de.   4,90
Hauteur IF du cylindre.   5,20
                                                      ————
                                                      9800
                                                      2450
                                                      ————
Produit.   25,4800

Le volume du cylindre droit est de 25 mètre scubes 480 décimètres cubes (*).

237. — Pour obtenir le volume d'un cylindre coupé obliquement, comme DE (fig. 42), il faudra opérer comme à l'article précédent ; seulement on prendra la hauteur du cylindre du point M, qui sera la moyenne proportionnelle entre la hauteur DF et la hauteur EG.

Exemple :

Surface de la base FGHB (comme à l'art. 236). 4,90
Hauteur moyenne MN 1,71
                                               ————
                                               490
                                               3430
                                               490
                                               ————
                                               8,3790

(*) Pour obtenir la solidité d'un cylindre dont les bases seraient des ellipses, l'opération serait la même qu'à l'article 236 ; seulement, il faudrait chercher la surface de la base comme à l'article 87.

Le volume du cylindre tronqué sera de 8 mètres cubes , 379 décimètres cubes (*).

§ 2. — *Mesurer le volume d'un cône.*

258. — Pour obtenir le volume d'un cône droit (fig. 48), il faudra multiplier la surface de sa base par le tiers de la hauteur ; car , puisque le cône est considéré comme une pyramide dont la base serait un polygone d'une infinité de côtés , la solidité d'un cône doit être le tiers de celle d'un cylindre de même base et de même hauteur.

Exemple :

En opérant comme à l'article 86, je trouve qu'un cercle dont
le diamètre est de 2,00; a une surface de . . .   3,14
Hauteur CD 2,00, dont le tiers est.   0,666

1884
1884
1884

2,09124

Le volume du cône droit est de 2 mètres cubes , 91 décimètres cubes , 240 centimètres cubes (**).

259. — Pour obtenir le volume d'un cône tronqué (fig. 49), dont les deux bases DF et CE sont parallèles , l'opération sera

---

(*) Pour obtenir la solidité d'un cylindre incliné (fig. 50), l'opération s'effectuera comme à l'article 236 ; seulement il faudra prendre la hauteur suivant la perpendiculaire DE , abaissée du centre de la base supérieure sur la ligne de la base inférieure.

(**) Si la base du cône avait la forme d'une ellipse , on chercherait la surface comme à l'article 87 ; et on continuerait l'opération comme à l'article 236 pour en avoir le cube.

la même que pour la pyramide tronquée (203), c'est-à-dire qu'il faudra chercher la solidité du cône entier comme à l'article 238, et, par le même procédé, en déduire la partie supprimée.

On trouvera la hauteur totale du cône entier en multipliant la hauteur du tronc par le diamètre de la base inférieure, et en divisant le produit par la différence qui existe entre le diamètre de la base supérieure et le diamètre de la base inférieure; la hauteur de la partie supprimée sera la différence entre la hauteur totale et la hauteur du tronc.

Exemple :

Hauteur AB du tronc 1,50
Diamètre CE de la base inférieure. . . 2,00
                                         3,0000

Diamètre CE de la base inférieure. . . 2,00
Diamètre DE de la base supérieure . . 1,20
          Différence. 0,80

$$3,00 \left\{ \begin{array}{l} 0,80 \\ \hline 3,75 \end{array} \right.$$
          600
          400

Hauteur totale. 3,75
Hauteur du tronc 1,50
    Reste pour la partie supérieure . . . 2,25

La surface du cône entier est, comme à l'article 238, de 3,14

Hauteur du cône entier, 3,75, dont le tiers est 1,25

1570
628
314

Volume du cône entier. 3,9250

En opérant comme à l'article 86, je trouve que la base de la partie supprimée, qui est la base supérieure du tronc, a pour surface. 1,13

Hauteur de la partie supprimée, 2,25, dont le tiers est 0,75

565
791

Volume de la partie supprimée 0,8475

Volume du cône entier 3,9250
Volume de la partie supprimée 0,8475

Reste pour le tronc 3,0775

Le volume du cône tronqué est de 3 mètres cubes, 77 décimètres cubes, 500 centimètres cubes, ou bien 3 mètres cubes 77 décimètres cubes et demi.

240. — Pour obtenir le volume d'un cône tronqué obliquement, comme GH (fig. 49), l'opération sera la même qu'à l'article 239; on devra seulement prendre la hauteur au point L, qui est la hauteur proportionnelle entre la hauteur CG et la hauteur FH.

241. — Pour obtenir la solidité d'un cône incliné , comme à la figure 51 , on opérera ainsi qu'on l'a fait aux articles 238 et 239 pour les autres cônes ; il faudra seulement prendre pour la hauteur le tiers de la ligne ED , perpendiculaire abaissée du sommet sur la ligne de base.

242. — Pour trouver le troisième élément, ou troisième dimension qui doit déterminer la capacité d'un volume cylindrique, il faudra opérer comme nous l'avons fait à l'article 204 pour un volume angulaire , c'est-à-dire qu'il faudra multiplier le cube que l'on cherche par 100 , volume d'un mètre cube, et diviser ce produit par la surface connue, ainsi que nous allons en donner un exemple en cherchant la hauteur d'un vase ayant la forme d'un cône tronqué (fig. 83).

Exemple :

En opérant comme à l'article 86 , nous trouvons que la base
   inférieure AB a pour surface. 0,94985
   Et la base supérieure CB. 0,78500

Surfaces des bases réunies. 1,73485

    Surface moyenne. 0,867425

Nous voulons , par cette surface , avoir la capacité d'un volume de 500 décimètres cubes, ou demi-mètre cube; nous disons alors : 0,867425 de surface est à ce même cube, sur une hauteur de 100 , comme 0,500 est à x ; c'est-à dire qu'il faut multiplier 500 par 100, qui est le premier terme invariable, et diviser le produit par la surface connue ; le quotient sera la hauteur que devra avoir le vase pour qu'il contienne le cube demandé.

    Terme invariable. 1,000
    Volume demandé 0,500

      Produit. 0,500000

$$
\left.\begin{array}{l}
0,5000000 \\
6628750 \\
5567750 \\
3632000 \\
1623000 \\
7555750 \\
6163500 \\
958950
\end{array}\right\}
\begin{array}{l}
0,867425 \quad \text{surface connue.} \\
\overline{0,5764186} \ \text{hauteur demandée} .
\end{array}
$$

La hauteur du volume sera de 57 centimètres 64 millimètres, etc.; et, en effet, si nous multiplions cette hauteur par la surface connue, nous aurons le volume demandé.

$$
\begin{array}{rl}
\text{Surface connue} \dots \dots & 0,8674250 \\
\text{Hauteur déterminée.} \dots & 0,5764186 \\
\hline
& 52045500 \\
& 69394000 \\
& 8674250 \\
& 34697000 \\
& 52045500 \\
& 60719750 \\
& 43371250 \\
\hline
& 0,49999990410500
\end{array}
$$

On voit que l'on peut considérer la capacité de ce volume comme un demi-mètre cube, puisqu'elle est de 499 décimètres cubes, 999 centimètres cubes, 904 millimètres cubes, et que nous nous serions rapprochés davantage de la vérité en poussant plus loin l'opération (*).

(*) L'opération que nous venons de démontrer dans cet article sera utile aux personnes qui voudront établir la capacité d'un volume par un diamètre donné.

245. — Si, au lieu de connaître la surface d'un volume on n'en connaissait qu'un élément, la hauteur, l'opération dériverait de la précédente ; il faudrait chercher la surface comme au volume demandé, par la hauteur connue, chercher ensuite le diamètre de cette surface, et l'on aurait alors les trois dimensions nécessaires pour former le volume.

Exemple :

Nous voulons que le cylindre ait 2,00 de hauteur, et que son volume soit de 0,920 décimètres cubes ; nous dirons : une hauteur de 2,00 est à ce même cube, pour une surface de 1,00, comme le cube 0,920 est à x ; c'est-à-dire qu'il faut multiplier 0,920, volume demandé, par 1,00 qui est le premier terme, et diviser le produit par la hauteur donnée, qui est le second terme.

$$
\begin{array}{lr}
\text{Premier terme.} \dots \dots & 1{,}00 \\
\text{Cube demandé.} \dots \dots & 0{,}920 \\
\hline
& 2\,000 \\
& 900 \\
\hline
\text{Produit à diviser.} \dots \dots & 0{,}92000
\end{array}
$$

$$
\begin{array}{l|l}
0{,}92000 & 2{,}00 \text{ hauteur donnée.} \\
\cline{2-2}
120 & 0{,}46 \text{ surface connue.} \\
000 &
\end{array}
$$

Pour obtenir le diamètre de la surface connue, on multipliera cette surface par 3,14159, rapport du diamètre à la circonférence, on extraira la racine carrée de ce produit, on doublera le résultat, et on divisera par le rapport 3,14159.

$$\begin{array}{rl}
\text{Rapport.} \dots\dots\dots & 3,14159 \\
\text{Surface connue.} \dots & 0,46 \\
\hline
& 1884954 \\
& 1256636 \\
\hline
\end{array}$$

Produit dont il faut extraire la
racine carrée. 14451314

$$144 \left\lvert \; \begin{array}{l} 12 \\[4pt] \hline 22 \\ 2 \\ \hline 44 \end{array} \right.$$

44

Pour trouver la racine carrée d'un nombre, on cherchera le
plus grand carré contenu dans le premier chiffre 1 , et on aura
la racine 1,00; on écrira cette racine au quotient; on soustraira
ce carré 1 du nombre 144, et il restera 44 que l'on écrira au-
dessous; on doublera la racine 1 et on portera 2 au-dessous de
cette racine ; on séparera ensuite par un point les chiffres du
deuxième nombre du carré du dernier 4 , et on dira : en 4 combien de fois 2 ? Il y est deux fois, que l'on portera à la racine
à la suite du chiffre 1 , puis à côté du 2 , qui , multiplié par 2 ,
second terme du quotient, vaudra 44 , égal au deuxième nombre du carré : cette égalité dans les deux nombres prouve que
le nombre 12 est la racine carrée. (Voir les auteurs qui traitent
de la racine carrée.)

La racine carrée de 144 est.. 0,12
Doubler ce nombre. 2

Nombre à diviser. . . . . . 0,2400 $\left\{ \begin{array}{l} 3,14 \text{ rapport.} \\ 0,764 \text{ diamètre demandé.} \end{array} \right.$
2020
1360
004

Les deux dimensions que nous venons de chercher, combinées avec la hauteur donnée, doivent déterminer la capacité du volume demandé; nous allons en donner la preuve :

Hauteur donnée. 2,00
Diamètre du cylindre. 0,764

En opérant comme à l'article 86, l'on trouvera qu'un cercle ayant 0,764 de diamètre, aura pour surface 0,4584,

soit. 0,46
Hauteur du volume. 2,00
                                ———
Produit. 0,920

La capacité de ce volume aura 920 décimètres cubes, comme nous l'avons demandé. (*)

244 — Pour obtenir la capacité d'un vase ayant la forme d'un cône tronqué (fig. 56), dont la surface latérale sera concave, il faudra retrancher du diamètre de chacune des bases l'épaisseur EF, empruntée par la génératrice courbe du cône au point EF, flèche de l'arc : le reste de l'opération se fera comme à l'article 239, c'est-à-dire qu'il faudra chercher la solidité du côté entier par les deux bases réduites, et en retrancher la partie supprimée; le restant sera la capacité du vase ou cône tronqué.

(*) L'opération que nous venons de démontrer dans cet article, sera utile aux personnes qui voudront établir la capacité d'un volume par une hauteur donnée.

Exemple :

Diamètre CB de la base inférieure. . . . 4,00
Epaisseur EF 0,30

    Reste 3,70

Diamètre DA de la base supérieure. . . . 1,00
Epaisseur EF. 0,30

    Reste 0,70

Hauteur GB du vase. 3,50
Diamètre CB de la base inférieure. . . . 3,70

    24500
    1050

    Produit. . . . . 12,9500, à diviser
par la différence des deux diamètres des bases réduites.

Diamètre de la base inférieure 3,70
Diamètre de la base supérieure. 0,70

    Reste. 3,00

$$12{,}95 \left\{ \begin{array}{l} 3 \\ \rule{3cm}{0.4pt} \\ 4{,}3166 \text{ hauteur du cône entier.} \end{array} \right.$$

      09
       05
        20
         20
          2

Hauteur totale du cône.   4,3166
Hauteur du tronc   3,5000
____
Hauteur de la partie supprimée.   0,8166

En continuant l'opération comme à l'article 239, on trouvera que la capacité du vase est de 15 mètres cubes, 130 décimètres cubes, 112 centimètres cubes.

245. — Le tonneau étant considéré comme composé de deux cônes tronqués (fig.57), on obtiendra son volume en opérant comme à l'article 239, et en doublant le résultat. Si on veut connaître la capacité avec plus de précision, on partagera le tonneau en quatre ou en six cônes tronqués, on cherchera le volume de chacun des troncs, on les réunira ensemble, et, par ce moyen, on tiendra plus exactement compte de la courbure des douves du tonneau. (*)

Exemple :

Diamètre AB.   2,00
Diamètre CD.   3,00
____
Diamètre moyen.   2,50

En opérant comme à l'article 86, je trouve qu'un cercle dont
le diamètre est de 2,50, a pour surface. . . .   4,90
Hauteur CH du tonneau.   4,00
____
19,6000

En opérant actuellement comme à l'article 239, je trouve

____

(*) On a aussi coutume de considérer un tonneau comme un cylindre dont la base aurait un diamètre égal à la moitié de la somme du diamètre du centre et du fond. On obtient alors le volume en multipliant par la hauteur ou longueur du tonneau la surface donnée par ce diamètre moyen.

que le tronc ou demi-tonneau AGBD égale un volume de 9,95, qui, multiplié par 2, donne 19,90.

$$\text{Résultat de la première opération . . . } 19,60$$
$$\text{Résultat de la deuxième. . . . . . . } 19,90$$
$$\text{Différence. . . . . } 0,30$$

En ajoutant la moitié de la différence, qui est 0,15, à 19,60, et en soustrayant cette même somme de 19,90, on aura pour les deux opérations 19 mètres cubes, 750 décimètres cubes, ou 19 kilolitres, 7 hectolitres et demi (36), qui sera la capacité du tonneau (*).

246. — Dimensions données pour des tonneaux de diverses capacités.

TONNEAU ORDINAIRE contenant 2 hectol. 1/5	KILOLITRE, ou mètre cube.	HECTOLITRE.	LITRE, ou décimètre cube.	LONGUEUR du tonneau.	DIAMÈTRE au centre.	DIAMÈTRE aux extrémités.	OBSERVATIONS.
»	»	demi.	50	0,594	0,33	0,30	
»	»	1	100	0,725	0,44	0,40	Quant aux tonneaux
1/2	»	»	110	0,80	0,44	0,40	qui ne se trouveraient
»	»	2	200	0,86	0,62	0,52	pas dans ce tableau, on
1	»	»	220	0,946	0,62	0,52	pourra en chercher les
»	»	3	300	0,963	0,68	0,58	dimensions et le vo-
1 1/2	»	»	300	0,996	0,71	0,59	lume en opérant com-
»	»	4	400	1,012	0,77	0,65	me à l'article
2	»	»	440	1,082	0,78	0,68	
»	demi.	5	500	1,164	0,80	0,68	
2 1/2	»	»	550	1,246	0,81	0,69	
»	1	10	1,000	1,30	1,09	0,89	
5	»	»	1,100	1,41	1,10	0,90	
»	2	20	2,000	1,777	1,30	1,10	
10	»	»	2,200	1,89	1,32	1,12	
»	5	50	5,000	2,13	1,86	1,60	
25	»	»	5,500	2,29	1,88	1,62	
»	10	100	10,000	2,18	2,54	2,30	
50	»	»	11,000	2,122	2,64	2,40	
»	20	200	20,000	3,06	2,98	2,80	
100	»	»	22,000	3,12	3,10	2,90	

(*) Si on ne tenait pas à avoir ce volume avec autant de précision, on pour-

§ 5. — *Mesurer les volumes des corps ronds.*

247. — Pour obtenir le volume de la sphère ou boule (fig. 42), puisque la solidité d'une sphère égale celle d'une pyramide ou d'un cône qui aurait pour hauteur le rayon de cette même sphère et une base égale en superficie à la surface totale de la sphère, il faudra multiplier la surface de cette sphère par le tiers du demi-diamètre ou rayon.

1er *Exemple :*

En opérant comme à l'article 116, nous trouvons que la surface totale de la sphère est de.   19,6250
Demi-diamètre AB, 2,50 rayon, 1,25, dont le tiers.   0,4166

1177500
1177500
196250
785000

Produit.   8,17577500

2e *Exemple :*

En opérant comme à l'article 86, nous trouvons que la base du cylindre CELD, circonscrit à la sphère, a pour surface 4,908
Hauteur du cylindre, 2,50, dont les deux tiers 1,666

29448
29448
29448
4908

Produit. 8,176728

rait se contenter de faire la première opération, qui est plus simple que celle du cône tronqué. Dans l'un comme dans l'autre cas, si la base du tonneau avait la forme d'un ovale, il faudrait chercher la surface comme à l'article 87.

La solidité de la sphère est, suivant le premier exemple, de 8 mètres cubes, 175 décimètres cubes, 775 centimètres cubes, et, suivant le deuxième exemple, de 8 mètres cubes, 176 décimètres cubes, 728 centimètres cubes. On peut attribuer la légère différence qui existe entre les deux résultats à l'application du rapport du diamètre à la circonférence (*).

248. — La solidité d'un secteur sphérique CAJH (fig. 42) est égal au |produit de la portion de la sphère qui lui sert de base multipliée par le tiers du rayon, puisqu'on peut le considérer comme un cône dont cette partie de surface serait la base.

Un secteur peut être également un corps solide pyramidal, comme nous l'avons déjà dit à l'article 117.

On peut dire aussi que le volume d'un secteur sphérique est à la solidité totale de la sphère, comme la superficie de sa base est à la superficie totale de la sphère, c'est-à-dire que l'on peut encore obtenir ce volume en multipliant la surface de la base du secteur par la solidité entière de la sphère, et en divisant le produit par la surface totale de la sphère.

1ᵉʳ exemple :

Secteur conique :

La surface de la calotte entière GAJ (fig. 42), servant de base au secteur, est de. 0,785
Hauteur HI du secteur 1,25 dont le tiers.   0,4166

$$\begin{array}{r} 4710 \\ 4710 \\ 785 \\ 3140 \end{array}$$

Produit. 0,3270310

(*) La sphère est au cylindre circonscrit comme 2 est à 3, c'est-à-dire qu'elle en est les deux tiers, puisque nous avons vu qu'on a la solidité du cylindre en multipliant sa base par sa hauteur.

Secteur pyramidal :

La surface de la calotte tronquée GAJ (fig. 42), servant de base au secteur, est de. 0,672

Hauteur HI du secteur 1,25 dont le tiers. 0,4166

$$
\begin{array}{r}
4032 \\
4032 \\
672 \\
2688
\end{array}
$$

Produit. . . . 0,2799552

2e *exemple* :

Volume de la sphère (247). 8,175

Surface de la base du secteur conique. . 0,785

$$
\begin{array}{r}
40875 \\
65400 \\
57225
\end{array}
$$

Produit. 6,417375

$$
6,417375 \left\{ \begin{array}{l} 19,625 \quad \text{surface de la sphère (116)} \\ \overline{0,3270000} \end{array} \right.
$$

52987
137375
000

On peut opérer de la même manière pour le secteur pyramidal, et l'on obtiendra les mêmes résultats que par le premier exemple ; c'est-à-dire, 327 décimètres cubes 30 centimètres cubes pour le volume du secteur conique, et 279 décimètres cubes 955 centimètres cubes pour le volume du secteur pyramidal.

249. — Toute section de sphère dont le plan sera un grand cercle, ou partie d'un grand cercle de la sphère, aura pour volume sa surface multipliée par le tiers du demi-diamètre ou rayon du grand cercle de la sphère.

Nous allons donner deux exemples, dont l'un pour la partie ABC (fig. 44), formant une calotte ou demi-sphère, et l'autre pour la partie ACB (fig. 45), formant une demi-calotte ou un quart de sphère ou un quartier de pomme.

Exemple :

Calotte sphérique ABC (fig. 44).

Surface de la calotte, comme à l'article 121 . . 9,8125
Rayon EC 1,25 dont le tiers. 0,4166
$$\begin{array}{r} 588750 \\ 588750 \\ 98125 \\ 392500 \end{array}$$

Volume de la calotte entière. . . . 4,08788750

Demi-calotte sphérique ACB (fig. 45).

Surface de ¦la demi-calotte sphérique (123). . 4,90625
Rayon EC 1,25 dont le tiers. 0,4166
$$\begin{array}{r} 2943750 \\ 2943750 \\ 490625 \\ 1962500 \end{array}$$

Volume de la demi-calotte. 2,043943750
Multiplier par 2 pour avoir le volume de la calotte entière.   2
4,087887500
Multiplier par 2 pour avoir le volume de la sphère entière.   2
Volume de la sphère entière, comme à l'article 247 8,175775000

Le volume de la calotte sphérique sera de 4 mètres cubes 87 décimètres cubes 887 centimètres cubes et demi, ou 500 millimètres cubes, et le volume de la demi-calotte sphérique sera de 2 mètres cubes 43 décimètres cubes 943 centimètres cubes 750 millimètres cubes.

250. — Pour obtenir le volume d'un segment de sphère GAJ (fig. 42), comme dans un segment sphérique il y a toujours une partie du secteur qui est plus ou moins volumineux, suivant que la surface du segment occupe la sphère, on devra chercher la solidité du secteur HJAG ; comme nous l'avons démontré à l'article 248, retrancher ensuite de ce secteur le cône à plan droit GJH, qui se trouve compris entre la base du segment e tle centre de la sphère.

Exemple :

En opérant comme à l'article 248, nous trouvons que le secteur GAJH a pour volume 0,327030

En opérant comme à l'article 238, nous trouvons que le cône GJH a pour volume. 0,300890

Reste pour le segment. 0,026240

Le volume du segment sphérique sera de 26 décimètres cubes 240 centimètres cubes.

251. — Pour obtenir le volume d'une zone comme ABCD (fig. 43), ou section de sphère comprise entre deux cercles parallèles, il ne s'agira que de chercher, d'abord, le volume de la sphère que l'on obtiendra en opérant comme à l'article 247, et de chercher ensuite le volume des deux parties supprimées BPC, ARD, que l'on déduira du volume de la sphère ; le reste sera le volume de la zone.

Exemple :

En opérant comme à l'article 247, nous trouvons que la sphère a pour volume. 8,175775

Volume d'un segment ou partie
    supprimée. 0,607079
                                       2

Volume des deux parties suppri-
    mées. . . . . 1,214158. . 1,214158

Reste pour le volume de la zone. 6,961617

Le volume de la zone sera de 6 mètres cubes 960 décimètres cubes 617 centimètres cubes.

252. — Pour obtenir le volume d'un sphéroïque (fig. 62), puisque le sphéroïque est, ainsi que la sphère, les deux tiers du cylindre qui lui est circonscrit (229), il faudra simplement multiplier la surface d'une des bases du cylindre GH ou IJ par les deux tiers de la hauteur DC.

Exemple :

En opérant comme à l'article 86, nous trouvons que la base du cylindre GHIJ, circonscrit au sphéroïque, a pour
    surface. 3,14
Hauteur DC du cylindre 4,00 dont les deux tiers   1,333

                                       942
                                       942
                                       942
                                       314

Produit. 4,18562

Le sphéroïque aura pour volume 4 |mètres cubes 185 décimètres cubes 620 centimètres cubes.

253. — On obtiendra la solidité du paraboloïde (fig. 75), en multipliant la surface du cercle AC, qui lui sert de base, par la moitié de son axe DB (*).

§ 4. *Mesurer le volume d'un berceau ou d'une voûte d'arête quelconque.*

254. — Lorsqu'on voudra obtenir le cube, soit d'une voûte ou berceau plein cintre, ou en arc de cercle, droite, ou en biais, ou à cintre inégal, soit d'une voûte sphérique dite en cul de four, de quelque hauteur qu'elle soit, entière ou tronquée, il ne s'agira que de chercher la surface comme aux articles 127, 128, 129, 130, 131, et de multiplier cette surface par l'épaisseur de la voûte. On devra avoir soin, dans l'exécution, de tenir un calpin exact des queues réduites des pierres employées à la confection desdites voûtes.

255. — Pour obtenir le cube de l'intrados d'une lunette plein-cintre, il faudra chercher la surface comme à l'article 133 et multiplier cette surface par l'épaisseur réduite des maçonneries (**).

(*) Nous croyons avoir donné des notions suffisantes, du moins pour la pratique de l'ouvrier, sur les cubes ainsi que sur les surfaces ; il nous reste maintenant à démontrer la manière de cuber les diverses formes de voûtes.

(**) Le volume de toute espèce de voûte ou partie cylindrique s'obtient en multipliant la surface de la partie proposée par l'épaisseur réduite (voir la partie des surfaces).

Nous allons donner aux articles 256 et 257 des exemples pour le cube des voûtes d'arête, ainsi que pour un berceau plein-cintre formant le projet d'un pont.

258. — Pour obtenir le cube d'une voûte d'arête, telle que la (fig. 65), il ne s'agira que de chercher la surface d'un des pans, comme à l'article 133 ; de multiplier cette surface par l'épaisseur réduite ; de multiplier ensuite ce produit par le nombre de côtés ou de pans dont la voûte est composée ; de chercher le cube de chaque pilier DABG, comme à l'article 200 ; et le cube du rectangle HIJK, comme à l'article 197 ; de déduire de ce dernier cube le vide EFG ; d'ajouter le reste au cube fait partiellement, et de former de ces divers cubes un total qui sera le cube réel de la voûte d'arête.

Exemple :

En opérant comme à l'article 133 ; je trouve
que la surface d'un pan de la voûte d'arête
est de.. 2,566
    Epaisseur réduite. 0,50
                              ————
  Cube d'un pan. 1,28300
  Nombre des pans.. . . . . ·4
                              ————
  Cubes des quatre pans. 5,13200

    Largeur d'un pilier. 0,40
    Epaisseur. . . . . : . . . 0,40
                           ————
                           0,1600
  Hauteur supposée. 5
                           ————
    Cube d'un pilier. 0,8000
  Nombre de piliers. 4
                           ————
    Cube des quatre piliers. . . . 3,2000

Longueur IJ ou HK.	3,80
Hauteur HL.	1,90
	34200
	380
Surface HIJK.	7,2200
Epaisseur.	0,50
Cube du rectangle HIJK. . .	3,610000
Dont il faut déduire la moitié. . .	1,875
Reste pour la maçonnerie. . . .	1,875
Cube des quatre piliers.	3,200
Cube des quatre pans.	5,132
Total	10,187

Le cube de la voûte d'arête sera de 10 mètres 187 décimètres (*).

(*) Toutes les voûtes d'arête, quel que soit leur plan, seront mesurées de la même manière, c'est-à-dire en multipliant leur surface par l'épaisseur réduite des maçonneries.

Cette manière de cuber les voûtes se rapproche plus de la vérité que l'ancien système, qui reposait sur le raisonnement suivant : « Les reins des voûtes d'arête sont comptés de quatre mètres l'un, au lieu que ceux des berceaux sont comptés de trois mètres l'un. » On n'a qu'à faire l'opération pour se convaincre que cette manière d'opérer est tout-à-fait absurde.

Le Bossu, dans son Manuel du Toiseur, fait un raisonnement plus juste, en disant que les calculs ne peuvent s'appliquer que très-difficilement au mesurage d'une voûte d'arête toute en pierre, à raison du déchet et de la taille, et qu'il serait mieux de tenir des attachements sur lesquels serait figuré chaque voussoir arêtier ou claveau qui entrerait dans la voûte, pour en faire le cube par équarrissement, c'est-à-dire suivant le prisme qu'il avait avant d'être mis en œuvre ; ainsi on arriverait à pouvoir apprécier à sa juste valeur la matière en œuvre, sa pose, son bardage, le déchet qu'elle éprouve par sa taille, la quantité de mètres de joint, les évidements circulaires et droits, la taille de ses parements, etc., etc.

§ 5. — *Cube d'un pont de 5 mètres d'ouverture. (fig. 52.)*

257. — Pour obtenir le cube des différentes maçonneries dont ce pont est construit, il n'y aura qu'à chercher le cube total du pont, tant plein que vide, déduire de ce cube le vide de l'arche, et considérer tout le reste comme étant en maçonnerie ordinaire; on déduira ensuite de ce reste les diverses maçonneries, et on arrivera par ce moyen à connaître les quantités de chaque espèce de maçonnerie, soit en pierre de taille, soit en moëllon smillié, soit en brique, soit en moëllon ordinaire, etc.

DÉSIGNATION DES PARTIES.	DÉTAILS.	CUBES.	TERRASSE-MENTS.	PIERRE de taille.	MOELLON smillé.	BRIQUES.	MOELLON ordinaire.	OBSERVATIONS.
Fondations des culées TPUV. . .	Longueur pour deux. . . . 16,00 Hauteur. . . . . 0,90 Epaisseur. 1,00	14,40						
Fondations des murs en retour XV.	Longueur pour quatre . . . 8,80 Hauteur. . . . . 0,90 Epaisseur. 1,00	7,92						
Pieds-droits , ou culées PJUV. . . .	Longueur pour deux. . . . 15,60 Hauteur. . . . . 1,00 Epaisseur. 0,80	12,48						
A déduire le moëllon smillé formant l'assise du socle :		34,80						
Assises du socle.	Longueur pour deux. . . . 15,60 Hauteur. . . . . 0,30 Epaisseur 0,30	1,40			1,40			
A déduire la pierre de taille formant les quatre angles des culées :		33,40						
Angles des culées.	Longueur développée. . . . 8,00 Hauteur. . . . . 0,333 Epaisseur. 0,40	1,05		1,05				
Reste pour la maçonnerie de moëllon ordinaire. . .		32,35					32,35	
A reporter.			»	1,05	1,40	»	32,35	

DÉSIGNATION DES PARTIES.	DÉTAILS.	CUBES.	TERRASSE-MENTS.	PIERRE de taille.	MOELLON smillé.	BRIQUES.	MOELLON ordinaire.	OBSERVATIONS.
	Report.			1,05	1,40		32,35	
Rectangle RMLG, ou têtes de pont.	Longueur pour quatre.. . . 22,40 Epaisseur. . . . . 0,50 Hauteur.. 2,90	32,18						
A déduire le vide de l'arche JIK ·								
Vide JIK.	En opérant comme à l'art. 86, on trouve que la surface JIK est de 9,81 ; les deux. . . . . 19,62 Epaisseur. 0,50	9,81						
A déduire le moëllon smillé compris dans le trapèze MJGL :		22,67						
Trapèze MJGL..	En opérant comme à l'art. 73, on trouve que les basse moyennes du trapèze sont de 4,05, et que les quatre font. . . 16,20 Hauteur. . . . . 2,90 Epaisseur. . . . 0,30	14,01						
A déduire les vides ALG :								
Vides ALG	En opérant comme à l'art. 86, on trouvera que la surface de ces vides est de 18,80 Epaisseur. 0,30	5,46						
Reste pour la maçonnerie de moëllon smillé. . . . 8,55		8,55			8,55			
Reste pour la maçonnerie ordinaire		14,12					14,12	
A reporter.			»	1,05	9,95	»	46,47	

DÉSIGNATION DES PARTIES.	DÉTAILS.	CUBES.	TERRASSE-MENTS.	PIERRE de taille.	MOELLON smillé.	BRIQUES.	MOELLON ordinaire.	OBSERVATIONS.
	Report.			1,05	9,95		46,17	
Pierre de taille du bandeau de l'arche, ou tête de pont.	En opérant comme à l'art 81, on trouvera que la longueur développée des deux bandeaux est de (*) 17,89	3,57		3,57				
	Hauteur 0,40							
	Epaisseur. 0,50							
Pierre de taille pour plinthe.	Longueur pour deux 22,40	3,36		3,36				
	Hauteur 0,30							
	Epaisseur. 0,50							
	En opérant comme à l'art. 250, on trouvera que la calotte sphérique d'une borne cube.	0,0084						
	En opérant comme à l'art. 236, on trouvera que le fût de la borne cube.	0,100						
Bornes.	En opérant comme à l'art. 73, on trouvera que le socle d'une borne cube.	0,0726						
	Cube d'une borne.	0,1810						
	Cube des six bornes.	1,0860		1,086				
	A reporter. . . .		»	9,066	9,95	»	46,47	

(*) Pour obtenir cette longueur, il faut prendre le rayon entre les deux arêtes LL et sur l'axe du bandeau.

DÉSIGNATION DES PARTIES.	DÉTAILS.	CUBES.	TERRASSE-MENTS.	PIERRE de taille.	MOELLON smillé.	BRIQUES.	MOELLON ordinaire.	OBSERVATIONS.
	Report.		.	9,066	9,95		46,47	
Rectangle LMYG.	Longueur pour deux. . . . 6,60 Largeur.. . . . . 6,40 } 122,49 Hauteur.. 2,90	122,49						
	A déduire le triangle LNB :							
Triangle LNB..	En opérant comme à l'art. 67 , on trouve que le triangle LNB a pour surface. . . . . 1,81 } 23,16 Longueur pour deux 12,80	23,16						
	A déduire le segment LB ;							
Segment LB.	En opérant comme à l'art. 122, on trouve que la surface du segment LB est de. . . . . 4,01 } 5,24 Longueur pour deux 12,80	5,24						
Reste pour les vides LBN qu'il faut déduire du rectangle LNYG. 18,92		18,92						
	A reporter..	103,57	»	9,066	9,95	»	46,47	

DÉSIGNATION DES PARTIES.	DÉTAILS.	CUBES.	TERRASSE-MENTS.	PIERRE de taille.	MOELLON smillé.	BRIQUES.	MOELLON ordinaire.	OBSERVATIONS.
	Report.	103,57		9,066	9,95		46,47	
A déduire le vide de l'arche IJK :								
Arche IJK.	En opérant comme à l'art. 86, on trouvera que la surface du demi-cercle IJK est de. . . . . 9,81 Longueur.. 6,10	62,78						
	Reste pour la maçonnerie comprise dans les deux rectangles LNYG.	40,79						
A déduire la maçonnerie de brique formant le parement de la voûte :								
Voûte en brique.	En opérant comme à l'art. 81, on trouve que la longueur développée de la voûte est de (*). . . 8,94 Épaisseur.. . . . . 0,35 Longueur 6,10	20,03				20,03		
	Reste pour la maçonnerie ordinaire.	20,76					20,76	
	A reporter..	»		9,066	9,95	20,03	67,23	

(*) Pour obtenir cette longueur, il faut prendre le diamètre ou le rayon sur le milieu de la maçonnerie de brique, comme nous avons déjà fait pour le bandeau de la voûte aux têtes du pont.

DÉSIGNATION DES PARTIES.	DÉTAILS.	CUBES.	TERRASSE-MENTS.	PIERRE de taille.	MOELLON smillé.	BRIQUES.	MOELLON ordinaire.	OBSERVATIONS.
	Report.			9,066	9,95	20,03	67,23	
	Cube des terrassements :							
Rectangle LNZD.	Longueur . . . . 8,20 Largeur pour deux. . . . . 6,80 Hauteur 3,90	217,46	217,46					
Murs en retour.	Longueur pour quatre . . . 8,80 Épaisseur. . . . . 1,00 Hauteur 3,90	34,32	34,32					
	Totaux.		251,78	9,066	9,95	20,03	67,23	

Nota. — La chape (127, note) sera calculée par mètres superficiels, et non par mètres cubes ; il faudra, pour faire cette opération, chercher le développement de l'arc de cercle *b*B, et multiplier cette longueur par la largeur ou longueur du pont M*n*.

Il résulte de ces dernières opérations que le pont est composé de 9 mètres 66 décimètres cubes de pierre de taille, de 9 mètres 950 décimètres cubes de moëllon smillé, de 20 mètres 30 décimètres cubes de maçonnerie de brique, et de 67 mètres 230 décimètres cubes de maçonnerie de moëllon ordinaire dit moëllon brut, enfin, qu'il a fallu déblayer une quantité de 251 mètres 780 décimètres cubes de terre pour établir les fondations.

258. — *Tableau pour la confection d'un mètre cube d'ouvrage ordinaire.*

DÉSIGNATION DE DIVERS OUVRAGES.	QUANTITÉS en mètres cubes.	DÉSIGNATION des objets.	POIDS du mètre cube en kilogrammes.	NOMBRE d'heures pour la façon.	OBSERVATIONS.
Poids des principaux éléments employés dans la construction des bâtiments ou dans les travaux du génie.					
Terre ordinaire..			1201		On peut considérer ces divers poids comme étant exacts, d'autant plus que nous avons eu le soin de les comparer avec ceux de matières plus ou moins pesantes, ce qui nous a prouvé que les différences qui existent entr'eux ne peuvent nuire sous aucun rapport en les employant dans les opérations pratiques.
Terre rocailleuse.			1354		
Tuf.			940		
Gravier purgé.			1640		
Sable			1182		
Gravier non purgé.			1943		
Pierre de taille franche..			2495		
Moëllon ordinaire			1426		
Moëllon concassé pour chaussée ou pour béton.			1294		
Tuileaux pulvérisés ou ciment.			1182		
Pouzzolane..			917		
Chaux vive..			803		
Chaux éteinte.			1101		
Mortier ordinaire			1871		

DÉSIGNATION DE DIVERS OUVRAGES.	QUANTITÉS en mètres cubes.	DÉSIGNATION des objets.	POIDS du mètre cube en kilogrammes.	NOMBRE d'heures pour la façon.	OBSERVATIONS.
Composition, poids et façon de ces divers éléments.					
Pierre de taille brute franche..	1 m 66	Rocher.	»	8 ¼	
Moëllon ordinaire.	0 60	id.	»	7	
Terre ordinaire..	0 75	Déblais.	»	2	
Tuf.	0 90	id.	»	7	
Terre rocailleuse..	0 85	id.	»	4	
Sable	0 95	id.	»	1	
Pierre de taille franche bouchardée, pose comprise.	1 25	Pierre brute.	3118	90	
Pierre de taille franche layée , pose comprise	1 25	Pierre brute.	3118	95	
Pierre de taille passée à la fine pointe entre ciselures, pose comprise. . . .	1 25	Pierre brute.	3118	85	
Maçonnerie de moëllon ciselé, passé à la fine pointe ou bouchardé , pose comprise..	1 25	Moëllon brut.	3043	80	
Maçonnerie de moëllon smillé et posé à pierre sèche.	1 25	id.	2339	35	

DÉSIGNATION DE DIVERS OUVRAGES.	QUANTITÉS en mètres cubes.	DÉSIGNATION des objets.	POIDS du mètre cube en kilogrammes.	NOMBRE d'heures pour la façon.	OBSERVATIONS.
Maçonnerie de moëllon ordinaire, mortier compris.	1 m 15	Moëllon brut.	2000	8	
Maçonnerie de pierre sèche en moëllon ordinaire..	1 20	id.	1711	6	
Pavé en moëllon, posé à pierre sèche..	1 25	id.	2164		
Mortier. { Sable.	0 80	Sable.	1185 }		Lorsqu'on met le sable et la chaux dans les machines propres à la fabrication du mortier ou du béton, il existe des vides occasionés par le foisonnement. Ces vides disparaissent par la pression et le mélange que nécessite leur fabrication, et lorsque ces matières sont assez manipulées, c'est alors seulement qu'elles atteignent leur densité respective.
{ Vide.			216 } 1871		
{ Chaux.	0 40	Chaux.	440 }		
Béton avec pierraille. { Gallet.	0 70	Gallet ou Pierraille.	1148 }		
{ Vide.			467 } 2611		
{ Mortier..	0 55	Mortier.	1029 }		
Extinction d'un mètre cube de chaux. Vive.	0 60	Chaux vive.	481 } 620 } 1101		
Ciment. { Chaux éteinte..	0 40	Chaux.	440 }		
{ Pouzzolane, ou..		Ciment.	546 } 1825		
{ Tuileaux pulvérisés..	0 80		839 }		
Maçonnerie en brique. { 187 briques de 0.358 sur 0,28 et sur 0,04	0 75	Briques.	2495 } 2962		
{ Mortier.	0 25	Mortier.	167 }		

SEPTIÈME PARTIE.

⊷•⊶

CALCULS DES TERRASSEMENTS.

259. — Nous allons reproduire les moyens employés par Stéphane, ingénieur civil, dans le chapitre 4 du Manuel d'entretien et de construction des routes, en suivant textuellement et et en partie les principes de cet auteur.

§ 1er. — *Dispositions préliminaires.*

260. — Lorsqu'on est approximativement fixé sur le choix d'un tracé, on doit rapporter sur le même profil en long la configuration du terrain sur toute la direction adoptée, et celle du tracé lui-même. Nous avons donné un modèle de ce dessin à la figure 84. ABCDEFG représente une coupe de terrain, et *abcdefg* représente le tracé de la route. Dans les parties situées au-dessus de la ligne du terrain, comme ABC, *ba*, il y a remblai ; dans le cas contraire, il y a déblai ; enfin, lorsque la ligne de la route coupe celle du terrain, on dit qu'il y a point de passage. C et F sont deux points de cette espèce, ainsi nommés, parce qu'ils marquent généralement les endroits où la route passe de l'état de remblai à celui de déblai.

261. — Les différences Aa, Bb, Dd, etc, entre les côtes du terrain et celles de la route, portent le nom de côtes rouges : il est nécessaire de les calculer pour obtenir les déblais et les remblais. Aux points de passage, la côte rouge est zéro; ce qui fait qu'on les nomme quelquefois points de zéro.

262. — Pour qu'un profil en long soit complètement dessiné et coté, il faut donc faire trois calculs séparés :

1º Celui des côtes de la route ;
2º Celui des côtes du terrain ;
3º Celui des deux côtes rouges, c'est-à-dire des différences entre les deux premiers.

Ces trois opérations doivent être faites régulièrement sur trois carnets distincts, et vérifiées avec soin.

Il faut ensuite rapporter le profil de la route sur les profils en travers du terrain. A cet effet, ceux-ci ayant été dessinés comme on le voit à la figure 85, on découpe trois modèles de profils de route, savoir : un en remblai, un autre en déblai, enfin un troisième qui soit en remblai d'un côté et en déblai de l'autre. Ces modèles sont destinés à servir en quelque sorte de patron ; ils doivent être en carton mince et consistant, ou encore mieux en corne.

On rapporte sur les profils en travers, ainsi que nous l'avons fait (fig. 85), les côtes rouges du profil en long Aa, Bb, Dd, etc. ; on a alors les points ab, par lesquels doit passer sur chaque profil du terrain le profil de la route, et on dessine facilement celui-ci en se servant des modèles dont nous avons parlé précédemment.

On obtient ainsi sur chaque profil des surfaces transversales de remblais et de déblais, telles que MN, PQ (fig. 85), qu'il faut évaluer avant de procéder au calcul définitif des terrasses.

§ 2. — Évaluation des surfaces.

263. — L'évaluation des surfaces ne présente aucune difficulté. Il suffit de les décomposer en triangles et en trapèzes élémentaires qu'on calculera séparément de la manière indiquée aux articles 67 et 73.

Ces principes admis, voyons comment on calcule une surface de déblai ou de remblai.

Prenons pour exemple la surface du remblai PM, NQ. On supposera, pour simplifier les calculs, que les deux parties Ma, Na de la surface du chemin soient droites, au lieu d'être courbes comme elles le sont réellement. La courbure est en effet si faible que la différence produite par cette simplification peut-être négligée. D'ailleurs, jamais les terrassiers n'exécutent immédiatement la courbe; ce n'est que plus tard qu'on la fait dessiner par les personnes chargées du ragrément et de l'empierrement. Pour calculer la surface du remblai, on cherchera partiellement les surfaces :

1° Du triangle MPR, en opérant comme à l'article 67;
2° Du trapèze AaMR, en opérant comme à l'article 73;
3° Du trapèze AaNS, en opérant de la même manière;
4° Du triangle NSQ, en opérant comme à l'article 67.

264. — Si on avait voulu calculer une surface en déblai, comme celle qui est représentée sur le profil n° 4 de la figure 85, il aurait fallu la décomposer en parties élémentaires de la manière suivante :

1° Un triangle HIJ;
2° Un trapèze IJKL;

3° Un trapèze LKVU ;
4° Un trapèze LUC*c* ;
5° Un trapèze C*c*MN ;
6° Un trapèze MNPO ;
7° Un trapèze PORQ ;
8° Un triangle RQS.

265. — Si la surface était moitié en déblai et moitié en remblai, comme dans le n° 3 de la figure 85, déjà citée, la décomposition devrait se faire de la manière suivante :

1° Un triangle HIJ ;
2° Un trapèze IJKL ;
3° Un trapèze LKMN ;
4° Un trapèze MNC*c* ;
5° Un triangle C*c*O ;
6° Un triangle OPQ ;
7° Un triangle PQR ;

On voit que tout se réduit à trouver la surface des triangles et des trapèzes donnés, et nous avons indiqué comment se faisaient ces opérations.

266. — Mais pour calculer les surfaces, il faut avoir la base et la hauteur de toutes les figures. Or, deux moyens se présentent pour cela : l'un, tout graphique, conduit rapidement au but, mais ne donne que des résultats plus ou moins rapprochés ; il consiste à prendre avec un compas, sur une échelle, les différentes dimensions. Ainsi par exemple pour avoir la surface du triangle HIJ, on abaissera la perpendiculaire HT, à l'aide d'une équerre, sur la base IJ prolongée ; On mesurera à l'échelle la longueur IJ, on en prendra la moitié, que l'on multipliera par la longueur HT, prise aussi à l'échelle. Ce moyen est à la portée de l'intelligence la plus vulgaire ; et quoique les résultats qu'il donne ne présentent pas la plus grande exactitude, on l'emploie pour faire les tâtonnements qui conduisent à la rédaction du projet définitif.

266. — Le second moyen, qui est bien plus exact mais aussi beaucoup plus long, consiste à calculer tous les éléments linéaires des surfaces. Pour mieux nous faire comprendre, nous appliquerons nos raissonnements à la surface n° 4 de la figure 85.

Les éléments qu'il faut calculer sont : d'abord, un élément horizontal HT ; ensuite des éléments verticaux IJKLNM, qui sont pour les profils en travers ce qu'étaient tout-à-l'heure les cotes rouges pour les profils en long, et que, pour cette raison, on appelle aussi des cotes rouges.

§ 5. — *Trouver les cotes rouges des profils en travers.*

267. — Pour que nos démonstrations s'adaptent à tous les cas possibles, nous allons les appliquer au calcul des cotes rouges des profils ci-après :

1° Du demi-profil en déblai, représntée à la figure 85 par le n° 4 et par les lettres HCc :

2° Du demi-profil en remblai, représenté à la figure 85 par le n° 2 et par les lettres BbH ;

3° Du demi-profil partie en déblai et partie en remblai, représenté à la figure 85 par le n° 3 et par les lettres CcPR.

Pour la première de ces figures, les éléments à chercher sont les lignes Cc, UV, LK, IJ, HT.

L'élément Cc est connu, car il représente la cote rouge du profil en long que nous avons tout-à-l'heure appris à calculer.

Pour calculer la ligne U, menons par le point C une parallèle à la ligne CU ; il est évident que la longueur VU sera la forme des trois parties Vu, u, x, x, uU; or, Vu est évidemment égal à la pente de la ligne CV, multipliée par la longueur Cu; $u x$ est égal à Cc; et Ux est égal à la pente de la ligne CU multipliée par la longueur Cx ou gu : les trois portions de longueur sont donc très-faciles à calculer.

La longueur LK se décompose en LK, puis KK : la première de ces quantités est évidemment égale à la pente de la ligne CL multipliée par la longueur CK; la deuxième est égale à la longueur Vu déjà calculée, augmentée de la profondeur du fossé.

La longueur IJ se décompose en IJ additionnée avec Ii; iJ est égal à la pente de la ligne CJ, multipliée par la longueur Ci, et Ii est égal à KK, déjà calculé.

Reste à trouver la longueur de l'horizontale HT et SY.

La longueur de l'horizontale HT est égale à celle de la verticale IJ, divisée par la différence entre la pente de la ligne HI du projet et celle de la ligne LJ du terrain.

Exemple :

Pente par mètre de la ligne HI. 1,50
Pente par mètre de la ligne HC. 0,25
Différence. 1,25

Longueur de la verticale IJ. . . 1,50 | 1,25
250 | 1,20
00

La longueur de l'horizontale HT (profil n° 4 de la fig. 85), est de 1 mètre 25 centimètres.

N° 1. On obtiendra de la même manière la longueur de la perpendiculaire d'un point de passage qui tomberait en dehors des points du projet et du terrain, comme EF (fig. 84), c'est-à-dire en divisant la cote rouge Ec par la somme des pentes EF, Fe, pentes de la route et du terrain.

N° 2. La longueur de l'horizontale Sy est égale à celle de la verticale QR, divisée par la somme des pentes de la ligne RS du terrain et de la ligne SQ du projet.

Exemple :

Pente par mètre de la ligne RS. 0,15
Pente par mètre de la ligne SQ. 1,50
Somme des pentes 1,65

Longueur de la verticale QR 0,700 $\left\{\dfrac{1,65}{0,424}\right.$
400
700
40

La longueur de l'horizontale Sy est de 42 centimètres 4 millimètres.

N° 3. On obtiendra de la même manière la longueur de la perpendiculaire d'un point de passage qui tomberait entre les points du projet et du terrain, comme $c x$ (fig. 84); c'est-à-dire en divisant la cote rouge bB par la somme des pentes de la ligne Bc et bc, pentes de la route et du terrain.

Voilà ce que nous avons à dire sur le calcul des cotes rouges du demi-profil en déblai n° 4. Nous allons nous occuper maintenant du demi-profil en remblai Bb, IIi (Fig. 85, profil n° 2). Les éléments linéaires qu'il faut connaître, sont Bb, IIJ, IK.

Bb est la cote rouge calculée sur le profil en long.

HJ se compose de Hi et iJ ; Hi est égal à Bb, moins la pente de la ligne Hb multipliée par la demi-largeur du chemin Bi ; iJ est égal à la pente de la ligne BI multipliée par la même demi-largeur ; enfin, il est évident que l'horizontale IK sera égale à HJ divisée par la différence entre la pente de la ligne HI et celle de la ligne IJ.

Prenons maintenant le profil, partie en remblai et partie en déblai Cc, PR (fig. 85, profil n° 3).

Les éléments à connaître sont :

La cote rouge Cc, qui est déjà calculée ; la perpendiculaire abaissée du point O sur la verticale Cc, laquelle tomberait en dehors des deux points C et c, et serait égale à la côte rouge Cc divisée par la différence entre la pente de la ligne CR et celle de la ligne cP.

La cote rouge PQ, qui est égale à QP moins Pp ; or, QP est égal à la largeur CP de la route, multipliée par la pente de la ligne CQ, et Pp est égal à la cote rouge Cc, plus le produit de la largeur cp par la pente de la ligne CP ;

La perpendiculaire abaissée du point O sur la ligne PQ, qui est égale à la cote rouge PQ divisée par la différence entre la pente de la ligne OQ et celle de la ligne OP ;

La perpendiculaire abaissée du point R sur la ligne PQ, qui est égale à la cote rouge PQ, divisée par la différence entre la pente de la ligne PR et celle de la ligne QR.

Après avoir ainsi épuisé ce que nous avions à dire sur le calcul des surfaces de déblai et de remblai, nous allons passer à la cubature des solides.

§ 4. — *Trouver le cube des solides.*

Pour se rendre plus familier et mieux comprendre ce qu'est un cube ou solide régulier, on étudiera avec attention les principes développés dans le paragraphe 3 de la 5ᵉ partie. Avec ces notions, on concevra plus facilement la méthode du calcul des terrasses, que nous allons exposer.

268 — Lorsqu'on a à calculer le solide compris entre deux profils qui sont l'un et l'autre complètement en remblai et complètement en déblai, on l'assimile à un solide trapézoïde qui aurait pour base les deux surfaces de déblai ou de remblai ; pour le calculer, on prend une moyenne entre les deux surfaces et on la multiplie par la distance entre les deux profils.

Ce cas est celui qui aurait lieu entre les deux profils nᵒ 1 et nᵒ 2 (fig. 85) si le petit fossé en déblai MPQR (profil nᵒ 2) n'existait pas.

L'application de cette règle ne présente point de difficultés lorsque l'axe de la route est en ligne droite ; mais lorsqu'il est en ligne courbe, la distance des profils est plus ou moins grande, suivant qu'on la mesure sur l'arête intérieure ou sur l'arête extérieure. On obtient, dans ce cas, une approximation suffisante en prenant pour distance moyenne celle qui se mesure sur l'axe. (*Voir l'observation contenue en la note de l'article 96 au sujet de la circonférence moyenne d'un bandeau.*)

269. — Si l'un des profils est en déblai et l'autre en remblai, comme cela a lieu à la figure 84, profils nᵒˢ 4 et 5, il y a entre les deux profils un solide de déblai et un solide de remblai ; on les assimile aux deux prismes acolés que nous avons représentés à la figure 82, et on les calcule par un procédé analogue, c'est-à-dire qu'on fait les deux opérations suivantes :

On cherche la distance de chaque profil au point de passage, comme nous l'avons démontré à l'article 262, nᵒ 3 ;

On multiplie la surface de chaque profil par la distance correspondante ; l'un des produits représente le cube de déblai, l'autre représente le cube de remblai.

Ce qui rend cette opération inexacte, c'est que la ligne de

passage MN qui, dans la figure 82, est parallèle aux bases des deux prismes, se trouve ici inclinée, des sorte que la distance aux deux bases est différente suivant le point auquel on la prend. On obtient un résultat moyen en la calculant au milieu, c'est-à-dire au point F (fig. 84), point auquel la ligne de passage coupe le profil en long. Les distances cherchées sont alors respectivement égales aux perpendiculaires abaissées du point F sur la ligne Ee et Gg divisées par la différence entre la pente de la route et celle du terrain.

Les points où la route et le terrain se rencontrent sur le profil en long portent le nom générique de points de passages : leur connaissance est indispensable pour calculer les terrasses d'une manière même approximative ; on devra donc toujours les calculer à l'avance et les vérifier avec soin.

270. — Le troisième cas est celui où l'un des profils étant tout en remblai ou en déblai, l'autre est partie en déblai, partie en remblai. Ce cas est celui qui se présente dans les profils n°ˢ 3 et 4 (fig. 85). On calcule alors le solide de déblai, en prenant la moyenne des deux surfaces de déblai, et la multipliant par la distance des deux profils : le solide de remblai se calcule comme une pyramide qui aurait pour hauteur la distance des deux profils, et pour base la surface du remblai ; c'est-à-dire, qu'il faut multiplier cette surface par le tiers de la hauteur.

271. — Enfin, lorsque chaque profil est moitié en déblai, moitié en remblai, les solides de déblai et de remblai s'obtiennent respectivement en multipliant les demi sommes des surfaces de déblai ou de remblai par la distance des deux profils.

Nous croyons avoir suffisamment démontré la manière de cuber les terrassements ; nous allons maintenant indiquer les méthodes de calculer les distances moyennes des transports.

275. — Pour connaître la distance moyenne des transports , il faut chercher ce qu'on nomme en mécanique le centre de gravité du déblai et celui du remblai sur lequel il doit être porté : la distance entre ces deux centres représente la longueur des transports.

On suppose pour plus de simplicité , les solides de déblai et de remblai homogènes ; c'est-à-dire de même dimension, ce qui n'est pas exactement vrai.

En ce cas, le centre de gravité d'une figure plane est un point tel que toutes les lignes qui s'y croisent divisent la figure en deux parties équivalentes.

Si, au lieu d'une figure plane, on a un solide , les plans qui passent par le centre de gravité du solide le divisent aussi en deux parties équivalentes.

Ceci posé , supposons qu'on ait un certain nombre de profils en déblai , suivis de plusieurs profils en remblai, voici comment on s'y prendra pour trouver les centres de gravité :

On tracera une ligne droite XY (fig. 91), sur laquelle on rapportera les distances AB, BC, CD, DE , etc, des profils consécutifs ; à chaque point de division , on élèvera des perpendiculaires Aa, Bb, Cc , etc, sur lesquelles on portera des longueurs proportionnelles aux surfaces calculées des profils , en ayant soin de placer les longueurs qui représentent des surfaces en déblai au-dessus de la ligne XY , et celles qui représentent des surfaces en remblai au-dessous ; on mènera les lignes abc, etc, et les points MN où elle coupera la ligne XY , représenteront assez le passage du déblai au remblai ; les figures planes $AaBb$ seront à-peu-près proportionnelles aux cubes des solides de déblai et de remblai qu'il faut transporter, et l'on cherchera la position des centres de gravité de toutes ces figures planes en abaissant de ces points des perpendiculaires sur les verticales élevées par les point M ou par le point N ; les longueurs seront égales aux distances respectives des centres de gravité de chaque solide au point de passage.

Pour faire cette opération, il faut savoir trouver le centre de gravité d'un trapèze et celui d'un triangle : or, il existe pour cela une règle fort simple que nous allons indiquer.

274. — Le centre de gravité d'un triangle est situé sur la ligne AF (fig. 89), menée du sommet du triangle au milieu de sa base , et aux deux tiers de cette ligne à partir du sommet.

Exemple :

Longueur de la base, 2,00 , dont la moitié est B , à 1,00 de G ou de D ; hauteur AB 6,00 , dont les deux tiers sont F , à 4,00 de B et 2,00 de A. Le centre de gravité du triangle ACD se trouve ainsi au point F.

275. — Quant au centre de gravité d'un trapèze , il est placé sur la ligne HD (fig. 90), qui joint le milieu des deux bases à égale distance de AH et de HG, de BD et de DC.

Exemple :

Longueur de la base supérieure, 3,00, dont la moitié est H , à 1,50 du point G ou du point A.

Longueur de la base inférieure, 5,00, dont la moitié est D, à 2,50 du point B ou du point C.

Reste à connaître le point I , qui est son centre de gravité, que l'on trouvera en opérant de la manière suivante :

On divisera la hauteur du trapèze par 3, premier terme ; on multipliera le quotient par 1, second terme, et on aura alors un premier résultat ; on divisera ensuite ce premier produit par le quotient d'une des bases, divisée par la somme des deux bases réunies ; puis on multipliera le quotient de cette dernière division par le premier produit, ce qui donnera un second produit que l'on réunira au premier ; le total sera la distance du centre de gravité à une des bases.

Exemple :

$$3,333$$
$$1 \quad \text{second terme.}$$

$$3,333 \quad \text{premier produit.}$$
$$0,375$$

$$16,665$$
$$23,331$$
$$9,999$$

$$124,9875$$
$$3,333$$

$$4,582875$$

Longueur du trapèze 10 { 3, premier terme.

10 3,333
10
1

Base supérieure 3,00 { 8, bases réunies.

60 0,375
40
0

La distance EC est de 4 mètres 58 millimètres. En opérant de la même manière, pour la distance EG, on trouvera que cette distance est de 5 mètres 42 millimètres qui, réunis à la première, formeront ensemble la hauteur totale du trapèze.

276. — Au moyen des démonstrations que nous venons de faire, on trouvera les centres de gravité de toutes les parties dont se compose chaque masse de déblai ou de remblai. Voici comment on déduit la position du centre de gravité de la masse elle-même :

On multipliera le volume de chaque partie par la distance de son centre de gravité à la verticale élevée par le point de passage ; on fait la somme de tous ces produits, et on la divise par la somme de tous les volumes, c'est-à-dire par la masse totale ; le résultat exprime la distance du centre de gravité de cette masse à la verticale élevée par le point de passage.

On peut avoir ainsi les distances horizontales au même point de passage du centre de gravité d'un remblai ou d'un déblai consécutifs, qui doivent être portés l'un sur l'autre ; en les additionnant, on aura le chemin moyen qui sera parcouru par les déblais. Nous allons donner le modèle de deux tableaux destinés à faire comprendre comment on doit disposer les calculs des terrassements.

277. — *Modèle de tableau pour le calcul des terrassements.*

NUMÉROS DES PROFILS.	SURFACE DES DÉBLAIS par profil.	totale.	par-tielle.	LONGUEUR pour les déblais.	CUBE des déblais.	SURFACE DES REMBLAIS par profil.	totale.	par-tielle.	LONGUEUR pour les remblais.	CUBE des remblais.	OBSERVATIONS.
Du profil nº 1 . . .	»	»	»	»	»	2,39	5,06	2,53	25,00	63,250	
au profil nº 2 . . .	0,08	0,08	0,04	10,00	0,400	2,67					
Du profil nº 2 . . .	0,08	3,62	1,810	10,00	18,100	2,67	2,72	1,36	10,00	13,600	
au profil nº 3 . . .	3,54					0,05					
Du profil nº 3 . . .	3,54	7,77	3,885	28,00	108,780	0,05	0,05	0,025	5,90	0,125	
au profil nº 4 . . .	4,23					»	»	»	»	»	
Du profil nº 4 . . .	4,23	4,23	2,115	12,00	25,380	»	»	»	»	»	
au profil nº 5 . . .	»	»	»	»	»	2,44	2,44	1,22	12,00	14,640	
Cube total des déblais.					152,660	Cube total des remblais. .				91,615	
Cube total des remblais.					91,615						
Déblais en excès.					61,045						

Nota. — Ces opérations, quoique faites approximativement, devront faire comprendre la manière dont on devra opérer pour le cube des déblais et remblais. — Nous allons reporter ces divers résultats dans le tableau suivant, pour démontrer comment on devra opérer pour exécuter la répartition des déblais, et pour trouver la distance moyenne de leur transport.

276. — *Modèle de tableau pour la répartition des déblais et tranſports.*

INDICATION DES OUVRAGES et numéro des profils.	CUBE DES DÉBLAIS par ouvrage ou par profil.	CUBE DES REMBLAIS par ouvrage ou par profil.	Cube à employer dans l'étendue de chaque ouvrage ou de chaque profil.	EXCÈS DES CUBES DE DÉBLAIS sur les remblais pour chaque ouvrage ou profil.	EXCÈS DES CUBES DE REMBLAIS sur les déblais pour chaque ouvrage ou profil.	DÉBLAIS en excès. à porter en remblais.	DÉBLAIS en excès. à porter en dépôt.	EMPRUNTS POUR REMBLAIS.	INDICATION DES LIEUX D'EMPLOI ou de dépôt de déblais en excès.	DISTANCE POUR TRANSPORTS.	TRANSPORTS à la brouette. cubes.	TRANSPORTS à la brouette. Produit des cubes par les distances.	TRANSPORTS au tombereau. cubes.	TRANSPORTS au tombereau. Produit des cubes par les distances.
Profil nº 1 .	0,400	63,250	0,400		62,850 { 4,500 / 58,350									
Profil nº 2 .	18,100	13,600	13,600	4,500		4,500			dans le profil nº 1..	10,00	1,500	45,00		
Profil nº 3 .	108,780	0,125	0,125	108,655 { 58,350 / 50,305		58,350	50,305		idem... / dans un champ..	35,00 / 500,00	58,350	242,25	50,305	25175,00
Profil nº 4 .	25,380	14,640	14,640	10,710			10,740		idem...	250,00			10,740	2685,00
	152,660	91,615	28,765	123,895	62,850	62,850	61,045				62,850	287,25	61,045	27860,00

279. — A l'aide du premier tableau, on pourra facilement se rendre compte de la quantité de déblais ou de remblais à faire dans chaque profil; on devra pour cela chercher la surface, par profil, des déblais ou des remblais, et on la portera dans la première colonne des surfaces, comme on peut le voir à l'exemple.

Le profil n° 1 a pour surface de remblais 2,39, et pour surface de déblais 0,00; le profil n° 2 a pour surface de remblais 2,67, et pour surface de déblais 0,08. Ainsi on voit que du profil n° 1 au profil n° 2 la surface totale des remblais est de 5,06, et que la surface totale des déblais est de 0,08; en prenant la moitié des surfaces réunies, on aura 0,04 pour la surface partielle des déblais, et 2,53 pour la surface partielle des remblais; on multipliera ensuite ces diverses surfaces partielles par leurs longueurs respectives, et l'on obtiendra par ce moyen 0,400 décimètres cubes pour les déblais, et 63 mètres 250 décimètres cubes pour les remblais. En opérant de la même manière pour les autres profils, l'on obtiendra le cube total des terrassements à effectuer.

Pour avoir la distance moyenne des transports, on opérera comme nous l'avons déjà dit à l'article 276; on divisera le produit des cubes par les distances par la somme totale des volumes ou cubes, et le quotient sera la distance moyenne des transports.

Exemple :

Transports à la brouette

287,25 | 62,85 cubes des déblais.
35850 | 45,704 dist. moyen. de transp. à la brouette.   45,704
44250
25500
360

Transports au tombereau :

27869,00)61,045 cubes des remblais.

345100 (456,533 dist. moyen. de transp. au tomb. . 456,533

398750

325800

205750

225150

42015

Les déblais effectués au jet de pelle se trouvent dans la quatrième colonne.

§ 6. — *Moyens divers de tracer une courbe.*

280. — En supposant qu'on veuille raccorder par un arc de cercle les deux alignements droits AB, AG (fig. 86), qui concourent au point A, on mesurera sur le terrain la longueur AB ; on se transportera avec un graphomètre au point B, et on divisera l'angle B en un certain nombre de parties égales par les lignes B1, B2, B3 ; on divisera de la même manière l'angle G par les lignes G1, G2, G3 (on s'est borné ici à quatre divisions, mais on aurait pu en faire un plus grand nombre) ; les intersections des lignes G1, B1, G2, B2, G3, B3, seront autant de points de la courbe de raccordement cherchée ; cette courbe sera un arc de cercle, parce que les angles inscrits J1, I1, H1, sont égaux.

281. — Pour raccorder les deux alignements droits AD, AE (fig. 87), il faut tirer une droite du point de la tangente E au point de la tangente D ; puis élever une perpendiculaire du point C au point A, et diviser en deux la ligne GA ; pour avoir le point B, on divisera en un nombre de parties égales la ligne BA ; pour avoir les points F, G, H, I, J, on divisera en même nombre de parties les lignes GE et CD, c'est-à-dire que si la ligne BA est divisée en cinq parties, les lignes CD et CE devront aussi être divisées en cinq parties. On s'est borné ici à ces cinq divisions, mais on aurait pu en faire un plus grand nombre. Ces divisions faites, on placera au point F un jalon qui sera immobile jusqu'à la fin de l'opération ; on portera un autre jalon au point E, et l'on restera constamment sur la ligne BA pour transporter le jalon d'un point à un autre ; une personne se portera avec une équerre au point E, sur la ligne CE, et une autre se portera avec un jalon dans la direction du point d'intersection O : celui qui sera à l'équerre fera placer cette dernière personne perpendiculairement, et celui qui sera au point E la fera placer en ligne droite du point F ou tangente ; l'on aura alors pour résultat le point d'intersection O ; on portera le jalon de F en G, et l'équerre du point c au point f, et on cherchera, de la même manière que le point O, le point P ; on cherchera, toujours de la même manière, les points Q et R, en portant successivement l'équerre du point f au point g, et du point g au point h, et le jalon du point G au point H, et du point H au point I ; l'on aura alors la moitié de la courbe tracée par les points trouvés B, O, P, Q, R, F, et l'on fera la même opération pour l'autre côté de cette courbe. On comprendra qu'il faut nécessairement trois personnes pour faire cette opération, l'une sur la ligne BA avec un jalon ; l'autre sur la ligne OE avec une équerre, et la troisième sur la direction BI ; cette dernière devra être guidée par celle qui sera à l'équerre, qui la fera placer perpendiculairement, et par celle qui portera le jalon, qui la fera placer en ligne droite des points de division de l'angle avec les tangentes.

282. — Pour raccorder un angle quelconque (BCR, fig. 88), on prend, sur les alignements donnés, deux longueurs, AB et AR, égales ou inégales ; on divise le côté AR et le côté AB en un même nombre de parties égales (il y en a quatre sur la figure) ; on joint ensuite chaque division de AR, en remontant, jusques et y compris le point R, avec chaque division correspondante de AB, en descendant, jusques et y compris le point B, les intersections successives de toutes les droites prises deux à deux dans l'ordre qu'on vient d'indiquer, appartiendront à une courbe tangente aux alignements AB et AR, aux points B et R. L'arc, ainsi construit, n'a pas une courbure uniforme ; il appartient à une courbe nommée parabole , et on le préfère souvent à un arc de cercle, parce qu'il est très-facile à tracer sur le terrain.

HUITIÈME PARTIE.

APPENDICE.

CHAPITRE Iᵉʳ.

DE LA GARANTIE POUR LA SOLIDITÉ DES OUVRAGES.

1. — Les bâtiments et la solidité de leur construction sont considérés d'une importance telle qu'il en a été établi une règle dont sont passibles les constructeurs ; et , en effet , celui qui a l'intention de faire bâtir n'est point obligé d'avoir les connaissances indispensables pour s'apercevoir, pendant le cours même des travaux , si l'on y emploie les matériaux convenables , et s'ils sont disposés ainsi qu'il est nécessaire pour en obtenir l'ef-

fet désirable : au lieu que celui qui se livre à l'entreprise des constructions, doit indispensablement avoir ces connaissances, autrement il peut être taxé de se mêler d'un état auquel il ne connait rien, ou d'avoir voulu tromper ; car, les inconvénients plus ou moins graves qui peuvent résulter des malfaçons ou de mauvais matériaux, prennent leur source ou dans l'ignorance ou dans l'inattention du constructeur ; or, comme l'effet n'en est pas moins le même et est aussi préjudiciable aux intérêts de celui qui a placé sa confiance dans ce constructeur, sa responsabilité doit être la même. *(Manuel d'architecture)*.

2. — Le temps fixé pour cette garantie par les articles 1792 et 2270 du Code civil est de dix ans, sans établir de différence entre les édifices publics et les bâtiments particuliers ; en conséquence les architectes, entrepreneurs, maçons, charpentiers, etc., sont garants pendant dix ans de la durée de leur ouvrage. C'est pourquoi si, dans le cours des dix années postérieures à la réception dudit ouvrage, il se trouve des défauts considérables dans la maçonnerie ou la charpenterie, l'entrepreneur dont ils sont le fait est tenu de la réparer à ses frais, et de tenir compte des indemnités auxquelles ces défauts peuvent avoir donné lieu ; il ne pourrait même s'exempter de cette garantie, quand il prouverait que son ouvrage est conforme aux plans et devis, parce qu'avant tout il doit être exécuté selon les règles de l'art et de la solidité ; il ne pourrait pas davantage s'autoriser du vice du sol qu'il ne connaissait pas, ni du travail de ses ouvriers, puisque l'article 1792 s'exprime sur le premier cas, et l'article 1797 répond à l'autre objection *(idem)*.

3. — L'intérêt du propriétaire qui confie la construction de son bâtiment à un architecte ou à un entrepreneur, exige qu'ils donnent une solidité suffisante aux travaux qu'ils seront chargés de diriger ou d'exécuter : de plus, la sûreté publique veut que la vie des citoyens ne soit exposée à aucun danger par des constructions dont la chute serait à craindre *(Desgodets.)*

4. — Un édifice pouvant être plus ou moins solide, ceux qui construisent ne doivent qu'une solidité ordinaire; et pour éviter toute difficulté sur la manière de la constater, on décide qu'un édifice a été fait avec une solidité suffisante lorsqu'il aura duré pendant dix ans (*idem*).

5. — L'entrepreneur répond du fait des personnes qu'il emploie (*code civil*, *art.* 1797).

6. — Si l'édifice construit à prix fait périt en tout ou en partie, par le vice de la construction, même par le vice du sol, les architectes et entrepreneurs en sont responsables pendant dix ans (*idem*, *art.* 1792).

7. — Après dix ans, l'architecte et les entrepreneurs sont déchargés de la garantie des gros ouvrages qu'ils ont faits ou dirigés (*idem*, *art.* 2270).

8. — Si, dans le cas où l'ouvrier fournit la matière, la chose vient à périr, de quelque manière que ce soit, avant d'être livrée, la perte en est pour l'ouvrier, à moins que le maître ne fût en demeure de recevoir la chose (*idem, art.* 1788).

9. — Dans le cas où l'ouvrier fournit seulement son travail ou son industrie, si la chose vient à périr, l'ouvrier n'est tenu que de sa faute (*idem*, *art.* 1789).

10. — Si, dans le cas de l'article précédent, la chose vient à périr, quoique sans aucune faute de la part de l'ouvrier, avant que l'ouvrage ait été reçu et sans que le maître fût en demeure de la vérifier, l'ouvrier n'a point de salaire à réclamer, à moins que la chose n'ait péri par le vice de la matière (*idem, art.* 1790).

11. — Cette utile garantie, dont le code, avec raison, impose l'obligation, est fondée sur ce que celui qui se charge d'un ouvrage doit le savoir exécuter; il est donc juste qu'il soit responsable des fautes qu'il commet dans son travail, par négligence et même par ignorance.

Celui qui bâtit ne pourrait même pas s'excuser sur la mauvaise qualité du sol; il doit savoir la reconnaître, et user de tous les moyens que son art indique pour y remédier, c'est la disposition précise de l'article 1792, qu'on vient de citer. Si donc le vice du sol était de telle nature que la construction fût impossible à consolider, à moins de faire des dépenses extraordinaires, celui qui bâtit devrait en avertir le propriétaire : voilà pourquoi la loi accorde à ce dernier une garantie, même dans le cas où l'édifice périt par le vice du sol (*Desgodets*).

12. — Puisqu'un propriétaire peut exiger que son bâtiment ait une certaine solidité, il peut, avant de recevoir les travaux de celui qui les avait entrepris, les faire visiter, afin de vérifier si les règles de l'art ont été suivies (*idem*).

13. — Souvent le propriétaire reçoit les ouvrages sans les faire examiner préalablement; alors il n'a pas le droit d'en retenir le paiement, sous prétexte qu'ils n'ont pas été vérifiés : la réception qu'il en a faite lui-même est une reconnaissance de leur régularité (*idem*).

14. — Dès que les ouvrages ont été reçus par suite d'un rapport d'experts, le propriétaire ne peut pas requérir qu'ils soient visités de nouveau : Il ne serait pas écouté davantage à demander une visite après avoir volontairement reçu les travaux sans vérification préalable. Il en serait autrement si, postérieurement à leur réception, faite d'une manière ou de l'autre, il s'y était manifesté quelque défectuosité (*idem*).

15. — Les nouveaux experts trouvent-ils, dans un cas semblable, que quelque mouvement s'est fait sentir dans la construction, ils examinent qu'elle en est la cause, et indiquent les moyens d'y remédier ; ce qu'ils prescrivent alors s'exécute aux dépens de l'entrepreneur, lorsque cette cause doit lui être imputée (*idem*).

16. — Ce qu'on vient de dire des visites par experts pour constater si les règles prescrites pour la solidité des constructions ont été observées, ne peut avoir lieu que pendant les dix premières années, parce qu'un bâtiment qui a déjà duré dix ans n'est plus sujet à la garantie de celui qui l'a construit. C'est ce qui résulte de l'article 1792 du code, et ce qui est textuellement exprimé par l'article 2270 de la même loi (*idem*).

17. — Tout fait quelconque de l'homme qui cause à autrui un dommage, oblige celui par la faute duquel il est arrivé à le réparer. (*Code civil, art.* 1382.)

18. — Par le terme de dix ans, la loi n'a entendu dégager les entrepreneurs de leur responsabilité, que dans le seul cas où ils ont exécuté leurs travaux avec la bonne foi qui doit régner dans tous les marchés (*Desgodets*).

19. — La réception des travaux fait présumer seulement qu'ils sont conformes aux règles de l'art et au marché, en sorte que le propriétaire ne peut plus refuser de payer l'entrepreneur, conformément aux conventions faites avec ce dernier. En vain même prétendrait-on par la suite que les règles de l'art n'ont pas été suivies, le procès-verbal de visite repousserait toute plainte à cet égard, tant que des signes certains d'un manque de solidité ne se manifesteraient pas (*idem*).

20. — Les dix années pendant lesquelles la garantie peut être exercée contre ceux qui bâtissent commencent à courir du jour où les ouvrages ont été reçus, soit sans visite préalable, soit après un rapport d'experts. La réception sans visite préalable est censée faite le jour où le propriétaire prend possession des ouvrages par lui-même ou par quelqu'un envoyé de sa part. La prise de possession résulte de la remise des clefs par l'entrepreneur, ou de l'usage que le propriétaire fait de l'objet construit, ou de toute autre circonstance d'où on peut présumer que cet objet a été livré (*idem*).

21. — La réception des ouvrages peut aussi être constatée par écrit, ce qui est une précaution fort utile pour éviter toute dis-

cussion sur la question de savoir de quel jour doivent commencer les dix années de garantie (*idem*).

22. — Lorsque le marché est fait à forfait, l'entrepreneur ne peut pas faire procéder à la réception d'un bâtiment, que ce bâtiment ne soit entièrement parachevé (*Manuel des experts*).

. 23. — La prescription ne court pas contre les mineurs et les interdits , sauf ce qui est dit à l'article 2278 , et à l'exception des autres cas déterminés par la loi (*code civil* , *art.* 2252).

24. — Les prescriptions dont il s'agit dans les articles de la présente section (chap. 1ᵉʳ , section 4), courent contre les mineurs et les interdits , sauf leur recours contre leurs tuteurs (*idem* . *art.* 2278)

25. — Quand la construction que livre un entrepreneur appartient à un mineur , les dix années de garantie relative à la solidité courent-elles contre lui ?

La raison de douter est que , suivant l'article 2252 du code, la prescription , en général , est suspendue pendant la minorité de celui à qui on veut l'opposer.

Ce qui décide , c'est qu'on ne doit pas regarder les dix ans de garantie pour la solidité de construction comme le temps d'une prescription proprement dite , et qui est une sorte de peine prononcée contre ceux qui négligent leurs droits : ils la méritent pour être restés trop long-temps , ou sans demander le paiement d'une créance , ou sans répéter les objets dont la possession leur a été enlevée. La faveur accordée aux mineurs ne permet pas de les rendre victimes de la négligence de leurs tuteurs ; et voilà pourquoi tout le temps de leur minorité ne peut pas être compris dans le calcul de la prescription ordinaire.

Ces considérations ne s'appliquent pas à la garantie des constructions ; la loi suppose qu'elles ont été faites conformément aux règles de l'art , dès qu'elles ont duré dix ans. Cette épreuve à laquelle sont soumis les travaux des entrepreneurs , ne dépend point du propriétaire : ainsi, qu'il soit majeur ou mineur, qu'il soit actif ou négligent à exercer ses droits, peu importe à la question de savoir si l'entrepreneur a rempli son obligation de construire solidement. C'est un point de fait qui s'éclaircit par le laps de dix ans, sans la participation d'aucune des parties (*Desgodets*).

26. — S'il se manifeste à un bâtiment des vices de construction pendant les dix premières années, il en résulte une action en garantie contre l'entrepreneur à compter du jour de l'accident. Quoique cette action ne puisse jamais s'ouvrir que pendant dix ans, cependant, lorsqu'une fois elle a pris naissance, elle dure autant que toutes les actions en général; c'est-à-dire trente ans, comme dit l'art. 2262 du code civil (*idem*).

27. — Si le propriétaire de l'édifice mal construit est mineur, les trente ans dont il s'agit ne commencent à courir que du jour de sa majorité : en un mot, on applique ici tous les principes établis par le code sur la prescription trentenaire (*idem*).

28. — Néanmoins, on perd la faculté d'exercer une action quand on y a renoncé. Le propriétaire de l'édifice menacé doit donc bien prendre garde, depuis l'accident qui donne ouverture à la demande en garantie, à ne rien faire qui puisse indiquer la volonté de ne pas recourir contre l'entrepreneur (*idem*).

29. — Ce qui marquerait le plus évidemment l'abandon de l'action en garantie, serait le changement que le propriétaire ferait opérer dans les objets contentieux. Ainsi, il faut bien se garder de faire réparer ce qui a été endommagé par l'accident qui donne lieu au recours contre l'entrepreneur, avant d'avoir pris à cet égard les précautions convenables (*idem*).

30. — Aussitôt que l'accident est arrivé à l'édifice, le propriétaire doit s'empresser, avant tout, de faire nommer des experts pour faire connaître la véritable cause de cet événement, constater l'état de la construction, indiquer les moyens de la réparer et évaluer les travaux devenus nécessaires.

Quelquefois l'entrepreneur convaincu que le bâtiment n'a éprouvé des dommages que par une cause étrangère à son travail, est lui-même intéressé à faire visiter, sans délai, l'objet contentieux. Si donc le propriétaire ne demandait pas des experts assez tôt, l'entrepreneur aurait le droit de requérir qu'il en fût nommé ; en sorte que l'on peut dire, en général, que la partie la plus diligente est autorisée à provoquer la visite des lieux par des gens de l'art (*idem*).

51. — S'il est urgent de déblayer la place ou de faire d'autres travaux préalables, soit pour prévenir de plus grands accidents, soit pour procurer au propriétaire ou aux voisins des jouissances utiles, il en est fait mention dans le rapport des experts, et un jugement provisoire autorise le propriétaire à effectuer les ouvrages d'urgence exigés par les circonstances (*idem*).

52. — Quand les malfaçons contraires aux règles de l'art et aux plans et devis convenus, ne font que rendre la bâtisse moins solide, alors la reconstruction n'est point ordonnée ; le prix promis par le propriétaire est seulement diminué par forme de dommages et intérêts autant que la nature et qualité des malfaçons l'exigent (*Manuel des Experts*).

53. — Il doit être passé acte devant notaires ou sous signature privée, de toutes choses excédant la somme ou valeur de cent cinquante francs, même pour dépôts volontaires ; et il n'est reçu aucune preuve par témoins contre et outre le contenu aux actes, ni sur ce qui serait allégué avoir été dit avant, lors ou depuis les actes, encore qu'il s'agisse d'une somme ou valeur moindre de cent cinquante francs. Le tout sans préjudice de ce qui est prescrit dans les lois relatives au commerce (*code civil, art.* 1341).

54. — Les règles ci-dessus reçoivent exception lorsqu'il existe un commencement de preuve par écrit. On appelle ainsi tout acte par écrit qui est émané de celui contre lequel la demande est formée, ou de celui qu'il représente, et qui rend vraisemblable le fait allégué (*idem*, *art.* 1347).

35. — Les maçons, charpentiers, serruriers, et autres ouvriers qui font directement des marchés à prix fait, sont astreints aux règles prescrites dans la présente section : ils sont entrepreneurs dans la partie qu'ils traitent (*idem*, *art.* 1799).

36. — A la démonstration tirée du texte même des articles cités du code civil, on peut ajouter l'autorité judiciaire qui entend ces mêmes articles dans le sens que nous l'expliquons, et qui rend responsable de la solidité des constructions, pendant dix ans, l'architecte qui a dressé les plans, lorsque l'entrepreneur les a suivis exactement, et que l'événement de destruction pendant la durée de la garantie provient du vice des plans (*Desgodets*).

37. — Le tribunal de première instance de Dijon mit un entrepreneur hors de cause, et fit peser toute la responsabilité sur l'ingénieur qui avait fait les plans et surveillé leur exécution, attendu que l'édifice dont il s'agissait n'avait péri que par le vice des plans, et nullement par mauvais emploi des matériaux (*idem*).

38. — S'il arrive que le propriétaire refuse de donner par écrit une reconnaissance de réception, ou qu'il néglige de la constater par un fait notoire de sa part, intéressé à faire fixer l'époque de la livraison de sa construction, l'entrepreneur peut demander en justice que des experts soient nommés pour examiner les ouvrages (*idem*).

39. — Le propriétaire d'un bâtiment est responsable du dommage causé par sa ruine, lorsqu'elle est arrivée par une suite du défaut d'entretien, ou par le vice de sa construction (*code civil*, *art.* 1386).

40. — On demande si l'entrepreneur est responsable d'une construction faite sur le bord de la voie publique, sans s'être fait donner l'alignement par l'autorité locale. Il semble que la ligne à observer ne tient pas à l'art de la construction, et que l'indication de l'alignement est l'affaire personnelle du propriétaire.

Nous pensons qu'en effet il n'est pas dans les attributions de l'entrepreneur de se faire donner l'alignement ; mais nous croyons qu'il est de son devoir de ne suivre la ligne indiquée par le propriétaire qu'après s'être assuré qu'elle a été réglée par l'autorité. Quoique l'entrepreneur ne soit pas tenu de connaître les alignements, du moins il est de son état de savoir que toute construction sur la voie publique a besoin d'être soumise à l'administration, afin d'en recevoir l'alignement ; c'en est assez pour qu'il ne lui soit pas permis de commencer la construction sur le bord du chemin ou de la rue, sans être assuré que la ligne tracée a été autorisée (*Desgodets*).

41. — Si le marché portait que le premier paiement ne serait fait à l'entrepreneur qu'après la mise en possession du propriétaire, la quittance de ce paiement serait une preuve que les ouvrages ont été reçus, au moins à dater du jour de cette quittance ; mais si elle est sous seing privé, elle est entre les mains du propriétaire, qui pourrait ne pas la montrer, ce qui causerait de l'embarras.

Disons donc que pour le plus sûr, dans l'intérêt des deux parties, la réception des ouvrages doit être constatée par écrit, afin que l'on puisse bien fixer le jour où commencent les dix années de garantie (*idem*).

42. — Pour des constructions d'une certaine importance, il est assez ordinairement convenu que des paiements partiels seront faits à l'entrepreneur pendant le cours des travaux et proportionnellement à leur avancement. Ces sortes de conditions ne nuisent pas aux droits de l'architecte dirigeant, et, par con-

conséquent responsable : il fait alors la vérification des portions d'ouvrage pour lesquels des à-comptes doivent être payés ; c'est ainsi, avec son approbation, que s'effectue chaque paiement partiel. Si donc il trouvait que la portion d'ouvrage qui donne lieu à délivrer de l'argent à l'entrepreneur n'est pas recevable, il forcerait celui-ci à refaire plus convenablement ce qui est défectueux, avant d'autoriser le paiement partiel (*idem*).

43. — L'architecte ne doit pas différer trop long-temps de vérifier les mémoires de l'entrepreneur, autrement celui-ci pourrait faire ordonner que, dans un délai fixé, il sera procédé à la vérification par l'architecte, sinon par telle autre personne de l'art. On suppose pourtant que les motifs du retard apporté par l'architecte ne sont pas fondés. Par exemple, s'il se refusait à régler les mémoires parce que des parties de l'ouvrage sont vicieuses et qu'il faut préalablement les réparer aux frais de l'entrepreneur, la contestation changerait d'objet ; il faudrait décider avant tout si l'entrepreneur est tenu de rétablir ce qui est regardé comme vive de construction (*idem*).

44. — On demande si l'entrepreneur est obligé de s'en tenir au réglement de ses mémoires par l'architecte sous les ordres duquel il a travaillé ? Oui, certainement, si, par le marché, l'entrepreneur s'est soumis à être réglé par cet architecte ; mais si aucune convention n'est intervenue à ce sujet, l'entrepreneur peut demander que ses mémoires soient vérifiés et réglés par experts (*idem*).

45. — Quoique l'entrepreneur ait reçu le paiement de ses travaux avec l'approbation de l'architecte, il n'est pas pour cela libéré de la garantie à laquelle il est soumis : par conséquent, l'architecte dirigeant, qui est responsable envers le propriétaire, ne perd pas son recours contre l'entrepreneur (*idem*).

46. — Ce qu'on dit ici d'un ordre donné par l'architecte à l'entrepreneur, n'a rien de contraire à ce qu'on trouve dans la note 4 (Desgodets, page 317); il n'y est parlé que des cas où il n'y a pas d'architecte dirigeant, et où, par conséquent, l'entrepreneur est directement responsable envers le propriétaire.

Remarquez que l'ordre donné par l'architecte doit être un écrit qui reste entre les mains de l'entrepreneur, pour, en cas de besoin, qu'il puisse justifier de la confiance qu'il a eue dans la direction des travaux (*idem*).

47. — Si l'architecte est responsable de son peu de surveillance, l'entrepreneur, de son côté, ne peut pas s'autoriser de la négligence que l'architecte met à inspecter les travaux ; il n'est pas moins coupable si, profitant de la confiance qui semble lui être accordée par son surveillant, il emploie de mauvais matériaux ; il ne devrait pas même s'en servir d'après l'ordre que l'architecte lui en aurait donné, car on n'est jamais tenu d'obéir à un supérieur qui commande ce que les lois défendent, et, par conséquent, ce qui est contraire aux règles de l'art de la construction (*idem*).

48. — Il est toujours dans l'intérêt d'un entrepreneur ou constructeur de suivre, en tous points et pour toute espèce d'ouvrages, les règles de l'art ; car s'il n'exécutait pas les travaux d'une manière convenable, et que, par spéculation ou ignorance, il trompât la confiance qu'on lui aurait accordée, non seulement il courrait le risque de supporter des pertes considérables si une mal-façon était reconnue, mais encore il compromettrait pour toujours sa position et sa probité.

Si l'entrepreneur était réellement capable, il serait doublement répréhensible, en ce qu'on ne pourrait attribuer le mauvais ouvrage fait dans son entreprise qu'à un système de dol, et, dès-lors, il serait éloigné par les ingénieurs ou architectes du département de toute adjudication de travaux. Ce serait même difficilement qu'il pourrait se présenter aux adjudications dans un autre département, attendu qu'il lui faudrait pour concourir un certificat de capacité qui constatât les travaux qu'il aurait exécutés, et l'on doit penser que l'ingénieur qui aurait été déjà la dupe de son incapacité ou de son immoralité, ne lui délivrerait certainement pas cette pièce indispensable.

Si l'entrepreneur manquait de capacité et qu'il arrivât quelque avarie dans ses travaux, il n'en serait pas moins responsable, quoique moins répréhensible, et il serait assujetti aux mêmes désagréments que dans l'autre cas.

C'est donc avec raison que nous conseillerons à ceux qui voudraient se charger d'une entreprise et qui ne sont pas suffisamment capables, de s'abstenir jusqu'à ce qu'ils aient acquis les connaissances nécessaires, et aux entrepreneurs qui ont une capacité reconnue de ne jamais la compromettre par des spéculations ambitieuses qui causeraient leur ruine et celle de la caution qui souvent pour leur rendre service a exposé pour eux toute sa fortune.

Si cependant, malgré toute la capacité et toute la bonne foi possibles, l'entrepreneur venait à être surpris dans le cours de ses travaux par des cas qu'il n'aurait pas pu prévoir, et que le devis ne lui accordât aucun droit de réclamation à ce sujet, il n'en devrait pas moins continuer les travaux en bon entrepreneur et avec la même célérité; parce qu'alors l'architecte ou l'ingénieur chargé de la surveillance aurait vraisemblablement pour lui les égards que mérite un entrepreneur intelligent et de bonne foi, et qu'il serait d'autant plus porté à lui faire accorder une indemnité des pertes qu'il aurait éprouvées, qu'il est de l'intérêt des ingénieurs d'encourager l'administration supérieure à indemniser les entrepreneurs capables des pertes occasionées par suite de cas extraordinaires qui n'auraient pu être prévus par l'adjudicataire.

Il est des cas où l'entrepreneur peut de droit demander la résiliation de son marché et se mettre ainsi à l'abri de toutes pertes. On peut consulter à cet égard l'article 39 des clauses et conditions générales.

Lorsqu'un entrepreneur a obtenu de droit la résiliation de son marché, l'ingénieur ni l'architecte ne peuvent le refuser à une adjudication nouvelle.

CHAPITRE II.

DES OUVRIERS QUI TRAVAILLENT POUR LE COMPTE DE L'ENTREPRENEUR.

1. — L'entrepreneur répond du fait des personnes qu'il emploie (Code civil, art. 1797).

2. — Pour l'exécution des ouvrages qui lui ont été confiés, l'entrepreneur prend les ouvriers qui lui conviennent ; c'est à lui qu'ils louent leur temps et leur industrie. Le propriétaire ne peut donc pas les commander, ni, par conséquent, les détourner de leur travail, même sous prétexte de les occuper à un autre objet qui dépend également de l'entreprise (*Desgodets*).

3. — Lorsqu'un entrepreneur exécute une construction sous la direction d'un architecte, celui-ci n'a pas plus que le propriétaire droit de disposer des ouvriers pour quelque motif que ce

soit. Ses ordres doivent s'adresser directement à l'entrepreneur. à qui seul appartient la faculté de diriger ses ouvriers comme il convient pour l'exécution des travaux dont il s'est chargé (*idem*).

4. — Si l'entrepreneur est seul responsable envers le propriétaire, il a du moins son recours contre ses ouvriers. La convention qu'il fait avec eux est un contrat de louage dont l'objet est leur temps et leur main-d'œuvre ; ainsi, ils s'obligent, d'une part, à employer pour le compte de l'entrepreneur tout le temps qu'il est d'usage de consacrer à l'ouvrage ; de plus, ils s'engagent à exercer leur métier, pendant ce même temps, avec toute l'application dont ils sont susceptibles (*idem*).

5. — Lors donc qu'un ouvrier perd du temps dans sa journée, soit en prolongeant ou multipliant les heures de repos, soit en s'occupant d'un autre ouvrage, il contrevient à son obligation : l'entrepreneur a donc droit, non seulement de ne lui pas payer le temps perdu, mais encore de rendre ce même ouvrier responsable du tort qui pourrait résulter de la négligence dont il est coupable (*idem.*)

6. — La seconde obligation des ouvriers, est d'exécuter conformément aux règles de l'art les ouvrages qui leur sont confiés. Ceux qui exercent un métier doivent le savoir ; par conséquent, ils sont tenus des fautes qu'ils commettent par négligence ou par ignorance. L'ouvrier qui fait un travail vicieux est donc responsable envers l'entrepreneur, comme celui-ci en répond vis-à-vis du propriétaire (*idem*).

7. — Il arrive quelquefois qu'un entrepreneur, forcé de s'absenter pendant quelques jours, trouve à son retour un mauvais ouvrage. Il peut exiger que ceux qui l'ont fait recommencent à leurs frais (*idem*).

8. — L'ouvrier contracte encore une autre obligation : elle n'est pas plus particulière au contrat de louage qu'à toute autre

convention ; c'est de ne commettre aucune fraude en exécutant son ouvrage. L'entrepreneur aurait donc une action contre l'ouvrier coupable de dol, et s'il ne pouvait pas en obtenir la réparation pécuniaire, faute de facultés, il ne manquerait pas, si le cas était grave, de le faire punir suivant le vœu de la loi.

On ne fait pas ici de distinction entre les ouvriers qui travaillent à la tâche et ceux qui se louent à la journée, parce que leurs obligations sont les mêmes (*idem*).

9. — De la nature des obligations des ouvriers qui se louent à un entrepreneur, soit à la journée, soit à la tâche, il résulte qu'il n'a contre eux aucun recours pour raison d'un événement qui occasionerait la ruine de tout ou de partie de l'édifice pendant les dix premières années, à moins que ce malheur ne fût arrivé par suite d'une fraude qu'ils auraient eu l'adresse de commettre et de cacher à leur maître (*idem*).

10. — La réparation des objets qui ont souffert d'un vice de construction, n'est pas la seule chose que doive l'ouvrier qui, en travaillant à l'entreprise, n'a pas suivi les règles de l'art, ou n'a pas fourni de bons matériaux. Si l'accident a porté le moindre préjudice, soit au voisin, soit à quelque autre personne, le propriétaire sera directement tenu des dommages-intérêts dont les tiers obtiendront la condamnation ; mais il aura son recours pour ces mêmes dommages-intérêts, contre l'auteur du mauvais ouvrage. (*idem*).

11. — Les ouvriers qui travaillent à l'entreprise étant considérés comme de véritables entrepreneurs pour les parties qu'ils traitent, il en résulte, ainsi qu'on l'a déjà dit, qu'ils sont responsables pour ces mêmes parties séparément, comme le sont les entrepreneurs pour la totalité de la construction. Pendant dix ans, la solidité de la maçonnerie, de la charpenterie, de la serrurerie, est donc garantie par le maçon, le charpentier, le serrurier : c'est ce qu'on vient de voir. Il faut donc aussi que l'observation des lois du voisinage et de police soit garantie par ces mêmes ouvriers, chacun dans sa partie (*idem*).

12. — Ce qui est ainsi décidé à l'égard des entrepreneurs, s'applique nécessairement aux ouvriers qui, dans une construction, entreprennent seulement la partie qui tient à leur métier, en se chargeant, à titre d'entreprise, d'un certain ouvrage. L'ouvrier s'oblige donc, non-seulement à le faire suivant les règles de l'art, mais encore à y observer les lois des bâtiments relatives ou à l'intérêt des voisins, ou à l'intérêt public. (*idem*.)

13. — Un architecte dirige quelquefois des travaux dont l'exécution n'est pas confiée à un seul entrepreneur ; chaque nature d'ouvrage est entreprise séparément par un ouvrier. Alors les obligations de chacun de ces entrepreneurs particuliers sont, pour la partie qu'il traite, les mêmes que celles de celui qui se chargerait seul d'exécuter la totalité ; il doit, en tout, se conformer aux plans et devis que lui donne l'architecte, et suivre ses ordres pour les différents détails non expliqués suffisamment dans ce qui est figuré ou décrit (*idem*).

14. — Ces divers ouvriers faisant votre ouvrage à l'entreprise, sont garants et de sa solidité et de l'observation des lois des bâtiments, chacun en ce qui le concerne. Observez pourtant que cette garantie n'est pas solidaire entre eux, en sorte que si par exemple un vice de construction avait été reconnu par experts comme venant de la mauvaise qualité des murs, et qu'il en fût résulté la chute des planchers, le maçon seul serait responsable de la totalité de la perte, sans qu'on pût faire aucune poursuite contre le charpentier. Pareillement, si les planchers ou les combles avaient péri par les vices des bois, le charpentier seul en serait responsable, sans que ni le maçon, ni le couvreur, ni tout autre ouvrier, pût être recherché pour raison de cet accident (*idem*).

15. — Ainsi donc, lorsqu'un ouvrier à l'entreprise fait de mauvais ouvrage ou de mauvaises fournitures qui occasionent quelque destruction, il est seul responsable, non seulement de la perte faite dans sa partie, mais encore des événements arrivés dans les parties des autres ouvriers. (*idem.*)

16. — Si les ouvriers qui travaillent pour le compte de l'entrepreneur ne sont pas garants envers lui de la solidité de la construction, à plus forte raison n'a-t-il point de recours à exercer contre eux pour raison de l'inobservation des lois, soit de voisinage, soit de police. Il est assez évident qu'ils ne travaillent que dans les temps, les places et de la manière que leur maître le leur ordonne ; ils ne sont donc chargés en aucune manière de se conformer aux lois des bâtiments, qu'ils ne sont même pas obligés de connaître. Leurs bras, qu'ils louent, n'agissent pas d'après leur volonté, mais suivant la seule direction que leur donne l'entrepreneur ; c'est donc ce dernier seul qui est tenu de respecter, dans les ordres qui émanent de lui, tant les égards prescrits pour le voisinage que les règlements faits pour la sûreté ou la salubrité publiques. (*idem.*)

17. — Les maçons, charpentiers ou autres ouvriers qui ont été employés à la construction d'un bâtiment ou d'autres ouvrages faits à l'entreprise, n'ont d'action contre celui pour lequel les ouvrages ont été faits, que jusqu'à concurrence de ce dont il se trouve débiteur envers l'entrepreneur au moment où leur action est intentée (*Code civil, article* 1798).

18. Puisque l'entrepreneur est seul garant envers le propriétaire, qui d'ailleurs ne peut pas disposer des ouvriers, il en résulte que ceux-ci n'ont de paiement à réclamer que de celui à qui ils ont loué leur travail (*Desgodets.*)

19. — D'après les mêmes motifs, le propriétaire ne serait pas fondé à refuser de payer l'entrepreneur, sous prétexte que celui-ci n'a pas encore soldé les ouvriers qui ont fait l'ouvrage (*idem*).

20. — Cependant les ouvriers, pour sûreté de ce qui leur est dû, ont droit de faire une saisie-arrêt entre les mains du propriétaire (*idem*).

21. — Les obligations des ouvriers employés à la journée ou à la tâche par le propriétaire sont les mêmes que celles qu'ils contractent avec un entrepreneur (*idem*).

22. — De son côté, le propriétaire est obligé de payer à ses ouvriers le salaire qu'il leur a promis, soit à raison du temps qu'ils ont employé, soit à raison de la quantité d'ouvrage convenable qu'il ont fait, selon qu'ils ont travaillé, à la journée ou à la tâche (*idem*).

23. — Un ouvrier probe et intelligent est intéressé à ne point quitter l'entrepreneur qui lui témoigne de l'attachement. Il ne doit jamais changer de chantier par caprice, car il ne peut qu'y perdre. Il doit prendre constamment l'intérêt de celui qui le paie, avoir de l'estime pour le maître qui lui recommande de bien traiter son travail, et se méfier de celui qui se fâche lorsque l'ouvrage est bien fait. L'ouvrier qui travaille pour le compte d'un entrepreneur dont le talent est reconnu, doit faire en sorte de rester avec lui jusqu'à l'achèvement des travaux commencés, parce que cet entrepreneur s'attachera alors à lui, ne lui cachera rien de ce qui peut développer son intelligence, et pourra en faire un élève capable de remplir toutes les conditions de bon chef d'atelier ; tandis qu'au contraire, un ouvrier qui change capricieusement d'atelier ne peut jamais espérer d'améliorer sa position, soit sous le rapport pécuniaire, soit sous le rapport de l'instruction.

24. Un entrepreneur doit toujours, de son côté, avoir des égards marqués pour l'ouvrier qui remplit les conditions nécessaires ; il ne doit jamais être minutieux avec les ouvriers qu'il occupe et qui ont de l'intelligence et du goût ; il doit, au contraire, en les encourageant, s'efforcer d'acquérir leur estime et éviter de leur donner aucun prétexte d'abandonner le chantier, où ils sont indispensables.

Un entrepreneur trouve de grands avantages à n'occuper que de bons ouvriers, car alors il est sûr que son ouvrage se fera avec goût et solidité ; la surveillance ne sera pas aussi difficile que si ce même ouvrage était exécuté par des ouvriers sans intelligence, et il y aura bien moins de fausses manœuvres. Aussi voit-on toujours un entrepreneur qui a lui-même du goût, n'employer que des ouvriers capables de le seconder, et faire souvent des sacrifices pour les conserver jusqu'à ce que ses travaux soient entièrement terminés.

CHAPITRE III.

DES OBLIGATIONS CONTRACTÉES PAR L'ENTREPRENEUR.

1. — Dans le contrat de louage d'ouvrage, celui qui promet son travail s'engage à le commencer et à le finir dans le temps convenu. S'il n'est fixé aucun délai, expressément, ni tacitement, ni par la nature même de l'ouvrage, le propriétaire est fondé à former une demande contre l'entrepreneur pour le faire

condamner à commencer ou à finir la construction dans un délai que le jugement désignera.

Que le temps de commencer ou de finir un édifice ait été expressément convenu, ou bien qu'il se trouve déterminé par la nature même de l'objet, ou enfin qu'il ait été fixé par la justice, peu importe ; dans tous les cas, l'entrepreneur doit observer le temps prescrit, soit pour commencer, soit pour achever. S'il y manque, le propriétaire sera autorisé à confier ses travaux à une autre personne, et, par le même jugement, l'entrepreneur négligent sera condamné aux dommages-intérêts résultant du retard qu'il a fait éprouver au propriétaire (*idem*).

2. — Ce n'est pas assez que l'entrepreneur fasse la construction dans le temps prescrit, il est encore nécessaire qu'il l'établisse conformément aux règles de l'art et aux lois du voisinage. Cette obligation n'a pas besoin d'être exprimée ; elle est de l'essence même de la convention qui intervient entre le propriétaire et la personne à qui il confie ses travaux, soit pour les diriger, soit pour les exécuter ; il lui suppose nécessairement les connaissances ordinaires à ceux qui se mêlent de bâtiments (*idem*).

3. — On observe que si en travaillant les matériaux on les trouve défectueux, leur perte doit être supportée par le propriétaire, qui ne peut l'imputer à l'entrepreneur ni à ses ouvriers. Par exemple, une pièce de bois paraissant fort saine à l'extérieur, on reconnait, après l'avoir coupée selon les mesures convenables, qu'elle est pourrie dans l'intérieur ; elle n'est point à la charge de celui qui devait l'employer. Mais si cette pièce de bois, n'ayant aucun défaut, avait été préparée dans des dimensions trop faibles pour servir, l'entrepreneur serait responsable de cette erreur commise, ou par sa négligence, ou par la maladresse de ses ouvriers (*idem*).

4. — Enfin, l'entrepreneur doit satisfaire aux différentes conditions accessoires qui lui ont été imposées, et, s'il y manque,

il est tenu des dommages-intérêts résultant de l'inexécution de son obligation. (*idem.*)

CHAPITRE IV.

DES OBLIGATIONS DU PROPRIÉTAIRE.

1. — L'obligation principale du propriétaire qui fait construire, est de payer les ouvrages comme il en est convenu, c'est-à-dire suivant le prix fixé, quand il en a été exprimé un, ou suivant l'estimation, quand le prix a été stipulé tacitement. L'entrepreneur ne peut former sa demande à fin de paiement, s'il n'a pas achevé l'ouvrage et s'il ne l'a pas fait recevoir, ou s'il n'a pas mis le propriétaire en demeure de le recevoir; mais il arrive quelquefois que l'on convient de payer une partie du prix pendant la construction ; il faut s'en tenir alors à ce qui est particulièrement stipulé (*Desgodets*).

2. — Non seulement le propriétaire doit le prix des ouvrages convenus par le marché, mais encore le prix des augmentations qui ont été faites de son aveu, soit par nécessité, soit pour satisfaire son goût (*idem*).

5. — Lorsque c'est la nécessité qui force à faire plus d'ouvrage que l'on ne s'y attendait, l'entrepreneur doit en prévenir le propriétaire, afin que celui-ci se détermine ou à consentir l'augmentation, ou à renoncer à la construction, si la dépense nouvelle était trop considérable. Présumer en pareille circonstance de l'intention du propriétaire, quelque évidente que soit la nécessité de l'augmentation du travail convenu, ce serait, de la part de l'entrepreneur, s'exposer à un refus de paiement dont il n'aurait pas droit de se plaindre (*idem*).

4. — S'il y a un devis auquel l'entrepreneur s'est engagé de se conformer, il ne doit pas manquer de prendre par écrit les ordres qui lui sont donnés de s'en écarter : c'est le seul moyen de n'éprouver aucun refus légitime pour le paiement des augmentations (*idem*).

5. — Le code civil, article 1793, porte cette décision formellement pour le cas où l'entrepreneur s'est chargé à forfait d'un bâtiment d'après un plan arrêté et convenu : il ne peut demander aucune augmentation de prix, ni sous le prétexte que la main-d'œuvre et les matériaux sont devenus plus chers depuis le marché, ni sous prétexte qu'il a été fait des changements ou augmentations sur le plan, à moins que ces modifications n'aient été autorisées par écrit, et que le prix n'en ait été convenu avec le propriétaire (*idem*).

6. — Quand il n'y a pas de plan arrêté, l'entrepreneur peut soutenir n'avoir rien fait qui ne lui ait été commandé par le propriétaire : faute de moyens pour prouver le contraire, le propriétaire est tenu de payer la totalité des ouvrages exécutés. Par cette réflexion, tout propriétaire est assez averti qu'il doit prendre ses précautions pour ne pas laisser à l'entrepreneur plus de liberté qu'il ne convient dans l'exécution des travaux qui lui sont confiés (*idem*).

7. — S'il y a un plan arrêté par la signature des parties, rien ne pourra être changé, à moins qu'il ne soit prouvé que le propriétaire a autorisé les différentes modifications qu'il désire : autrement, l'entrepreneur ne pourra pas prétendre qu'on lui paie les augmentations qu'il lui aura convenu de faire sans ordre exprès. Bien plus, si les changements non autorisés étaient préjudiciables, le propriétaire aurait droit, non seulement d'en refuser le paiement, mais encore d'exiger que les choses fussent rétablies aux frais de l'entrepreneur, conformément aux plans arrêtés (*idem*).

8. — Outre que le propriétaire est tenu de payer le prix des ouvrages qu'il a commandés, il doit aussi faire tout ce qui dépend de lui pour faciliter à l'entrepreneur leur exécution (*idem*).

9. — Le propriétaire doit procurer un passage suffisant à l'entrepreneur et à ses ouvriers pour aller et venir sur le lieu de la construction, et pour y conduire tous les matériaux, tant ceux que ce dernier fournit, que ceux qui sont mis à sa disposition ; faute par le propriétaire de procurer ce qui dépend de lui et devient nécessaire aux travaux, l'entrepreneur n'est pas responsable de leur retard (*idem*).

CHAPITRE V.

DE LA RÉSILIATION DES MARCHÈS.

—

§ 1er. — *Constructions civiles.*

1. — Le maître peut résilier, par sa seule volonté, le marché à forfait, quoique l'ouvrage soit déjà commencé, en dédommageant l'entrepreneur de toutes ses dépenses, de tous ses travaux et de tout ce qu'il aurait pu gagner dans cette entreprise. (*Code civil, art.* 1794.)

2. — Le contrat de louage d'ouvrage est dissous par la mort de l'ouvrier, de l'architecte ou entrepreneur. (*idem, art.* 1795.)

3.—Mais le propriétaire est tenu de payer, en proportion du prix porté par la convention, à leur succession, la valeur des ouvrages faits et celle des matériaux préparés, lors seulement que ces travaux ou ces matériaux peuvent lui être utiles. (*idem, art.* 1796.)

4. — Le marché étant un contrat synallagmatique, il peut être résilié par le consentement mutuel des parties; cette vérité est évidente. L'objet difficultueux est donc de savoir si la volonté de l'une des parties peut opérer la résolution du marché. (*Desgodets.*)

5. — L'entrepreneur n'a pas le droit de renoncer à l'exécution de la construction qu'il s'est engagé à faire. S'il ne la commence pas, ou si, l'ayant commencée, il ne l'achève pas dans le temps convenu, le propriétaire se fait autoriser à confier l'ouvrage à un autre, aux risques et aux dépens de l'entrepreneur négligent. (*idem.*)

6. — A l'égard du propriétaire, sa volonté peut toujours mettre fin au marché ; mais avec des effets différents, selon les circonstances. On doutait si le propriétaire pouvait résilier le marché conclu à forfait ; on disait que l'entrepreneur, ayant compté sur cet ouvrage, avait pris ses arrangements en conséquence, soit pour s'assurer des ouvriers, soit pour se procurer des matériaux, soit en refusant d'autres travaux. En consacrant l'opinion la plus généralement reçue, le Code civil, dans son article 1794, décide que, même lorsque le marché est à forfait, il est résolu dès que le propriétaire fait connaitre qu'il n'est pas dans l'intention de l'exécuter. (*idem.*)

7. — Quelque raisonnable que soit la loi en mettant une différence très-marquée entre l'intérêt du propriétaire et celui de l'entrepreneur concernant la résiliation d'un marché, elle n'entend pas que le propriétaire puisse user de son droit au détriment de l'entrepreneur ; en conséquence, le même article du Code veut que celui-ci, lorsque la résiliation du marché lui est signifiée, soit dédommagé, non-seulement de ses dépenses et travaux, mais encore de tout ce qu'il aurait pu gagner si l'entreprise eût été achevée. (*idem.*)

8. — La volonté du propriétaire opère la résiliation, quelle que soit la nature du marché, même quand il est à forfait. A l'égard de l'indemnité, elle doit être complète quand le marché est à forfait, et comprendre même le gain qu'avait droit d'espérer l'entrepreneur. S'agit-il d'un marché d'une nature moins rigoureuse ? les juges doivent suivre ce que l'équité leur indi-

que, et étendre l'indemnité d'autant plus que le marché se rapproche plus du forfait. La règle générale est d'indemniser l'entrepreneur en raison de ce qu'il souffre réellement à cause de l'inexécution des conventions. (*idem.*)

9. — En cas de résiliation d'un marché à forfait par la volonté du propriétaire, la loi ne comprend dans l'indemnité de l'entrepreneur que le gain qui a pu être prévu par le propriétaire en signant la convention ; c'est en calculant sur ce qui était à sa connaissance à cette époque, qu'il s'est déterminé à rompre le marché. (*idem.*)

10. — On a vu que le propriétaire rompt le marché quand il lui plaît, sauf à indemniser, tandis que l'entrepreneur n'a pas la même faculté. Le contraire a lieu quand il s'agit du décès ; celui du propriétaire ne dissout pas le contrat, qui pourtant se trouve résilié par la mort de l'entrepreneur. (*idem.*)

11. — Quand une construction est dirigée par un architecte et exécutée par un entrepreneur, le décès de l'architecte rompt-il le marché fait avec l'entrepreneur ; et réciproquement le décès de l'entrepreneur opère-t-il la résiliation du marché fait avec l'architecte ?

En considérant le contrat de louage d'ouvrage fait avec l'architecte comme un acte séparé du louage d'ouvrage contracté avec l'entrepreneur, il est facile de sentir que le décès de l'un des deux ne dissout pas le marché fait avec le défunt. (*idem.*)

— 12. Le décès de l'architecte ne peut pas être un motif pour autoriser l'entrepreneur à renoncer au marché.

On raisonnera de même si c'est l'entrepreneur qui est décédé : les conventions faites avec l'architecte n'en doivent pas moins s'exécuter. (*idem*).

13. — Le propriétaire, de son côté, ne peut pas s'autoriser du décès de l'entrepreneur, pour rompre la convention faite

avec l'architecte. Il a bien le droit de notifier à ce dernier sa volonté de rompre tout engagement ; mais c'est en vertu d'un autre principe développé plus haut. Le propriétaire alors est obligé à tous les dédommagements dont il est parlé.

On suppose ici qu'il y a eu avec l'architecte un marché contenant des conditions sur lesquelles celui-ci a dû compter, et dont l'inexécution peut lui causer du dommage. (*idem*).

14. — La résiliation du marché, lorsqu'elle résulte du décès de l'entrepreneur, donne à sa succession le droit de réclamer le prix des ouvrages exécutés ; c'est ce que décide le code (article 1796) : il ajoute que les matériaux préparés doivent être payés également par le propriétaire ; mais seulement lorsqu'ils peuvent lui être utiles. (*idem*).

15. — La loi n'ayant prononcé la résiliation du marché pour cause de mort, que quand elle arrive du côté de l'ouvrier, de l'architecte ou de l'entrepreneur, il en résulte que le décès du propriétaire ne dissout pas le contrat de louage d'ouvrage. Comme il n'y a point de parité entre les deux cas, la même disposition ne leur convenait pas. L'héritier du propriétaire a bien le droit de rompre le marché en signifiant que telle est sa volonté et en payant une indemnité complète, comme on l'a dit plus haut ; mais alors la mort de celui à qui il succède n'est pas la cause de la résiliation. En conséquence, tant que l'héritier ne s'explique pas en qualité de propriétaire, le marché subsiste, et l'entrepreneur ne peut pas se dispenser de continuer son travail. (*idem*).

16. — Lorsqu'un propriétaire laisse plusieurs héritiers qui ne s'accordent pas sur la question de savoir si on laissera continuer le marché ou si on signifiera la volonté de le dissoudre, l'entrepreneur ne doit pas cesser de travailler, car le contrat de louage d'ouvrage n'est point rompu par le décès du propriétaire. Ce qui devient embarrassant, c'est lorsqu'une partie des

héritiers notifie sa volonté de résoudre ce marché, tandis que les autres gardent le silence. L'entrepreneur alors assignera ceux de qui il a reçu une signification et conclura à ce que, dans le délai que le tribunal fixera, ils aient à se régler avec leurs cohéritiers ; sinon à ce qu'il soit autorisé, après l'expiration du délai, à suivre l'exécution des travaux. L'entrepreneur se réservera la faculté de demander une indemnité pour les dommages qu'il aura soufferts à cause du retard qu'aura occasioné la dénonciation faite par une partie des héritiers. (*idem*).

17. — Le contrat de louage d'ouvrage se dissout encore par la force majeure. Ce principe n'est pas écrit particulièrement dans le code, mais il se trouve énoncé d'une manière générale dans l'article 1302, où il est dit que l'obligation est éteinte, si la chose a péri ou a été perdue sans la faute du débiteur. D'ailleurs, il est dans l'équité naturelle que l'on ne soit pas tenu des événements qui n'ont pas été prévus lorsqu'on a contracté. (*idem*).

§. 2. *Travaux publics.*

18. — Les dispositions des articles 1794, 1795 et 1796, rappelées au premier paragraphe du présent chapitre, sont également applicables aux travaux publics, sauf quelques modifications que nous allons faire connaitre.

19. — Le décès de l'entrepreneur avant l'achèvement des travaux qui lui avaient été adjugés, donne lieu à une adjudication en continuation d'ouvrages, lors de laquelle ses représentants ont l'option de garder pour leur compte les matériaux, outils et équipages du défunt, ou de les abandonner moyennant les prix fixés par la nouvelle adjudication, de gré à gré, ou à dire d'experts.

Du côté de l'administration, ce contrat se dissout par la seule volonté, sauf les droits qui compètent respectivement à l'entrepreneur. (*Cotelle.*)

20. — Dans le marché des travaux publics, l'administration peut ordonner des changements au projet ou au devis, en ajourner indéfiniment l'exécution, ou résilier le marché, mais seulement à raison d'une diminution notable dans les prix des fournitures, sans que l'entrepreneur ait une indemnité à prétendre, à raison des prétendus bénéfices qu'il aurait pu faire sur les fournitures et la main-d'œuvre. Il y a ici, on le voit, une forte dérogation au droit commun.

Mais c'est aller trop loin que de refuser toute espèce d'indemnité à l'entrepreneur, comme l'ont fait quelquefois les conseils de préfecture (*idem*).

21. — Lorsque le gouvernement résilie, par sa seule volonté, un marché de fournitures qu'il a passé avec un particulier ou une société, il est tenu des dépenses que les fournisseurs peuvent avoir faites pour l'exécution du marché (*idem*).

22. — Si, en homologuant l'adjudication, l'administration ordonne quelques changements au projet ou au devis, l'entrepreneur devra s'y conformer, et il lui sera fait état de la valeur de ces changements, soit en plus, soit en moins, au prorata des prix de l'adjudication, sans qu'il puisse, en cas de réduction, réclamer aucune indemnité, à raison des prétendus bénéfices qu'il aurait pu faire sur les fournitures et la main-d'œuvre.

Néanmoins, lorsque ces changements dénatureront fortement le projet, en opérant sur le prix total une différence de plus d'un sixième en plus ou en moins, l'entrepreneur sera libre de retirer sa soumission.

Il ne pourra prétendre à aucune indemnité dans le cas où l'adjudication ne serait pas approuvée (*Clauses et conditions générales, art.* 3).

23. — Si, pendant le cours de l'entreprise, les prix subissaient une augmentation notable, le marché pourra être résilié sur la demande qui en serait faite par l'entrepreneur ; en cas de diminution notable, la résiliation du marché pourra être également prononcée, à moins que l'entrepreneur n'accepte les modifications qui lui seraient prescrites par l'administration.

Et dans le cas où, pendant le cours de l'entreprise, et sans changer les charges et les prix, il serait ordonné par l'administration d'augmenter ou de diminuer la masse des travaux, l'entrepreneur sera tenu d'exécuter les nouveaux ordres, sans réclamation, à moins qu'il n'ait été autorisé à faire des approvisionnements de matériaux qui demeureraient sans emploi, et pourvu que les changements en plus ou en moins n'excèdent pas le sixième du montant de l'entreprise ; auquel cas il pourra demander la résiliation de son marché (*idem, art.* 39).

24. — Dans le cas de résiliation pour cause de diminution notable dans le prix, les outils et ustensiles indispensables à l'entreprise que l'entrepreneur ne voudra pas garder pour son compte seront acquis par l'État, sur l'estimation qui en sera réglée de gré à gré, ou à dire d'experts, d'après la valeur première desdits outils et ustensiles, et déduction faite de leur degré d'usure ; le tout au taux du commerce, et sans augmentation de dixième ou de toute autre plus-value, sous prétexte de bénéfice présumé.

Les matériaux approvisionnés par ordre et déposés sur les travaux, s'ils sont de bonne qualité, seront également acquis par l'État, au prix de l'adjudication (*idem, art.* 40).

25. — Les matériaux qui ne seront pas déposés sur les travaux resteront au compte de l'entrepreneur ; mais, tant pour cet objet que pour toute autre réclamation, il pourra lui être alloué une indemnité qui sera fixée par l'administration, et qui, dans aucun cas, ne devra excéder le cinquantième du montant des dépenses restant à faire en vertu de l'adjudication. (*idem, même article*).

CHAPITRE VI.

CLAUSES ET CONDITIONS GÉNÉRALES IMPOSÉES AUX ENTREPRENEURS DE TRAVAUX PUBLICS.

1. — Nul ne sera admis à concourir aux adjudications s'il n'a les qualités requises pour entreprendre les travaux et en garantir le succès. A cet effet, chaque concurrent sera tenu de fournir un certificat constatant sa capacité, et de présenter un acte régulier ou au moins une promesse valable de cautionnement. Il ne sera pas exigé de certificat de capacité pour les fournitures de matériaux destinés à l'entretien des routes, ni pour les travaux de terrassement dont l'estimation ne s'élèvera pas à plus de 15,000 fr.

Le certificat devra avoir été délivré dans les trois ans qui précéderont l'adjudication. Il contiendra l'indication des travaux exécutés ou suivis par l'entrepreneur, ainsi que la justification de l'accomplissement des engagements qu'il aurait contractés.

2. — Le montant du cautionnement n'excédera pas le trentième de l'estimation des travaux, déduction faite de toutes les sommes portées à valoir pour cas imprévus, indemnités de terrains et ouvrages en régie.

Ce cautionnement sera mobilier ou immobilier, à la volonté des soumissionnaires. Les valeurs mobilières ne pourront être que des effets publics ayant cours sur la place.

3. — Si, en homologuant l'adjudication, l'administration ordonne quelques changements au projet ou au devis, l'entrepreneur devra s'y conformer, et il lui sera fait état de la valeur de ces changements, soit en plus, soit en moins, au prorata des prix de l'adjudication, sans qu'il puisse, en cas de réduction, réclamer aucune indemnité à raison des prétendus bénéfices qu'il aurait pu faire sur les fournitures et la main d'œuvre.

Néanmoins, lorsque ces changements dénatureront fortement le projet, en opérant sur le prix total une différence de plus d'un sixième, en plus ou en moins, l'entrepreneur sera libre de retirer sa soumission.

Il ne pourra prétendre à aucune indemnité dans le cas où l'adjudication ne serait pas approuvée.

4. — Pour que les travaux ne soient pas abandonnés à des spéculateurs inconnus ou inhabiles, l'entrepreneur ne pourra céder tout ou partie de son entreprise ; si l'on venait à découvrir que cette clause a été éludée, l'adjudication pourrait être résiliée ; et, dans ce cas, il serait procédé à une nouvelle adjudication à la folle enchère de l'entrepreneur.

5. — Pendant la durée entière de l'entreprise, l'adjudicataire ne pourra s'éloigner du lieu des travaux que pour affaires relatives à son marché, et qu'après en avoir obtenu l'autorisation. Dans ce cas, il choisira et fera agréer un représentant capable de le remplacer, et auquel il aura donné pouvoir d'agir pour lui et de faire les paiements aux ouvriers, de manière qu'aucune opération ne puisse être retardée ou suspendue pour raison de l'absence de l'entrepreneur.

6. — A l'époque fixée par l'adjudication l'entrepreneur mettra la main à l'œuvre ; il entretiendra constamment un nombre suffisant d'ouvriers ; il exécutera tous les ouvrages, en se conformant strictement aux plans, profils, tracés, instructions et ordres de service qui lui seront donnés par les ingénieurs ou leurs préposés.

Il lui sera préalablement délivré par le Préfet des expéditions en bonne forme du procès-verbal d'adjudication, du devis, et du détail estimatif.

7. — Il se conformera, pendant le cours du travail, aux changements qui lui seront ordonnés *par écrit*, et sous la responsabilité de l'ingénieur, pour des motifs de convenance, d'utilité ou d'économie, et il lui en sera fait compte suivant les dispositions de l'article 3 ; mais il ne pourra de lui-même, et sous aucun prétexte, apporter le plus léger changement au projet ou au devis.

8. — Dans le cas d'adjudication en construction d'ouvrages, si l'entrepreneur sortant juge à propos de garder pour son compte les matériaux par lui approvisionnés en vertu d'ordres des ingénieurs et non soldés par l'administration, ainsi que ses propres outils et équipages, il sera tenu d'évacuer, dans le délai qui aura été fixé par le devis, tous les chantiers, magasins et emplacements publics. Si, au contraire, il a déclaré vouloir céder tout ou partie des objets ci-dessus indiqués, l'entrepreneur entrant sera tenu d'accepter les matériaux aux prix de la nouvelle adjudication et sur un état dressé contradictoirement entre les deux entrepreneurs, et en supposant toutefois qu'on ait reconnu à ces matériaux les qualités requises.

Les outils et équipages seront payés de gré à gré ou à dire d'experts.

9. — Lorsque le devis n'indiquera pas de carrières ou sablières appartenant à l'État, l'entrepreneur en ouvrira à ses

frais dans les lieux indiqués par le devis ; il sera tenu de prévenir les propriétaires avant de commencer les extractions, et de les dédommager de gré à gré ou à dire d'experts, conformément aux lois et réglements sur la matière ; il devra représenter, toutes les fois qu'il en sera requis, le traité qu'il aura fait avec eux.

Il paiera, sans recours contre l'administration, tous les dommages que pourront occasioner la prise, le transport ou le dépôt des matériaux.

Il en sera de même des dommages pour établissement de chantiers, chemins de service et autres indemnités temporaires qui font partie des charges et faux frais de l'entreprise.

L'entrepreneur ne sera entièrement soldé et ne pourra recevoir le montant de la retenue pour garantie, dont il est parlé dans l'article 35, qu'après avoir justifié, par des quittances en forme, qu'il a payé les indemnités et dommages mis à sa charge.

Dans le cas où le devis prescrirait d'extraire les matériaux dans les bois soumis au régime forestier, l'entrepreneur devra se conformer, sans recours en indemnité contre l'administration des ponts-et-chaussées, aux obligations résultant pour lui de l'article 145 du code forestier, ainsi que des articles 172, 173 et 175 de l'ordonnance royale du 1er août 1827, concernant l'exécution de ce code.

Si, pendant la durée de l'entreprise, il était reconnu indispensable de prescrire à l'entrepreneur d'extraire des matériaux dans des lieux autres que ceux qui auraient été prévus au devis, les ingénieurs établiront de nouveaux prix d'extraction et de transport d'après les éléments de l'adjudication. Ces changements, après avoir été soumis à l'approbation du préfet, seront signifiés à l'entrepreneur qui, en cas de refus, devra déduire ses motifs dans le délai de dix jours, et il sera statué ensuite par l'administration ce qu'il appartiendra. Dans ce même cas de refus, l'administration aura le droit de considérer l'extraction et le transport desdits matériaux comme ne faisant pas partie de l'entreprise.

Si l'entrepreneur parvenait à découvrir de nouvelles carrières plus rapprochées que celles qui auraient été indiquées au devis, et offrant des matériaux d'une qualité au moins égale , il recevra l'autorisation de les exploiter, et il ne subira sur les prix de l'adjudication aucune déduction pour cause de diminution de frais d'extraction, de transport et de taille des matériaux.

L'entrepreneur ne pourra, en aucun cas, livrer au commerce les matériaux qu'il aura fait extraire dans une carrière qui ne lui appartiendrait pas , attendu que le droit d'exploitation ne lui a été conféré qu'en sa qualité d'entrepreneur de travaux publics, et pour un objet déterminé.

10. — L'entrepreneur sera tenu, indépendamment des indemnités mentionnées à l'article précédent, de fournir à ses frais les magasins, équipages, voitures, ustensiles et outils de toute espèce, sauf les exceptions qui seront stipulées au devis.

Seront également à sa charge les frais de tracé d'ouvrages, les cordeaux, piquets et jalons, et généralement tout ce qui constitue les faux frais et menues dépenses dont un entrepreneur n'est pas admis à compter.

11. Au moyen des prix consentis ou approuvés, l'entrepreneur fera l'achat, la fourniture, le transport à pied d'œuvre, la façon, la pose et l'emploi de tous les matériaux.

Il soldera les salaires et peines d'ouvriers, les commis et autres agens dont il pourra avoir besoin pour assurer la bonne et solide exécution des ouvrages.

Il ne pourra , sous aucun prétexte d'erreur ou d'omission dans la composition des prix de sous-détail, revenir sur les prix par lui consentis, attendu qu'il a dù s'en rendre préalablement un compte exact, et qu'il est censé avoir refait et vérifié tous les calculs d'appréciation.

Mais il pourra réclamer, s'il y a lieu, contre les erreurs des métrés ou de dimensions d'ouvrages.

12. — Les matériaux proviendront des lieux indiqués au devis ; ils seront de la meilleure qualité, parfaitement travaillés et mis en œuvre conformément aux règles de l'art. On ne pourra les employer qu'après qu'ils auront été visités par l'ingénieur. En cas de surprise, de mauvaise qualité ou de malfaçon, ils seront rebutés et remplacés aux frais de l'entrepreneur. Toutefois, si l'entrepreneur conteste les faits, l'ingénieur dressera immédiatement procès-verbal des circonstances de cette contestation : l'entrepreneur pourra consigner à la suite du procès-verbal, qui devra lui être communiqué, les observations qu'il se croira en droit de présenter. Il sera statué ensuite par l'administration ce qu'il appartiendra.

13. — Lorsque les ingénieurs présumeront qu'il existe dans les ouvrages des vices d'exécution, ils ordonneront, soit en cours d'exécution, soit avant la réception finale, la démolition et la reconstruction des ouvrages présumés vicieux.

Les dépenses résultant de cette vérification seront à la charge de l'adjudicataire, lorsque les vices de construction auront été constatés et reconnus.

En cas de contestation de l'entrepreneur sur les vices d'exécution, il sera procédé comme il a été dit ci-dessus, article 12.

14. — En général, tous les matériaux auront les dimensions prescrites par le devis.

Si l'entrepreneur léur donne des dimensions plus fortes, il ne pourra réclamer aucune augmentation de prix ; les métrages et les pesées seront basées sur les dimensions du devis, et néanmoins les pièces qui seraient jugées nuisibles ou difformes seraient enlevées et remplacées aux frais de l'entrepreneur.

Dans le cas de dimensions plus faibles, les prix seront réduits en proportion, et néanmoins les pièces dont l'emploi serait reconnu contraire au goût et à la solidité, seraient également enlevées et remplacées aux frais de l'entrepreneur.

Dans tous les cas, l'entrepreneur ne pourra employer aucune pièce ni aucune matière qui ne serait pas des dimensions ou du poids prescrit par les devis, sans l'autorisation écrite de l'ingénieur.

15. — Il pourra être accordé des à-comptes sur les prix des matériaux approvisionnés, jusqu'à concurrence des quatre cinquièmes de leur valeur. On ne regardera comme approvision-que les matériaux déposés sur l'atelier; dès ce moment, l'entrepreneur ne pourra les détourner pour un autre service sans une autorisation par écrit.

16. — Si aux termes du devis l'entrepreneur est tenu de démolir d'anciens ouvrages, les matériaux seront déplacés avec attention, pour pouvoir être réparés et remis en place s'il y a lieu, avec les mêmes précautions que les matériaux neufs. Dans le cas où les démolitions n'auraient pas été prévues, il en sera tenu compte à l'entrepreneur dans les formes prescrites ci-après, article 22.

17. — Toutes les fois que, par des motifs d'économie ou de célérité, on croira devoir employer des matières neuves ou de démolition appartenant à l'État, l'entrepreneur ne sera payé que des frais de main-d'œuvre et d'emploi, sans pouvoir répéter de dommages pour manque de gain sur les fournitures supprimées.

18. — L'entrepreneur aura soin de ne choisir pour commis, maîtres et chef d'ateliers, que des gens probes et intelligents,

capables de l'aider et même de le remplacer au besoin dans la
conduite et le métrage des travaux.

Il choisira également les ouvriers les plus habiles et les plus
expérimentés ; et néanmoins il demeurera responsable en son
propre et privé nom, comme en celui de sa caution, des fraudes
ou malfaçons que ses agents pourront commettre sur les fournitures, la qualité et l'emploi des matériaux, sous les peines indiquées à l'art. 12.

19. — L'ingénieur aura le droit d'exiger le changement ou
le renvoi des agents et ouvriers de l'entrepreneur, pour cause
d'insubordination, d'incapacité, ou de défaut de probité.

20. — Le nombre des ouvriers, de quelque espèce qu'ils
soient, sera toujours proportionné à la quantité d'ouvrage à faire;
et pour mettre l'ingénieur à même d'assurer l'accomplissement
de cette condition et de reconnaître les individus, il lui en sera
remis périodiquement, et aux époques qu'il aura fixées, une liste
nominative.

21. — Lorsqu'un ouvrage languira faute de matériaux, ouvriers, etc., de manière à faire craindre qu'il ne soit achevé
aux époques prescrites, ou que les fonds crédités ne puissent
pas être consommés dans l'année, le préfet, dans un arrêté qu'il
notifiera à l'entrepreneur, ordonnera l'établissement d'une régie,
aux frais dudit entrepreneur, si, à une époque fixée, il n'a pas
satisfait aux dispositions qui lui seront prescrites.

A l'expiration du délai, si l'entrepreneur n'a pas satisfait à
ces dispositions, la régie sera organisée immédiatement et sans
autre formalité. Il en sera aussitôt rendu compte au directeur
général qui, selon les circonstances de l'affaire, pourra ordonner la continuation de la régie aux frais de l'entrepreneur ou
prononcer la résiliation du marché et ordonner une nouvelle adjudication sur folle-enchère.

Dans ces cas, les excédents de prix et de dépenses seront prélevés sur les sommes qui pourront être dues à l'entrepreneur, sans préjudice des droits à exercer contre lui et sa caution, en cas d'insuffisance.

Si la régie ou l'adjudication sur folle-enchère amenait au contraire une diminution dans les prix et les frais des ouvrages, l'entrepreneur ou sa caution ne pourront réclamer aucune part de ce bénéfice, qui resterait acquis à l'administration.

22. — Lorsqu'il sera jugé nécessaire d'exécuter des parties d'ouvrages non prévues par le devis, les prix en seront réglés d'après ceux de l'adjudication, par assimilation aux ouvrages les plus analogues. Dans le cas d'une impossibilié absolue d'assimilation, les prix seront réglés sur l'estimation contradictoire en prenant pour terme de comparaison les prix-courants du pays.

Lorsque ces travaux devront être de quelque importance, il en sera fait un avant-métré, que l'entrepreneur acceptera, tant pour les prix proposés que pour l'indication des ouvrages, par une soumission particulière qui sera présentée à l'approbation de l'administration.

23. — S'il y a lieu de faire des épuisements qui n'auraient pas été mis par le devis à la charge de l'entrepreneur, les dépenses y relatives seront constatées par attachement et sur des contrôles tenus sous la surveillance de l'ingénieur. Elles seront acquittées régulièrement par l'entrepreneur, à la fin de chaque semaine, aux conditions portées en l'article suivant.

24. — Tous les paiements pour épuisements, ouvrages par attachement, indemnités et autres articles imputés sur la somme à valoir, seront remboursés à l'entrepreneur avec un quarantième en sus pour le dédommager de ses avances de fonds. A cet effet, il sera tenu de payer à vue, en présence d'un employé désigné par l'ingénieur, les rôles ou états qui seront dressés pour le compte des travaux, et de les faire quittancer par les parties prenantes, avant de pouvoir en demander le remboursement.

Deux quarantièmes lui seront en outre alloués pour ceux desdits articles qui nécessiteront de sa part des outils, soins, frais de conduite des travaux, fournitures et entretien des machines.

25. — Sont exceptés des dispositions ci-dessus les paiements qu'on pourrait être obligé de faire par l'intermédiaire de l'entrepreneur, mais qui n'exigeraient réellement de sa part aucune avance de fonds, et pour lesquels conséquemment il ne sera alloué aucune rétribution.

26. — Il ne sera alloué à l'entrepreneur aucune indemnité à raison des pertes, avaries ou dommages occasionés par négligence, imprévoyance, défaut de moyens ou fausses manœuvres. Ne sont pas compris toutefois dans la disposition précédente les cas de force majeure qui, dans le délai de dix jours au plus après l'événement, auraient été signalés par l'entrepreneur : dans ces cas, néanmoins, il ne pourra être rien alloué qu'avec l'approbation de l'administration. Passé le délai de dix jours, l'entrepreneur ne sera plus admis à réclamer.

27. — L'entrepreneur, soit par lui-même, soit par ses commis, visitera les travaux aussi souvent que pourra le réclamer le bien du service. Il justifiera de ces visites et accompagnera les ingénieurs dans leurs tournées, toutes les fois qu'il en sera requis.

28. — Il surveillera, dans l'étendue de son entreprise, les propriétaires riverains et les cultivateurs qui se permettraient de labourer et de planter trop près des routes, canaux et autres propriétés publiques, ou qui détérioreraient les bornes, talus, fossés et plantations. Il avertira sur-le-champ les ingénieurs

des contraventions qu'il apercevrait à cet égard, comme aussi de celles qui consisteraient en des dépôts de bois et de fumier, ou autres encombrements quelconques, ainsi que des anticipations qui seraient faites sur le domaine de la voie publique.

29. — L'ingénieur en chef fera tous les réglements nécessaires pour le bon ordre des travaux ou pour l'exécution des clauses du devis. Ces réglements seront visés par le préfet, lorsqu'il aura été reconnu par ce magistrat qu'ils n'imposent pas de nouvelles charges à l'entrepreneur, pour lequel dès-lors ils seront obligatoires.

30. — S'il survient quelque difficulté entre l'ingénieur ordinaire et l'entrepreneur, au sujet de l'application des prix ou des métrages, il en sera référé à l'ingénieur en chef, qui appliquera les règles admises dans le service des ponts-et-chaussées. Dans aucun cas, l'entrepreneur ne pourra invoquer en sa faveur les us et coutumes, auxquels il est formellement dérogé par le présent article.

31. — Toutes les dimensions d'ouvrages, tous les prix, salaires et dépenses, seront calculés d'après le système légal des poids et mesures.

32. — Les métrages généraux et partiels, les états d'attachement, les états de dépense, les états de situation et les procès-verbaux de réception, devront être communiqués à l'entrepreneur et acceptés par lui. En cas de refus, il déduira par écrit ses motifs dans les dix jours qui suivront la présentation desdites pièces; et dans ce cas seulement, il sera dressé procès-verbal de l'acte de présentation et des circonstances qui l'auront accompagné. Un plus long délai mettrait souvent dans l'impossibilité de rechercher et de constater les causes d'erreurs qui auraient pu donner lieu à quelques réclamations. En conséquence, il est expressément stipulé que l'entrepreneur ne

sera jamais admis à élever de réclamation au sujet des pièces ci-dessus indiquées après le délai de dix jours ; et que, passé ce délai, lesdites pièces seront censées acceptées par lui, quand bien même il ne les aurait pas signées. Le procès-verbal de présentation devra toujours être joint à l'appui des pièces qui n'auront pas été acceptées.

33. — Indépendamment de la communication des pièces énoncées dans l'article précédent, l'entrepreneur sera autorisé à s'en procurer des expéditions, qu'il pourra faire transcrire par ses propres commis dans les bureaux de l'ingénieur en chef ou dans ceux de la préfecture.

34. — Les paiements d'à-comptes pour ouvrages faits s'effectueront en raison de l'avancement des travaux, en vertu des mandats du préfet expédiés sur les certificats de l'ingénieur en chef, d'après les états fournis par l'ingénieur ordinaire, jusqu'à concurrence des neuf dixièmes de la dépense, et déduction faite des à-comptes qui auront pu être délivrés sur les approvisionnements avant leur emploi.

Les paiements ne pouvant être faits qu'au fur et à mesure des ordonnances et des fonds disponibles, il ne sera jamais alloué d'indemnité, sous aucune dénomination, pour retard de paiement pendant l'exécution des travaux.

Toutefois, si les travaux étant définitivement reçus, l'entrepreneur ne pouvait pas être entièrement soldé à l'expiration du délai de garantie, il pourra prétendre à des intérêts pour cause de retard de paiement de la somme qui lui restera due à dater de cette époque.

35. — Le dernier dixième ne sera payé à l'entrepreneur qu'après l'expiration du délai fixé pour la garantie des ouvrages, sauf les justifications préalables exigées par le quatrième paragraphe de l'article 9.

Immédiatement après l'achèvement des travaux, il sera procédé à leur réception provisoire, et la réception définitive n'aura lieu qu'après l'expiration du délai de garantie. Pendant ce délai, l'entrepreneur demeurera responsable de ses ouvrages, et sera tenu de les entretenir.

Ce délai de garantie sera de trois mois après la réception pour les travaux d'entretien; de six mois pour les terrassements et les chaussées d'empierrement, d'un ou de deux ans pour les ouvrages d'art selon les stipulations du devis.

56. — Dans le cas où l'administration ordonnerait la cessation absolue ou l'ajournement indéfini des travaux adjugés, l'entrepreneur pourra requérir qu'il soit procédé de suite à la réception provisoire des ouvrages exécutés, et à leur réception définitive après l'expiration du délai de garantie. Après la réception définitive, il sera, ainsi que sa caution, déchargé de toute garantie pour raison de son entreprise.

57. — Si le dixième des dépenses est jugé devoir excéder la proportion nécessaire pour la garantie de l'entreprise, il pourra être stipulé au devis que la retenue cessera de croître lorsqu'elle aura atteint un maximum déterminé.

58. — Toutes les réceptions d'ouvrages seront faites par l'ingénieur en présence de l'entrepreneur, ou lui dûment appelé par écrit; en cas d'absence, il en sera fait mention au procès-verbal.

59. — Si, pendant le cours de l'entreprise, les prix subissaient une augmentation notable, le marché pourra être résilié sur la demande qui en serait faite par l'entrepreneur; en cas de diminution notable, la résiliation du marché pourra être également prononcée, à moins que l'entrepreneur n'accepte les modifications qui lui seraient prescrites par l'administration.

Et dans le cas où, pendant le cours de l'entreprise, et sans changer les charges et les prix, il serait ordonné par l'administration d'augmenter ou de diminuer la masse des travaux, l'entrepreneur sera tenu d'exécuter les nouveaux ordres, sans réclamation, à moins qu'il n'ait été autorisé à faire des approvisionnements de matériaux qui demeureraient sans emploi, et pourvu que les changements en plus ou en moins n'excèdent pas le sixième du montant de l'entreprise ; auquel cas il pourra demander la résiliation de son marché.

40. — Dans le cas prévu par l'article 56 et dans celui où, conformément à l'article 39 et par suite d'une diminution notable dans le prix des ouvrages, l'administration aura prononcé la résiliation du marché, les outils et ustensiles indispensables à l'entreprise que l'entrepreneur ne voudra pas garder pour son compte seront acquis par l'État, sur l'estimation qui en sera réglée de gré à gré, ou à dire d'experts, d'après la valeur première desdits outils et ustensiles et déduction faite de leur degré d'usure ; le tout au taux du commerce, et sans augmentation de dixième ou de toute autre plus-value, sous prétexte de bénéfice présumé.

Les matériaux approvisionnés par ordre et déposés sur les travaux, s'ils sont de bonne qualité, seront également acquis par l'État, au prix de l'adjudication.

Les matériaux qui ne seront pas déposés sur les travaux resteront au compte de l'entrepreneur ; mais, tant pour cet objet que pour toutes autres réclamations, il pourra lui être alloué une indemnité qui sera fixée par l'administration, et qui, dans aucun cas, ne devra excéder le cinquantième du montant des dépenses restant à faire en vertu de l'adjudication.

41. — L'entrepreneur payera comptant les frais relatifs à son adjudication, sur un état arrêté par le préfet. Ces frais ne pourront être autres que ceux d'affiches et de publications, ceux de timbre et d'expédition du devis, du détail estimatif et du

procès-verbal d'adjudication; enfin le droit d'enregistrement fixé à un franc par la loi du 7 germinal an VIII, l'arrêté du 15 brumaire an XII, et le décret du 25 germinal an XIII.

42. — Conformément aux dispositions du second paragraphe de l'article 4 de la loi du 17 février 1800 (28 pluviôse an VIII), toutes les difficultés qui pourraient s'élever entre les entrepreneurs de travaux publics et l'administration, concernant le sens ou l'exécution des clauses de leur marché, seront portées devant le conseil de préfecture, qui statuera sauf recours au conseil d'État.

CHAPITRE VII.

EXTRACTION DE MATÉRIAUX. — DROITS ET OBLIGATIONS DE L'ADMINISTRATION ET DES PROPRIÉTAIRES.

1. — Les propriétaires voisins des travaux publics doivent souffrir l'extraction sur leurs fonds des matériaux nécessaires à ces travaux.

2. — Un arrêt du Conseil d'État du Roi, en date du 7 septembre 1755, contient, à cet égard, les dispositions suivantes :

« Les arrêts du conseil, des 3 octobre 1667, 3 décembre » 1672, et 22 juin 1706, seront exécutés suivant leur forme et » teneur; en conséquence, les entrepreneurs des ouvrages

» ordonnés pour les ponts-et-chaussées pourront prendre la
» pierre, le grès, le sable et autres matériaux pour l'exécution
» des ouvrages dont ils sont adjudicataires, dans les lieux qui
» leur seront indiqués par les devis et adjudications desdits ou-
» vrages sans, néanmoins, qu'ils puissent les prendre dans des
» lieux qui seront fermés de murs ou autre clôture équivalente,
» suivant les usages du pays. Fait sa majesté défense aux sei-
» gneurs, ou propriétaires desdits lieux non clos, de leur ap-
» porter aucun trouble ni empêchement, sous quelque pré-
» texte que ce puisse être, à peine de toute perte, dépens,
» dommages ou intérêts, même d'amende et de telle autre
» condamnation qu'il appartiendra, suivant l'exigence des cas,
» sauf, néanmoins, auxdits seigneurs et propriétaires, à se
» pourvoir contre lesdits entrepreneurs pour leur dédommage-
» ment ainsi qu'il sera réglé ci-après. Dans le cas où les maté-
» riaux indiqués par les devis ne seront pas jugés convenables
» ou suffisans, les inspecteurs-généraux ou ingénieurs pourront
» en indiquer à prendre dans d'autres lieux ; mais lesdites in-
» dications seront données par écrit et signées desdits ins-
» pecteurs ou ingénieurs. Veut sa majesté que les entrepre-
» neurs ne puissent faire aucun usage des matériaux qu'ils
» auront extraits des terres appartenantes aux particuliers, que
» de les employer dans les ouvrages dont il sont adjudicataires,
» à peine de tous dommages-intérêts envers les propriétaires,
» et même de punition exemplaire.

» Les propriétaires des terrains sur lesquels lesdits matériaux
» auront été pris, seront pleinement et entièrement dédomma-
» gés de tout le préjudice qu'ils auront pu en souffrir, tant pour
» la fouille et pour l'extraction desdits matériaux, que pour les
» dégats auxquels l'enlèvement aura pu donner lieu. Sera payé
» ledit dédommagement auxdits propriétaires pour les entre-
» preneurs, suivant l'estimation qui en sera faite par l'ingénieur
» qui aura fait le devis des ouvrages ; et, en cas que lesdits
» propriétaires ne voulussent pas s'en rapporter à ladite esti-
» mation, il sera ordonné un rapport de trois nouveaux experts

» nommés d'office, dont lesdits propriétaires seront tenus
» d'avancer les frais. Veut sa majesté que les entrepreneurs re-
» jettent, en outre, à leurs frais et dépens, dans les fouilles et
» couvertures qu'ils auront faites, les terres et décombres qui
» en seront provenus. »

3. — Les agents de l'Administration ne peuvent fouiller
dans un champ pour y chercher des pierres, de la terre ou du
sable, nécessaires à l'entretien des grandes routes ou autres
ouvrages publics, qu'au préalable ils n'aient averti le propriétaire, et qu'il ne soit justement indemnisé à l'amiable ou à dire
d'experts *(code rural de 1791, titre 1er, section 6, art. 1er.)*

4. — Les entrepreneurs des travaux publics à la charge de
l'Etat, ou à la charge des communes, ont le droit de prendre
et enlever de la terre, ainsi que des pierres, sables, graviers
et autres matières semblables nécessaires à la confection des
ouvrages, dans les endroits le plus à portée et le moins dom-
mageables.

L'indication des lieux sera préalablement faite par les ingénieurs ou conducteurs, ou par les commissaires voyers ou les
Maires, suivant les cas, après avoir entendu les propriétaires
intéressés, auxquels il sera payé, lorsqu'il appartiendra, une
juste et préalable indemnité *(traité des chemins)*.

5. — Les mêmes entrepreneurs pourront prendre et enlever
gratuitement, en vertu d'une simple autorisation du Maire,
les pierres et les cailloux qu'ils trouveront dans les champs non
clos ni ensemensés à portée des travaux. Les propriétaires ne
pourront s'opposer à cet enlévement sous peine d'amende depuis six francs jusqu'à quinze francs inclusivement. A l'égard
des terrains clos ou ensemensés, cet enlèvement ne pourra a-
voir lieu qu'en vertu d'une autorisation du Préfet : les entrepreneurs seront toujours responsables des dommages causés
(idem).

6. — D'après l'article 13 de la loi du 28-30 avril 1790, un terrain est réputé clos lorsqu'il est entouré d'un mur ou d'une haie vive ; quant aux termes : *clôture équivalente, suivant les usages du pays*, le Conseil d'état a plusieurs fois décidé que ces mots devaient être pris à la lettre et dans un sens très- restreint.

7. — Les terrains occupés pour prendre les matériaux nécessaires aux routes et aux constructions publiques, pourront être payés aux propriétaires comme s'ils eussent été pris pour la route même.

Il n'y aura lieu à faire entrer dans l'estimation la valeur des matériaux à extraire que dans les cas où l'on s'emparerait d'une carrière déjà en exploitation ; alors lesdits matériaux seront é-valués d'après leur prix courant, abstraction faite de l'existence et des besoins de la route pour laquelle ils seraient pris, ou des constructions auxquelles on les destine (*loi du 16 septembre 1807, art.* 55).

8. — Pour asseoir les bases de l'indemnité, il s'agira donc d'examiner d'abord si la carrière de laquelle auront été extraits les matériaux, était ou n'était pas en état d'exploitation au moment de cette extraction. Or, un décret du 6 septembre 1813 ne considère une carrière en état d'exploitation qu'autant que le propriétaire en tire un revenu assuré ; mais un arrêt du conseil d'état, du 1ᵉʳ mars 1826, a décidé qu'il suffisait pour cela que le propriétaire en ait tiré des matériaux pour son propre usage.

9. — Lors donc qu'une carrière est déjà ouverte ou en état d'exploitation, le réglement de l'indemnité ne peut donner lieu à aucune difficulté, puisque, dans ce cas, les matériaux qui en sont extraits, pour les routes ou les constructions publiques, doivent être payés aux propriétaires au prix du commerce.

10. — L'indemnité pour droit de carrière sera déterminée, savoir : à l'égard des carrières ouvertes, suivant le prix ordinaire des lieux, ou d'après l'usage ; et à défaut d'usage établi, à raison d'une charretée pour vingt ; quant aux carrières à ouvrir et à rouvrir, ou à décombrer, l'indemnité sera fixée à raison d'une charretée pour quarante (*traité des chemins*).

11. — L'article 55 de la loi du 16 septembre 1807, déjà cité, dispose que les terrains occupés *peuvent* être payés comme s'ils étaient pris pour la route même. Le propriétaire ne peut donc exiger pour le terrain fouillé, au delà de la valeur réelle de ce terrain ; et lorsqu'un entrepreneur consent à allouer ce prix, c'est la part la plus large que le propriétaire puisse demander, mais à laquelle il ne saurait toujours prétendre. Il est bien rare, en effet, que le dommage causé à la propriété enlève toute valeur au terrain fouillé. Lorsqu'il en est ainsi, l'indemnité doit représenter : 1° le dommage souffert pour privation de jouissance ; 2° les frais que doit nécessiter la remise dans leur état premier de culture des fonds détériorés par les effets de la fouille. Cette indemnité est encore égale à la différence entre le prix du terrain dans son premier état et sa valeur dans l'état où le laisse l'entrepreneur, différence augmentée de l'indemnité pour privation de jouissance.

12. — On a élevé la question de savoir si l'occupation de terrains pour l'extraction de matériaux nécessaires à la confection ou aux réparations des routes, était soumise aux formalités prescrites en matière d'expropriation pour cause d'utilité publique.

Les lois de 1807, 1810 et 1833 n'exigent l'observation de ces formalités que lorsque l'État devient propriétaire, pour cause d'utilité publique, d'un immeuble appartenant à un particulier.

L'article 55 de la première de ces lois lui réserve la faculté d'acheter le terrain qui renferme les matériaux nécessaires à la confection ou réparation des routes ; mais il peut n'en pas user et se borner à faire faire par l'entrepreneur l'extraction de ces matériaux. Dans le dernier cas, la propriété ne change pas de mains, et il n'y aurait lieu à remplir les formalités exigées par la loi de 1833, que s'il usait de la faculté que lui donne l'article 55 de la loi du 16 septembre 1807.

C'est ce qui a été jugé par un arrêt du conseil d'État, du 25 avril 1820.

13. — Le paiement de l'indemnité ne peut être exigé préalablement, si, en effet, dans le silence de la loi, on considère le caractère seul des faits qui y donneraient lieu, on comprend que le dommage à causer à la propriété ne pouvant être apprécié qu'à la fin des travaux, l'indemnité ne pourrait précéder le dommage ; seulement, il arrive quelquefois que, par une précaution en faveur des propriétaires, l'administration exige une consignation de la part de l'entrepreneur.

14. — Le conseil de préfecture prononcera sur les réclamations des particuliers qui se plaindront de torts et de dommages provenant du fait personnel des entrepreneurs, et non du fait de l'administration.

Le conseil de préfecture prononcera sur les demandes et contestations concernant les indemnités dues aux particuliers, à raison des terrains pris ou fouillés pour la confection des chemins, canaux et autres ouvrages publics (*Loi du* 28 *pluviôse an* 8 , *art.* 4).

15. — Il ne faut pas confondre les réclamations pour dommages provenant du fait de l'administration, avec celles auxquelles donne lieu le fait des entrepreneurs de travaux publics; les premières, dérivant d'actes purement administratifs, ne sont pas de la compétence du conseil de préfecture, qui, au contraire, connaît des secondes (*Traité des Chemins*).

16. — Les experts pour l'évaluation des indemnités relatives à une occupation de terrain, dans les cas prévus au présent titre, seront nommés, pour les objets de travaux de grande voirie, l'un par le propriétaire, l'autre par le préfet ; et le tiers-expert, s'il en est besoin, sera de droit l'ingénieur en chef du département. Lorsqu'il y aura des concessionnaires, un expert sera nommé par le propriétaire, un par le concessionnaire, et le tiers-expert par le préfet (*Loi du* 16 *septembre* 1807, *art.* 56).

17. — Le contrôleur et le directeur des contributions directes donneront leur avis sur le procès-verbal d'expertise, qui sera soumis par le préfet à la délibération du conseil de préfecture ; le préfet pourra, dans tous les cas, faire faire une nouvelle expertise (*idem* , *art.* 57).

18. — Une expertise, dans laquelle les intérêts du propriétaire et ceux de l'entrepreneur seront représentés chacun par un délégué, telle est donc la forme établie par la loi pour parvenir à l'appréciation de l'indemnité, lorsque le propriétaire et l'entrepreneur, après s'être abouchés, n'ont pu parvenir à s'entendre.

19. — L'administration nomme le plus souvent l'expert qui doit représenter les intérêts de l'entrepreneur ; lorsqu'elle lui laisse ce soin, c'est en supposant qu'elle trouvera chez lui du bon vouloir. S'il ne répond pas à cette attente, elle reprend ses droits et nomme cet expert.

D'un autre côté, lorsque, sommé par le maire de nommer un représentant de ses intérêts dans un court délai, le propriétaire n'a pas répondu à cette invitation, l'expert de l'entrepreneur doit se livrer seul à ses opérations. Dès que son procès-verbal est remis au préfet, ce fonctionnaire le fait notifier au propriétaire pour qu'il fournisse ses observations dans un bref délai, et, à l'expiration de ce délai, son silence est considéré comme un acquiescement à l'expertise.

20. Afin de donner à toutes ces opérations un caractère d'authenticité, il convient que tout arrangement à l'amiable, ou le choix des experts, et même la fixation de leurs réunions soient faits en présence du maire, qui en dresse un procès-verbal qu'il conserve à la mairie pour y être recouru au besoin.

21. — Lorsque les experts ne se sont pas accordés, ou que, sur les observations du propriétaire ou de l'entrepreneur, le préfet ou le conseil de préfecture juge que les opérations des experts doivent être annulées, l'ingénieur en chef peut être appelé à servir de tiers-expert, ou une nouvelle expertise peut être ordonnée ; le préfet, tout comme le conseil de préfecture, peut prescrire ce complément d'instruction.

22. — D'après l'arrêté du 1er pluviôse an 12, maintenu par un avis du conseil d'État, du 12 février 1819, les ouvriers et fournisseurs de matériaux sont créanciers privilégiés des entrepreneurs. Ce décret divise en deux classes les créanciers des entrepreneurs et adjudicataires des travaux publics : la première, qui se compose des ouvriers et fournisseurs de matériaux et autres objets servant à la confection des travaux ; et la deuxième, des créanciers particuliers pour tous autres objets étrangers aux travaux.

D'après les articles 3 et 4 de ce décret et une lettre du Ministre de la justice du 27 mars 1806, les sommes dues aux créanciers de la première classe peuvent seules être saisies et arrêter le paiement d'à-compte à faire aux entrepreneurs ou adjudicataires ; les oppositions faites par les créanciers de la seconde classe ne peuvent porter que sur les sommes dues pour solde des entrepreneurs ou adjudicataires, après la réception définitive des ouvrages.

Si, sur les paiements de solde à faire aux entrepreneurs ou adjudicataires, il existe des oppositions formées par des créanciers privilégiés et par des créanciers particuliers, les créanciers

privilégiés sont d'abord remplis du montant de leurs créances,
et les créanciers particuliers ne peuvent prétendre qu'à la portion restante.

Les oppositions sur les sommes que doit toucher l'entrepreneur, en vertu des mandats du Préfet, doivent être formées
dans les mains du Payeur du département.

23. L'arrêt de 1755 et la loi de 1807 ne prévoient que les
cas principaux d'occupation temporaire des terrains; mais le
Conseil d'état en a étendu, par analogie, les dispositions aux
cas particuliers non prévus ; c'est ainsi que l'ouverture des
chemins pour l'exploitation des carrières et le transport des
matériaux sur la route, est régie par les mêmes règles que les
extractions mêmes.

24. — Il semblerait, d'après ce que nous avons dit plus
haut, qu'il ne devrait jamais s'élever de difficultés sur le mode
de réglement de l'indemnité ; cependant il n'en est pas ainsi,
et il est fort rare qu'une expertise satisfasse également l'une et
l'autre partie. D'un côté, l'entrepreneur montre quelquefois de
la mauvaise volonté à payer au propriétaire la juste indemnité
du dommage causé au terrain dans lequel il a puisé les matériaux nécessaires à son entreprise ; tandis que d'un autre côté,
les prétentions du propriétaire sont aussi souvent exagérées.
On ne doit jamais perdre de vue que le gouvernement n'accorde à un entrepreneur qu'une somme déterminée par le devis
pour indemnités de toute espèce ; qu'il n'est dès lors pas juste
que le propriétaire exige la même indemnité, surtout s'il ne
fournit que la carrière et que l'entrepreneur soit obligé de passer sur une autre propriété pour transporter les matériaux,
puisque ce dernier serait alors dans la nécessité de payer une
indemnité double de celle qu'il reçoit lui-même. Il ne faut pas
toutefois non plus que le propriétaire supporte l'inconvénient
du plus ou moins de longueur de propriété dont l'entrepreneur

aurait à payer l'indemnité pour passage ; il doit toujours recevoir la juste indemnité des matériaux extraits de sa carrière.

Les experts ne doivent donc jamais prendre pour base de l'indemnité à payer au propriétaire celle que le gouvernement alloue à l'entrepreneur, attendu que souvent elle ne suffirait pas au paiement du dommage occasioné aux récoltes par le passage des matériaux et à celui du droit de carrière. La seule règle qui nous paraisse équitable est d'accorder au propriétaire de la carrière un dixième de tous les matériaux exploités dans sa propriété, et à celui qui fournit le passage cinq centimes par mètre carré de terrain ensemencé. Si le terrain était en jachère, le propriétaire ne pourrait exiger de l'entrepreneur que le labour de la portion du sol sur laquelle a été établi le passage ; mais l'indemnité devrait être portée à dix centimes par mètre carré si le terrain était complanté en vigne.

Nous ferons observer que dans le dixième accordé au propriétaire de la carrière, se trouve comprise toute indemnité, soit pour perte de récolte, soit pour passage, pourvu toutefois que ce passage n'occupe qu'une superficie de trois ares, en y comprenant l'emplacement du dépôt, lorsque ce dépôt est établi hors de la carrière. Si la contenance occupée excédait trois ares, l'indemnité telle que nous venons de l'indiquer, devrait, en outre, être accordée au propriétaire pour chaque mètre carré en sus de cette contenance.

Si la carrière était limitrophe d'une autre propriété sur laquelle le propriétaire n'aurait aucun droit de passage, l'entrepreneur n'en devrait pas moins être tenu de lui donner le dixième, comme s'il fournissait les trois ares dont il vient d'être parlé, bien qu'il eût à payer d'ailleurs l'indemnité de passage au propriétaire voisin.

Nous allons faire connaître sur quelles bases nous avons fixé l'indemnité au dixième, afin que l'on puisse bien se convaincre que cette indemnité concilie tous les intérêts.

L'expérience a prouvé qu'un mètre cube de rocher donne, déchet déduit, 0,60 de pierre de taille ou 1,60 de moellon.

Le prix brut ordinaire d'un mètre cube est de 12 fr. 50 cent. pour la pierre de taille et de 1 fr. 25 cent. pour le moellon.

Le dixième pour droit de carrière de la pierre de taille est de 1 fr. 25 cent et pour le moellon ordinaire de 0,125.

PRODUIT D'UN ROCHER ORDINAIRE EXPLOITÉ EN PIERRE DE TAILLE.	NOMBRE de mètres cubes.	MONTANT de l'indemnité.
Si le banc a 1,00 d'épaisseur,		
Un are donnera..	60,00	75,00
Dix ares donneront.. . . :	600,00	750,00
Un hectare donnera..	6000,00	7500,00
Si le banc a 1,50 d'épaisseur,		
Un are donnera..	90,00	112,50
Dix ares donneront..	900,00	1125,00
Un hectare donnera..	9000,00	11250,00
Si le banc a 2,00 d'épaisseur,		
Un are donnera.. . , ...	120,00	150,00
Dix ares donneront..	1200,00	1500,00
Un hectare donnera..	12000,00	15000,00

PRODUIT D'UN ROCHER ORDINAIRE EXPLOITÉ EN MOELLON.	NOMBRE de mètres cubes.	MONTANT de l'indemnité.
Si le banc a 1,00 d'épaisseur,		
Un are donnera.	160,00	20.00
Dix ares donneront.	1600,00	200,00
Un hectare donnera.	16000,00	2000,00
Si le banc a 1,50 d'épaisseur,		
Un are donnera.	240.00	30,00
Dix ares donneront.	2400.00	300.00
Un hectare donnera..	24000,00	3000,00
Si le banc a 2,00 d'épaisseur,		
Un are donnera.	320,00	40,00
Dix ares donneront.	3200,00	400,00
Un hectare donnera..	32000,00	4000,00

Si les bancs de rocher n'ont quelquefois qu'un mètre d'épaisseur, souvent aussi ils ont deux mètres et davantage. En prenant donc 1,50 pour l'épaisseur moyenne, on peut voir, d'après le second des deux tableaux qui précèdent, que le droit de carrière, établi à raison du dixième, porte le terrain aux taux de 300 fr. les dix ares ou 3,000 fr. l'hectare, indépendamment de l'augmentation résultant de la pierre de taille que la carrière pourra fournir et de la valeur du sol qui demeure au propriétaire du terrain exploité.

Si l'exploitation donnait plus de pierre de taille que de moëllon, le revenu de la carrière serait bien plus considérable; ce qui, au surplus, doit être tout à fait indifférent à celui qui a besoin d'exploiter les matériaux. Peu vous importe, en effet, que j'aie dans ma propriété une mine d'or ou une mine de cuivre : si vous n'avez besoin que de la mine de cuivre, vous ne payerez pas autant que celui qui a besoin de la mine d'or. De même, si vous avez besoin de pierre de taille et que ma carrière puisse vous la fournir, vous devez me payer une indemnité plus forte que si vous ne sortiez que du moëllon, par la raison que le moëllon n'a pas la même valeur que la pierre de taille. Or, comme il est de l'intérêt de tout entrepreneur de ne point exploiter en moëllon une carrière de pierre de taille, attendu la perte qui en résulterait pour lui, j'attendrai que ma carrière soit exploitée pour la qualité de matériaux qu'elle peut fournir, et lorsque l'occasion s'en présentera, j'exigerai une indemnité du dixième de la valeur de ces matériaux, tout comme mon voisin l'aura exigée pour sa carrière de moëllon. Mes prétentions à cet égard ne sauraient être raisonnablement repoussées.

La fixation de l'indemnité de carrière au dixième des matériaux extraits, semble donc la seule règle qui doive être équitablement appliquée, tant dans l'intérêt du propriétaire que dans celui de l'entrepreneur.

Si l'entrepreneur autorisé à exploiter une carrière livrait au commerce les matériaux destinés aux routes ou aux constructions publiques, il y aurait lieu de lui appliquer les dispositions de l'arrêt du conseil du 7 septembre 1755, et de lui faire payer lesdits matériaux aux prix courants.

CHAPITRE VIII.

CONTRAVENTIONS EN MATIÈRE DE GRANDE VOIRIE.

1. — Lorsque des dégradations ou d'autres actes contraires aux lois et aux réglements ont été commis sur la voie publique, les auteurs de ces dégradations doivent être condamnés à les réparer et à supporter toutes les dépenses qu'elles ont nécessitées (*manuel des chemins vicinaux*).

2. — Quiconque aura anticipé sur la voie publique ou en aura dégradé le sol, sera puni d'une amende (*Décret de* 1811, *art.* 114). La détermination de l'amende est abandonnée au conseil de préfecture (*idem*).

3. — Quiconque aura, en tout ou en partie, comblé des fossés, détruit des clôtures, de quelques matériaux qu'elles soient faites, coupé ou arraché des haies vives ou sèches ; quiconque aura déplacé ou supprimé des bornes, ou pieds corniers, ou autres arbres plantés ou reconnus pour établir les limites entre différents héritages, sera puni d'un emprisonnement qui ne pourra être au-dessous d'un mois ni excéder une année, et d'une amende égale au quart des restitutions et des dommages-intérêts, qui, dans aucun cas, ne pourra être au-dessous de cinquante francs (*Code pénal, art.* 456).

4. — Seront punis d'amendes, depuis un franc jusqu'à cinq francs inclusivement, ceux qui auront embarrassé la voie publique, en y déposant ou y laissant sans nécessité, des matériaux ou des choses quelconques qui empêchent ou diminuent la liberté ou la sûreté du passage ; ceux qui , en contravention aux lois et réglements , auront négligé d'éclairer les matériaux par eux entreposés ou les excavations par eux faites dans les rues et places (*Code pénal, art.* 471, *n° 4*).

5. — Tout propriétaire qui sera reconnu avoir coupé sans autorisation, arraché ou fait périr les arbres plantés sur son terrain , sera condamné à une amende égale à la triple valeur de l'arbre détruit.

Les particuliers ne pourront procéder à l'élagage des arbres qui leur appartiendraient sur les grandes routes, qu'aux époques et suivant les indications contenues dans l'arrêté du préfet , et toujours sous la surveillance des agents des ponts-et-chaussées , sous peine de poursuites comme coupables de dommages causés aux plantations des routes (*Décret de* 1811, *art.* 105).

6. — Quiconque aura abattu un ou plusieurs arbres qu'il savait appartenir à autrui, sera puni d'un emprisonnement qui ne sera pas au-dessous de six jours ni au-dessus de six mois, à raison de chaque arbre, sans que la totalité puisse excéder cinq ans.

Les peines seront les mêmes à raison de chaque arbre mutilé, coupé ou écorcé de manière à le faire périr.

Le minimum de la peine sera de vingt jours , si les arbres étaient plantés sur les places , routes , chemins , rues ou voies publiques ou vicinales ou de traverse (*Code pénal, articles* 445 , 446 *et* 448).

7. — Il est défendu à tous particuliers de construire, reconstruire ou réparer aucun édifice, poser échoppes ou choses saillantes le long des routes , sans avoir obtenu un alignement et une permission, à peine de démolition des ouvrages , confiscation des matériaux et de trois cents francs d'amende ; et contre

les maçons , charpentiers ou ouvriers , de pareille amende, et même de plus grande peine en cas de récidive (*Arrêt du conseil de 1765, encore en vigueur*).

Il résulte de divers arrêts du conseil d'état, que lorsqu'un particulier a ajouté à un bâtiment existant des constructions, ou qu'il y a fait des réparations contraires aux réglements , on ne doit ordonner que la démolition des ouvrages construits en contravention à ces réglements.

Lorsqu'un particulier a fait , sans permission , des constructions qui auraient pu être autorisées , l'administration n'exige ordinairement pas la destruction des ouvrages, mais le contrevenant doit être puni de l'amende (*Traité des chemins*).

8. — Les cultivateurs ou tous autres qui auront dégradé ou détérioré, de quelque manière que ce soit, des chemins publics, en usurpant sur leur largeur, seront condamnés à la réparation ou à la restitution, et à une amende qui ne pourra être moindre de trois livres, ni excéder vingt-quatre livres (*Loi du 6 octobre 1791 , titre 2, art. 40*).

9. — Les arbres plantés sur les routes départementales et sur les terres riveraines desdites routes , pourront être abattus dans les cas prévus par l'article 99 du décret du 16 décembre 1811 , sur la seule autorisation des préfets (*Traité des chemins*).

10. — Les propriétaires sont responsables des contraventions aux lois de la grande voirie, commises par leurs ouvriers et locataires. La répression peut donc en être poursuivie contre les premiers , sauf leur recours contre ceux-ci (*arrêts du Conseil des 4 mai 1826 et 12 avril 1829*).

11. — Les travaux d'entretien , de curement et de réparation des fossés des grandes routes , ne peuvent être exécutés que sur les indications et alignements donnés par les agents

des ponts-et-chaussées ; et s'il est besoin d'alignements pour de simples travaux de réparation et de curement de fossés, il en doit être de même, à plus forte raison, lorsqu'il s'agit de l'établissement même des fossés.

C'est ce qui résulte de l'article 109 du décret du 16 décembre 1811.

Nous ferons d'ailleurs observer que, s'il survient quelques difficultés entre l'agent des ponts-et-chaussées et le propriétaire riverain, à l'occasion de l'établissement des fossés, ou sur leur entretien et curement, il doit y être statué par le Préfet (*Traité des chemins*).

12. — Il est nécessaire de se munir d'un alignement du Préfet pour pouvoir effectuer des plantations le long des routes (*art. 91 et 92 du décret du 16 décembre 1811, arrêts du Conseil des 25 avril 1828 et 8 novembre 1829*), et d'observer les distances prescrites (*arrêt du 9 juin 1830*).

13. — Seront punis d'une amende de onze à quinze francs inclusivement :

Ceux qui, hors les cas prévus depuis l'article 434, jusques et compris l'article 462, auront volontairement causé du dommage aux propriétés mobilières d'autrui ;

Ceux qui auront causé les mêmes accidents par la vétusté, la dégradation, le défaut de réparation ou d'entretien des maisons ou édifices, ou par l'encombrement ou l'excavation, ou telles autres œuvres, dans ou près les rues, chemins, places ou voies publiques, sans les précautions ou signaux ordonnés ou d'usage (*Code pénal, art. 479*).

14. — L'article 90 du décret du 16 décembre 1811 porte que les plantations seront faites à la distance d'un mètre au moins du bord extérieur des fossés, suivant l'essence des arbres, permettant de modifier ainsi, en cas de besoin, la distance fixée pour les plantations par l'arrêt de 1721.

15. — Il est défendu aux paveurs ou autres entrepreneurs d'enlever aucuns matériaux destinés aux ouvrages publics ; aux particuliers, de recevoir les voitures qui en seraient chargées ; à tous individus, de troubler les ouvriers travaillant pour le compte de l'administration, d'ouvrir des tranchées sur le pavé au travers des routes, d'endommager les bornes milliaires, d'étendre du linge aux arbres, enfin de commettre aucune dégradation quelconque (*Ord. des finances, du 2 août* 1774).

16. — La police de conservation des routes et chemins appartient aux préfets et aux maires ; ainsi, par exemple, les terres, les pierres ou les gazons des chemins publics ne peuvent être enlevés, sous aucun prétexte et en aucun cas, sans la permission du maire ou l'autorisation du sous-préfet. Ainsi, lorsqu'un propriétaire a besoin de faire lever du gazon pour ses jardins, il ne peut le faire sans que le maire lui ait désigné l'emplacement où il peut le prendre.

Les terres et matériaux qui appartiennent aux communes ne peuvent également être enlevés, que par suite d'un usage établi pour les besoins de l'agriculture, et qui n'aurait pas été aboli par le conseil-général (*Code de la propriété*).

17. — Il est défendu d'anticiper sur les routes par des labours ou autrement, et de planter des arbres à une distance moindre de six pieds (1^m 94^c) du bord extérieur des fossés ; de renverser aucune borne, etc. (*arrêt du Conseil, du* 17 *juin* 1821).

18. — Dans les grandes routes dont la largeur ne permet pas de planter sur le terrain de l'État, le riverain qui voudra planter des arbres sur son propre terrain, à moins de six mètres de distance de la route, est tenu d'en demander l'autorisation et l'alignement à la préfecture du département. Dans ce

cas, le propriétaire n'a pas besoin d'une permission pour disposer entièrement des arbres qu'il aura plantés (*loi du 9 ventôse an* XIII).

CHAPITRE IX.

POLICE DU ROULAGE, CHARGEMENT DES VOITURES, FORME ET LARGEUR DES ROUES.

1. — Pendant long-temps la police des grandes routes a été totalement négligée; les précautions sages que l'expérience avait fait établir pour leur conservation ont été oubliées; le sol même consacré à la voie publique n'a point été respecté; et souvent on a vu des particuliers, profitant du silence momentané des lois, s'y permettre les anticipations les plus répréhensibles.

Partout, également, les lois relatives aux alignements sont restées sans vigueur et sans exécution; et il en est résulté des inconvénients d'autant plus graves que les effets en sont plus durables.

Partout, enfin, les réglements qui fixaient le poids des voitures sont tombés dans la désuétude la plus absolue; et c'est à cet oubli funeste que l'on peut attribuer la cause principale de la détérioration des routes (*Circulaire du directeur-général des ponts-et-chaussées aux préfets, du 30 messidor an* X).

2. — Une loi du 3 nivôse an vi a rétabli la police du roulage ; mais ce n'est que celle du 29 floréal an x qui a réellement, la première, réglé cette matière depuis la révolution (*Traité des chemins*).

3. — Une seconde loi du 7 ventôse an xii changea le système qui avait servi de base à la précédente, et en adopta un composé mi-partie de celui de cette loi et des anciens réglements (*idem*).

4. — Les dispositions de ces deux lois, et notamment de la dernière, annonçaient assez qu'elles n'étaient que des essais ; mais un décret du 23 juin 1806, tout en laissant encore beaucoup à désirer, a réglé définitivement cette matière et produit d'assez bons effets.

Ce décret abroge la loi précédente qui proportionnait la largeur des jantes au nombre de chevaux dont était attelée la voiture de roulage. Aujourd'hui, il est permis d'y atteler autant de chevaux que l'on veut ; la largeur des jantes n'est plus proportionnée qu'au poids de chargement ; c'est d'ailleurs ce qu'ont décidé deux arrêts du conseil, des 7 mars 1821 et 19 mars 1823 (*idem*).

5. — Le poids des voitures de roulage, compris voiture, chargement, paille, corde, bache, est fixé ainsi qu'il suit :

Pendant cinq mois, à compter du 1er novembre jusqu'au 1er avril, le poids des charrettes et voitures à deux roues, avec des bandes de 11 centimetres de largeur, ne pourra excéder . . . . 2,200 kil.
Bandes de 14 centimètres. 3,400
Bandes de 17 centimètres. 4,800
Bandes de 25 centimètres. 6,800

Pendant les sept autres mois de l'année, le poids des charrettes à bandes de 11 centim. ne pourra excéder. .   2,700 kil.

Bandes de 14 centimètres.   4,100

Bandes de 17 centimètres.   5,800

Bandes de 25 centimètres.   8,200

Pendant les cinq mois, à compter du 1er novembre jusqu'au 1er avril, le poids des chariots ou voitures à quatre roues et à voies égales, avec bandes de 11 centimètres, ne pourra excéder..   3,300

Bandes de 14 centimètres.   4,700

Bandes de 17 centimètres.   6,700

Bandes de 22 centimètres.   8,700

Pendant les sept autres mois, le poids des chariots à bandes de 11 centimètres ne pourra excéder. . . . . .   4,000 kil.

Bandes de 14 centimètres.   5,700

Bandes de 17 centimètres.   8,100

Bandes de 22 centimètres.   9,600

6. — L'article 4 fait une exception en faveur des chariots dont les voies sont inégales, c'est-à-dire lorsque la voie de derrière excède celle de devant dans les proportions suivantes ; et que ces proportions se trouvent également entre la longueur des essieux d'une échantignole à l'autre.

Pendant les cinq mois d'hiver, chariots, bandes de 11 centimètres, avec excès de largeur, pour la voie de derrière, de 12 centimètres.. . . . .   3,700 kil.

Bandes de 14 centim., excès de largeur, 16. .   5,200

Bandes de 17 centim., excès de largeur, 19. .   7,400

Bandes de 22 centim., excès de largeur, 24. .   9,500

Les mêmes chariots, pour les sept mois d'été et avec les excès de largeur de voie ci-dessus déterminés :

Bandes de 11 centimètres.. . . . .   4,400 kil.

Bandes de 14 centimètres..   6,200

Bandes de 17 centimètres..   8,800

Bandes de 22 centimètres.. . . . .   11.400

7. — Par l'article 5, il est accordé une tolérance sur le poids ci-dessus fixé des charrettes et chariots, pour suppléer au cas où les roues et les voitures seraient surchargées de boue, et où leur bachage et même leur chargement seraient imprégnés d'eau.

La tolérance est uniforme pour toutes les saisons et pour toutes les largeurs de bandes ; elle est fixée à deux cents kilogrammes pour les charrettes, et à trois cents pour les chariots.

8. — Par l'article 6, le poids des voitures publiques, diligences, messageries, fourgons, allant en poste ou avec relais, berlines, est fixé pour toute l'année ainsi qu'il suit :

Avec bandes de 6 centimètres. . . . . 2,000 kil.
De 7. 2,300
De 8. 2,600
De 9. 2,900
De 10. 3,200
De 11. 3,400

Les fourgons marchant avec relais, quelle que soit la nature de leur chargement, c'est-à-dire qu'ils transportent des marchandises ou des voyageurs, ne peuvent jamais excéder ce poids (*Arrêt du conseil d'État, du 25 avril* 1828).

9. — La tolérance sur le poids des voitures publiques pour les causes exprimées dans l'article 4 du décret du 23 juin 1806, est fixée, par l'article 7 du même décret, à cent kilogrammes pour chaque voiture.

10. — L'article 8 dispose que le poids des voitures employées à la culture des terres, au transport des récoltes, à l'exploitation des fermes, et qui, par l'article 8 de la loi du 7 ventôse an 12, sont exceptées de l'obligation d'avoir des roues à jantes larges, ne pourra, lorsqu'elles fréquenteront les grandes routes, excéder dans aucun cas quatre mille kilogrammes, chargement compris.

11. — L'article 9 fait exception à ces dispositions pour les objets indivisibles, tels que pierres, marbres, arbres et autres objets dont le poids ne peut être diminué ; lesquels peuvent être transportés par des voitures dont la dimension des jantes serait inférieure aux largeurs déterminées.

Néanmoins, les préfets sont autorisés à appliquer les dispositions de ce décret aux voitures habituellement employées à l'exploitation des carrières et à celles des forêts. Les propriétaires de ces voitures sont tenus d'obtempérer aux réglements des préfets, sous les peines portées par la loi du 7 ventôse an 12.

12. — D'après les articles 16 et 17, la longueur des essieux de toute espèce de voitures, même de culture et labourage, ne peut jamais excéder deux mètres cinquante centimètres entre les deux extrémités ; et chaque bout ne peut saillir au-delà des moyeux de plus de six centimètres. Quant aux voitures qui sont construites sur des voies inégales, l'essieu de derrière ne peut excéder les proportions ci-dessus déterminées, et celui de devant doit être raccourci de la quantité nécessaire pour établir l'inégalité de la voie.

13. — Les défenses d'employer des clous à tête de diamant sont renouvelées par l'article 18 : tout clou des bandes doit être rivé à plat, et ne peut, lorsqu'il est posé à neuf, former une saillie de plus d'un centimètre.

14. — Les amendes pour contraventions aux réglements sur le poids des voitures et la police du roulage, sont réglées par le titre 7 dudit décret ; en voici les dispositions :

Art. 27. Les contraventions relatives au poids des voitures pour excès de chargement au-delà des quantités réglées par le présent décret, seront punies des amendes prononcées par la loi du 29 floréal an 10, article 4, ainsi qu'il suit :

Pour excès de chargement :

De 20 à 60 myriagrammes. . . . . 25 fr.
De 60 à 120. 50
De 120 à 180. 75
De 180 à 240. 100
De 240 à 300. 150
Et au-dessus de 300. 300

Art. 28. Les contraventions à la longueur des essieux seront punies de l'amende de quinze francs, conformément à ce qui est ordonné par le réglement du 4 mai 1624.

Art. 29. Les contraventions sur le fait des clous des bandes seront punies de l'amende de quinze francs, conformément à l'article 7 de l'arrêt du conseil d'État, du 28 décembre 1783.

Art. 30. L'époque fixée par la loi pour le paiement du double droit de taxe des routes, est prorogée jusqu'au 22 septembre prochain.

Art. 31. Attendu que la loi du 24 avril dernier a supprimé les barrières et la perception de la taxe d'entretien des routes à compter du 22 septembre prochain, la peine de la double taxe mentionnée en l'article précédent sera, à partir dudit jour 22 septembre, remplacée par une amende de trente francs pour chaque contravention constatée par procès-verbaux rédigés, soit au passage sur les ponts à bascule, soit sur tout autre point des grandes routes parcourues par les rouliers en fraude.

L'amende sera encourue et répétée toutes les fois que la contravention aura été constatée, pourvu qu'il se soit écoulé quatre jours entre le précédent procès-verbal et le suivant.

15. — L'article 34 oblige tout propriétaire de voitures de roulage de faire peindre sur une plaque de métal, en caractères apparents, son nom et son domicile : cette plaque doit être clouée en avant de la roue et au côté gauche de la voiture ; et

ce, à peine de vingt-cinq francs d'amende ; l'amende est double, si la plaque porte, soit un nom, soit un domicile faux ou supposé.

16. — Enfin, l'article 35 punit d'une amende de cent francs, sans préjudice des dommages-intérêts, et de poursuites extraordinaires s'il y a lieu, toute insulte ou mauvais traitements envers les préposés au service des ponts à bascule.

17. — D'après une ordonnance du 20 juin 1821, le chargement de toute voiture à jantes de largeur inégale ne peut excéder le poids déterminé pour la dimension des jantes les plus étroites par le décret de 1806 ; en conséquence, l'excédant est réputé surcharge, et le délinquant paie d'après la loi.

Outre l'amende, et lorsqu'il s'agit d'une voiture dont la circulation est interdite, les roues doivent être brisées.

La disposition des réglements qui veut que l'amende soit encourue et répétée toutes les fois que la contravention aura été constatée, pourvu qu'il se soit écoulé quatre jours entre le premier procès-verbal et le suivant, ne s'applique point aux contraventions pour excès de chargement (*arrêt du Conseil du 2 décembre* 1829).

D'après les lois et réglements sur la police du roulage, les amendes doivent être consignées, et ne sont définitivement acquises à l'État que quand elles ont été prononcées par des jugements qui ne sont plus susceptibles d'être attaqués : par conséquent, lorsque les réclamants se sont pourvus en temps utile contre les décisions du conseil de préfecture, et qu'ils étaient en appel devant le conseil d'État, à l'époque où a été promulguée l'ordonnance d'amnistie sur les contraventions de voirie, ils sont aptes à profiter du bénéfice de cette amnistie (*arrêt du Conseil du 20 juillet* 1832).

En cette matière, les amendes sont fixes et ne peuvent être

modérées par le conseil de préfecture (*arrêt du Conseil du 21 juin 1826*).

18. — L'ordonnance royale du 23 décembre 1816, relative à l'établissement des barrières de dégel, contient, sur les peines et amendes applicables en cas de contravention à ladite ordonnance, les dispositions suivantes :

Art. 4. Toute voiture prise en contravention aux dispositions de la présente ordonnance, sera arrêtée et les chevaux mis en fourrière dans l'auberge la plus prochaine; le tout sans préjudice de l'amende qui pourra être prononcée conformément à l'article 7.

Art. 7. Les contraventions pour excès de chargement au temps de dégel, dans la circonscription marquée par les barrières, entrainant la dégradation des routes, donneront lieu à l'amende à titre de dommage, en vertu des articles 4 et 5 de la loi du 29 floréal an x.

Conformément à ladite loi, elle sera prononcée administrativement par le conseil de préfecture.

Art. 8. Indépendamment de ladite amende infligée à titre de dommage, le contrevenant sera traduit devant le tribunal de police pour y être puni, s'il y a lieu, conformément à l'article 476 du code pénal.

CHAPITRE X.

LOI SUR L'EXPROPRIATION POUR CAUSE D'UTILITÉ PUBLIQUE.

(Du 7 juillet 1833, modifiée par celle du 3 mai 1841.)

TITRE I.er

DISPOSITIONS PRÉLIMINAIRES.

1. — L'expropriation pour cause d'utilité publique s'opère par autorité de justice.

2. — Les tribunaux ne peuvent prononcer l'expropriation qu'autant que l'utilité en a été constatée dans les formes prescrites par la présente loi.

Ces formes consistent :

1° Dans la loi ou l'ordonnance royale qui autorise l'exécution des travaux pour lesquels l'expropriation est requise ;

2° Dans l'acte du Préfet qui désigne les localités ou territoires sur lesquels les travaux doivent avoir lieu, lorsque cette désignation ne résulte pas de la loi ou de l'ordonnance royale ;

3° Dans l'arrêté ultérieur par lequel le Préfet détermine les propriétés particulières auxquelles l'expropriation est applicable.

Cette application ne peut être faite à aucune propriété particulière, qu'après que les parties intéressées ont été mises en état d'y fournir leurs contredits selon les règles exprimées au titre II.

5. — Tous grands travaux publics, routes royales, canaux, chemins de fer, canalisation de rivières, bassins et docks, entrepris par l'État, les départements, les communes ou par compagnies particulières, avec ou sans péage, avec ou sans subside du trésor, avec ou sans aliénation du domaine public, ne pourront être exécutés qu'en vertu d'une loi, qui ne sera rendue qu'après une enquête administrative.

Une ordonnance royale suffira pour autoriser l'exécution des routes départementales, celle des canaux et chemins de fer d'embranchement de moins de vingt mille mètres de longueur, des ponts et de tous autres travaux de moindre importance.

Cette ordonnance devra également être précédée d'une enquête.

Ces enquêtes auront lieu dans les formes déterminées par un règlement d'administration publique.

TITRE II.

DES MESURES D'ADMINISTRATION RELATIVES A L'EXPROPRIATION.

4. — Les ingénieurs ou autres gens de l'art, chargés de l'exécution des travaux, lèvent, pour la partie qui s'étend sur chaque commune, le plan parcellaire des terrains ou des édifices dont la cession leur parait nécessaire.

5. — Le plan desdites propriétés particulières, indicatif des noms de chaque propriétaire, tels qu'ils sont inscrits sur la matrice des rôles, reste déposé pendant huit jours, à la mairie de la commune où les propriétés sont situées, afin que chacun puisse en prendre connaissance.

6. — Le délai fixé à l'article précédent ne court qu'à dater de l'avertissement, qui est donné collectivement aux parties intéressées, de prendre communication du plan déposé à la mairie.

Cet avertissement est publié à son de trompe ou de caisse dans la commune, et affiché, tant à la principale porte de l'église du lieu qu'à celle de la maison commune.

Il est en outre inséré dans l'un des journaux publiés dans l'arrondissement ; ou s'il n'en existe aucun, dans l'un des journaux du département.

7. — Le maire certifie ces publications et affiches ; il mentionne sur un procès-verbal qu'il ouvre à cet effet, et que les parties qui comparaissent sont requises de signer, les déclarations et réclamations qui lui ont été faites verbalement, et y annexe celles qui lui sont transmises par écrit.

8. — A l'expiration du délai de huitaine prescrit par l'article 5, une commission se réunit au chef-lieu de la Sous-Préfecture.

Cette commission, présidée par le Sous-Préfet de l'arrondissement, sera composée de quatre membres du Conseil général du département ou du Conseil de l'arrondissement désignés par le Préfet, du Maire de la commune où les propriétés sont situées, et de l'un des Ingénieurs chargés de l'exécution des travaux.

La commission ne peut délibérer valablement qu'autant que cinq de ses membres au moins sont présents.

Dans le cas où le nombre des membres présents serait de six, et où il y aurait partage d'opinions, la voix du président sera prépondérante.

Les propriétaires qu'il s'agit d'exproprier ne peuvent être appelés à faire partie de la commission.

9. — La commission reçoit, pendant huit jours, les observations des propriétaires.

Elle les appelle toutes les fois qu'elle le juge convenable ; elle donne son avis.

Ses observations doivent être terminées dans le délai de dix jours ; après quoi le procès-verbal est adressé immédiatement par le sous-préfet au préfet.

Dans le cas où lesdites opérations n'auraient pas été mises à fin dans le délai ci-dessus, le sous-préfet devra, dans les trois jours, transmettre au préfet son procès-verbal et les documents recueillis.

10. — Si la commission propose quelque changement au tracé indiqué par les ingénieurs, le sous-préfet devra, dans la forme indiquée par l'article 6, en donner immédiatement avis aux propriétaires que ces changements pourront intéresser. Pendant huitaine, à partir de cet avertissement, le procès-verbal et les pièces resteront déposés à la sous-préfecture ; les parties intéressées pourront en prendre communication sans déplacement et sans frais, et fournir leurs observations écrites.

11. — Sur le vu du procès-verbal et des documents y annexés, le préfet détermine, par un arrêté motivé, les propriétés qui doivent être cédées, et indique l'époque à laquelle il sera nécessaire d'en prendre possession. Toutefois, dans le cas où il résulterait de l'avis de la commission qu'il y aurait lieu de modifier le tracé des travaux ordonnés, le préfet surseoira jusqu'à ce qu'il ait été prononcé par l'administration supérieure.

L'administration supérieure pourra, suivant les circonstances, ou statuer définitivement, ou ordonner qu'il soit procédé de nouveau à tout ou partie des formalités prescrites par les articles précédents.

12. — Les dispositions des articles 8 , 9 et 10 ne sont point applicables aux cas où l'expropriation serait demandée par une commune, et dans un intérêt purement communal, non plus qu'aux travaux d'ouverture ou de redressement des chemins vicinaux.

Dans ce cas, le procès-verbal prescrit par l'article 7 est transmis, avec l'avis du conseil municipal, par le maire au sous-préfet, qui l'adressera au préfet avec ses observations.

Le préfet, en conseil de préfecture, sur le vu de ce procès-verbal, et sauf l'approbation de l'administration supérieure, prononcera comme il est dit en l'article précédent.

TITRE 3.

DE L'EXPROPRIATION ET DE SES SUITES QUANT AUX PRIVILÉGES, HYPOTHÈQUES ET AUTRES DROITS RÉELS.

13. — Si des biens de mineurs, d'interdits, d'absents, ou autres incapables, sont compris dans les plans déposés en vertu de l'article 5, ou dans les modifications admises par l'administration supérieure aux termes de l'article 11 de la présente loi, les tuteurs, ceux qui ont été envoyés en possession provisoire, et tous représentants des incapables, peuvent, après autorisation du tribunal donnée sur simple requête, en la chambre du conseil, le ministère public entendu , consentir amiablement à l'aliénation desdits biens.

Le tribunal ordonne les mesures de conservation ou de remploi qu'il juge nécessaires.

Ces dispositions sont applicables aux immeubles dotaux et aux majorats.

Les préfets pourront, dans le même cas , aliéner les biens des départements, s'ils y sont autorisés par délibération du conseil général ; les maires ou administrateurs pourront aliéner les biens des communes ou établissements publics, s'ils y sont autorisés par délibération du conseil municipal ou du bureau d'administration, approuvée par le préfet en conseil de préfecture.

Le ministre des finances peut consentir à l'aliénation des biens de l'État, ou de ceux qui font partie de la dotation de la couronne, sur la proposition de l'intendant de la liste civile.

A défaut de conventions amiables avec les propriétaires des terrains ou bâtiments dont la cession est reconnue nécessaire, le préfet transmet au procureur du Roi dans le ressort duquel les biens sont situés, la loi ou l'ordonnance qui autorise l'exécution des travaux , et l'arrêté du préfet mentionné en l'article 11.

14. — Dans les trois jours, et sur la production des pièces constatant que les formalités prescrites par l'article 2 du titre 1er, et par le titre 2 de la présente loi, ont été remplies, le procureur du Roi requiert et le tribunal prononce l'expropriation pour cause d'utilité publique des terrains ou bâtiments indiqués dans l'arrêté du préfet.

Si dans l'année de l'arrêté du préfet, l'administration n'a pas poursuivi l'expropriation , tout propriétaire dont les terrains sont compris audit arrêté peut présenter requête au tribunal.

Cette requête sera communiquée par le procureur du Roi au préfet, qui devra, dans le plus bref délai, envoyer les pièces, et le tribunal statuera dans les trois jours.

Le même jugement commet un des membres du tribunal pour remplir les fonctions attribuées par le titre 4, chapitre 2, au magistrat directeur du jury, chargé de fixer l'indemnité, et désigne un autre membre pour le remplacer au besoin.

En cas d'absence ou d'empêchement de ces deux magistrats, il sera pourvu à leur remplacement par une ordonnance sur requête du président du tribunal civil.

Dans le cas où les propriétaires à exproprier consentiraient à la cession, mais où il n'y aurait point accord sur le prix, le tribunal donnera acte du consentement, et désignera le magistrat directeur du jury, sans qu'il soit besoin de rendre le jugement d'expropriation, ni de s'assurer que les formalités prescrites par le titre 2 ont été remplies.

15. — Le jugement est publié et affiché, par extrait, dans la commune de la situation des biens, de la manière indiquée en l'article 6. Il est en outre inséré dans l'un des journaux publiés dans l'arrondissement, ou, s'il n'en existe aucun, dans l'un de ceux du département.

Cet extrait, contenant les noms des propriétaires, les motifs et le dispositif du jugement, leur est notifié au domicile qu'ils auront élu dans l'arrondissement de la situation des biens, par une déclaration faite à la mairie de la commune où les biens sont situés ; et, dans le cas où cette élection de domicile n'aurait pas eu lieu, la notification de l'extrait sera faite en double copie au maire et au fermier, locataire, gardien ou régisseur de la propriété.

Toutes les autres notifications prescrites par la présente loi seront faites dans la forme ci-dessus indiquée.

16. — Le jugement sera, immédiatement après l'accomplissement des formalités prescrites par l'article 15 de la présente loi, transcrit au bureau de la conservation des hypothèques de l'arrondissement, conformément à l'article 2181 du code civil.

17. — Dans la quinzaine de la transcription, les privilèges et les hypothèques conventionnelles, judiciaires ou légales, antérieurs au jugement, seront inscrits.

A défaut d'inscription dans ce délai, l'immeuble exproprié sera affranchi de tous privilèges et de toutes hypothèques, de quelque nature qu'ils soient, sans préjudice des droits de femmes, mineurs et interdits sur le montant de l'indemnité, tant qu'elle n'a pas été payée ou que l'ordre n'a pas été réglé définitivement entre les créanciers.

Les créanciers inscrits n'auront, dans aucun cas, la faculté de surenchérir ; mais ils pourront exiger que l'indemnité soit fixée conformément au titre 4.

18. — Les actions en résolution, en revendication, et toutes autres actions réelles, ne pourront arrêter l'expropriation, ni en empêcher l'effet. Le droit des réclamans sera transporté sur le prix, et l'immeuble en demeurera affranchi.

19. — Les règles posées dans le premier paragraphe de l'article 15 et dans les articles 16, 17 et 18, sont applicables dans le cas de conventions amiables passées entre l'administration et les propriétaires.

Cependant l'administration peut, sauf les droits des tiers, et sans accomplir les formalités ci-dessus tracées, payer le prix des acquisitions dont la valeur ne s'élèverait pas au-dessus de cinq cents francs.

Le défaut d'accomplissement des formalités de la purge des hypothèques n'empêche pas l'expropriation d'avoir son cours, sauf, pour les parties intéressées, à faire valoir leurs droits ultérieurement, dans les formes déterminées par le titre 4 de la présente loi.

20. — Le jugement ne pourra être attaqué que par la voie du recours en cassation, et seulement pour incompétence, excès de pouvoir ou vices de formes de jugement.

Le pourvoi aura lieu, au plus tard, dans les trois jours, à dater de la notification du jugement, par déclaration au greffe du tribunal. Il sera notifié dans la huitaine, soit à la partie, au domicile indiqué par l'article 15, soit au préfet ou au maire, suivant la nature des travaux, le tout à peine de déchéance.

Dans la quinzaine de la notification du pourvoi, les pièces seront adressées à la chambre civile de la cour de cassation, qui statuera dans le mois suivant.

L'arrêt, s'il est rendu par défaut à l'expiration de ce délai, ne sera pas susceptible d'opposition.

TITRE IV.

DU RÉGLEMENT DES INDEMNITÉS.

CHAPITRE Ier.

MESURES PRÉPARATOIRES.

21. — Dans la huitaine qui suit la notification prescrite par l'article 15, le propriétaire est tenu d'appeler et de faire connaitre à l'administration les fermiers, locataires, ceux qui ont des droits d'usufruit, d'habitation ou d'usage, tels qu'ils sont réglés par le code civil, et ceux qui peuvent réclamer des servitudes résultant des titres mêmes de propriété ou d'autres actes dans lesquels il serait intervenu ; sinon il restera seul chargé envers eux des indemnités que ces derniers pourront réclamer.

Les autres intéressés seront en demeure de faire valoir leurs droits par l'avertissement énoncé en l'article 6, et tenus de se faire connaître au magistrat directeur du jury, dans le même délai de huitaine ; à défaut de quoi, ils seront déchus de tous droits à l'indemnité.

22. — Les dispositions de la présente loi, relative aux propriétaires et à leurs créanciers, sont applicables à l'usufruitier et à ses créanciers.

23. — L'administration notifie aux propriétaires et à tous autres intéressés qui auront été désignés ou qui seront intervenus dans le délai fixé par l'article 21, les sommes qu'elle offre pour indemnités.

Ces offres sont, en outre, affichées et publiées conformément à l'article 6 de la présente loi.

24. — Dans la quinzaine suivante, les propriétaires et autres intéressés seront tenus de déclarer leur acceptation, ou, s'ils n'acceptent pas les offres qui leur sont faites, d'indiquer le montant de leurs prétentions.

25. — Les femmes mariées sous le régime dotal, assistées de leurs maris, les tuteurs, ceux qui ont été envoyés en possession provisoire des biens d'un absent, et autres personnes qui représentent les incapables, peuvent valablement accepter les offres énoncées en l'article 23, s'ils y sont autorisés dans les formes prescrites par l'article 13.

26. — Le ministre des finances, les préfets, maires ou administrateurs, peuvent accepter les offres d'indemnité pour expropriation des biens appartenant à l'Etat, à la couronne, aux départements, communes ou établissements publics dans les formes et avec les autorisations prescrites par l'article 13.

27. — Le délai de quinzaine fixé par l'article 24, sera d'un mois dans les cas prévus par les articles 25 et 26.

28. — Si les offres de l'administration ne sont pas acceptées dans les délais prescrits par les articles 24 et 27, l'administration citera devant le jury, qui sera convoqué à cet effet, les propriétaires et tous autres intéressés qui auront été désignés, ou qui seront intervenus, pour qu'il soit procédé au réglement des indemnités de la manière indiquée au chapitre suivant. La citation contiendra l'énonciation des offres qui auront été refusées.

CHAPITRE II.

DU JURY SPÉCIAL CHARGÉ DE RÉGLER LES INDEMNITÉS.

29.— Dans sa session annuelle, le conseil-général du département désigne, pour chaque arrondissement de sous-préfecture, tant sur la liste des électeurs que sur la seconde partie de la liste du jury, trente-six personnes au moins, et soixante-douze au plus, qui ont leur domicile réel dans l'arrondissement, parmi lesquelles sont choisis, jusqu'à la session suivante ordinaire du conseil-général, les membres du jury spécial appelé, le cas échéant, à régler les indemnités dues par suite d'expropriation pour cause d'utilité publique.

Le nombre des jurés désignés pour le département de la Seine sera de six cents.

30. — Toutes les fois qu'il y aura lieu de recourir à un jury spécial, la première chambre de la cour royale, dans les départemens qui sont le siège d'une cour royale, et, dans les autres départements la première chambre du tribunal du chef-lieu judiciaire, choisit en la chambre du conseil, sur la liste dressée en vertu de l'article précédent pour l'arrondissement dans lequel ont lieu les expropriations, seize personnes qui formeront le jury spécial chargé de fixer définitivement le montant de l'indemnité, et, en outre, quatre jurés supplémentaires. Pendant les vacances, ce choix est déféré à la chambre de la cour ou du tribunal chargée du service des vacations. En cas d'abstention ou récusation des membres du tribunal, le choix du jury est déféré à la cour royale.

Ne peuvent être choisis :

1° Les propriétaires, fermiers, locataires des terrains et bâtimens désignés dans l'arrêté du préfet pris en vertu de l'article 11, et qui restent à acquérir ;

2° Les créanciers ayant inscription sur lesdits immeubles ;

3° Tous autres intéressés désignés ou intervenants en vertu des articles 21 et 22.

Les septuagénaires seront dispensés, s'ils le requièrent, des fonctions de juré.

31. — La liste des seize jurés et des quatre jurés supplémentaires, est transmise par le préfet au sous-préfet, qui, après s'être concerté avec le magistrat directeur du jury, convoque les jurés et les parties en leur indiquant, au moins huit jours à l'avance, le lieu et le jour de la réunion. La notification aux parties leur fait connaître les noms des jurés.

52. — Tout juré qui, sans motifs légitimes, manque à l'une des séances, ou refuse de prendre part à la délibération, encourt une amende de cent francs au moins et de trois cents francs au plus.

L'amende est prononcée par le magistrat directeur du jury.

Il statue en dernier ressort sur l'opposition qui serait formée par le juré condamné.

Il prononce également sur les causes d'empêchement que les jurés proposent, ainsi que sur les exclusions ou incompatibilités dont les causes ne seraient survenues ou n'auraient été connues que postérieurement à la désignation faite en vertu de l'article 30.

53. — Ceux des jurés qui se trouvent rayés de la liste par suite des empêchements, exclusions ou incompatibilités prévus à l'article précédent, sont immédiatement remplacés par les jurés supplémentaires, que le magistrat directeur du jury appelle dans l'ordre de leur inscription.

En cas d'insuffisance, le tribunal de l'arrondissement choisit, sur la liste dressée en vertu de l'article 29, les personnes nécessaires pour compléter le nombre des seize jurés.

54. — Le magistrat directeur du jury est assisté, auprès du jury spécial, du greffier ou commis-greffier du tribunal, qui appelle successivement les causes sur lesquelles le jury doit statuer, et tient procès-verbal des opérations.

Lors de l'appel, l'administration a le droit d'exercer deux récusations péremptoires; la partie adverse a le même droit.

Dans le cas où plusieurs intéressés figurent dans la même affaire, ils s'entendent pour l'exercice du droit de récusation, sinon le sort désigne ceux qui doivent en user.

Si le droit de récusation n'est point exercé, ou s'il ne l'est que partiellement, le magistrat du jury procède à la réduction des jurés au nombre de douze, en retranchant les derniers noms inscrits sur la liste.

35. — Le jury spécial n'est constitué que lorsque les douze jurés sont présents.

Les jurés ne peuvent délibérer valablement qu'au nombre de neuf au moins.

36. — Lorsque le jury est constitué, chaque juré prête serment de remplir ses fonctions avec impartialité.

37. — Le magistrat directeur met sous les yeux du jury

1° Le tableau des offres et demandes notifiées en exécution des articles 23 et 24;

2° Les plans parcellaires et les titres ou autres documents produits par les parties à l'appui de leurs offres et demandes.

Les parties, ou leurs fondés de pouvoirs, peuvent présenter sommairement leurs observations.

Le jury pourra entendre toutes les personnes qu'il croira pouvoir l'éclairer.

Il pourra également se transporter sur les lieux, ou déléguer à cet effet un ou plusieurs de ses membres.

La discussion est publique; elle peut être continuée à une autre séance.

38. — La cloture de l'instruction est prononcée par le magistrat directeur du jury.

Les jurés se retirent immédiatement dans leur chambre pour délibérer, sans désemparer, sous la présidence de l'un d'eux, qu'ils désignent à l'instant même.

La décision du jury fixe le montant de l'indemnité ; elle est prise à la majorité des voix.

En cas de partage, la voix du président du jury est prépondérante.

59. — Le jury prononce des indemnités distinctes en faveur des parties qui les réclament à des titres différents, comme propriétaires, fermiers, locataires, usagers, et autres intéressés dont il est parlé à l'article 21.

Dans le cas d'usufruit, une seule indemnité est fixée par le jury, eu égard à la valeur totale de l'immeuble ; le nu-propriétaire et l'usufruitier exercent leurs droits sur le montant de l'indemnité au lieu de l'exercer sur la chose.

L'usufruitier sera tenu de donner caution ; les père et mère ayant l'usufruit légal des biens de leurs enfants en seront dispensés.

Lorsqu'il y a litige sur le fond du droit ou sur la qualité des réclamants, et toutes les fois qu'il s'élève des difficultés étrangères à la fixation du montant de l'indemnité, le jury règle l'indemnité indépendamment de ces litiges et difficultés sur lesquels les parties sont renvoyées à se pourvoir devant qui de droit.

L'indemnité allouée par le jury ne peut, en aucun cas, être inférieure aux offres de l'administration, ni supérieure à la demande de la partie intéressée.

40. — Si l'indemnité réglée par le jury ne dépasse pas l'offre de l'administration, les parties qui l'auront refusée seront condamnées aux dépens.

Si l'indemnité est égale à la demande des parties, l'administration sera condamnée aux dépens.

Si l'indemnité est à la fois supérieure à l'offre de l'administration et inférieure à la demande des parties, les dépens seront compensés de manière à être supportés par les parties et l'administration, dans les proportions de leur offre ou de leur demande avec la décision du jury.

Tout indemnitaire qui ne se trouvera pas dans le cas des articles 25 et 26 sera condamné aux dépens, quelle que soit l'estimation ultérieure du jury, s'il a omis de se conformer aux dispositions de l'article 24.

41. — La décision du jury, signée des membres qui y ont concouru, est remise par le président au magistrat directeur qui la déclare exécutoire, statue sur les dépens, et envoie l'administration en possession de la propriété, à la charge par elle de se conformer aux dispositions des articles 53 et 54 suivants.

Ce magistrat taxe les dépens dont le tarif est déterminé par un réglement d'administration publique.

La taxe ne comprendra que les actes faits postérieurement à l'offre de l'administration ; les frais des actes antérieurs demeurent dans tous les cas à la charge de l'administration.

42. — La décision du jury et l'ordonnance du magistrat directeur ne peuvent être attaquées que par la voie du recours en cassation, et seulement pour violation du premier paragraphe de l'article 30, de l'article 31, des deuxième et quatrième paragraphes de l'article 34, et des articles 35, 36, 37, 38, 39 et 40.

Le délai sera de 15 jours pour ce recours, qui sera d'ailleurs formé, notifié et jugé comme il est dit en l'article 20 ; il courra à partir du jour de la décision.

43. — Lorsqu'une décision du jury aura été cassée, l'affaire sera renvoyée devant un nouveau jury, choisi dans le même arrondissement. Néanmoins, la cour de cassation pourra, suivant les circonstances, renvoyer l'appréciation de l'indemnité

à un jury choisi dans un des arrondissements voisins, quand même il appartiendrait à un autre département.

Il sera procédé à cet effet conformément à l'article 30.

44. — Le jury ne connait que des affaires dont il a été saisi au moment de sa convocation, et statue successivement et sans interruption sur chacune de ces affaires. Il ne peut se séparer qu'après avoir réglé toutes les indemnités dont la fixation lui a été ainsi déférée.

45. — Les opérations commencées par un jury, et qui ne sont pas encore terminées au moment du renouvellement annuel de la liste générale mentionnée en l'article 29, sont continuées, jusqu'à conclusion définitive, par le même jury.

46. — Après la clôture des opérations du jury, les minutes de ses décisions et les autres pièces qui se rattachent auxdites opérations sont déposées au greffe du tribunal civil de l'arrondissement.

47. — Les noms des jurés qui auront fait le service d'une session ne pourront être portés sur le tableau dressé par le conseil général pour l'année suivante.

CHAPITRE III.

DES RÈGLES A SUIVRE POUR LA FIXATION DE L'INDEMNITÉ.

48. — Le jury est juge de la sincérité des titres et de l'effet des actes qui seraient de nature à modifier l'évaluation de l'indemnité.

49. — Dans le cas où l'administration contesterait au détenteur exproprié le droit à une indemnité, le jury, sans s'arrêter à la contestation, dont il renvoie le jugement devant qui de droit, fixe l'indemnité comme si elle était due, et le magistrat directeur du jury en ordonne la consignation, pour ladite indemnité rester déposée jusqu'à ce que les parties se soient entendues, ou que le litige soit vidé.

50 — Les bâtiments dont il est nécessaire d'acquérir une portion pour cause d'utilité publique seront achetés en entier, si les propriétaires le requièrent par une déclaration formelle adressée au magistrat directeur du jury, dans le délai énoncé aux articles 24 et 27.

Il en sera de même de toute parcelle de terrain qui, par suite du morcellement, se trouvera réduite au quart de la contenance totale, si toutefois le propriétaire ne possède aucun terrain immédiatement contigu, et si la parcelle, ainsi réduite, est inférieure à dix ares.

51. — Si l'exécution des travaux doit procurer une augmentation de valeur immédiate et spéciale au restant de la propriété, cette augmentation pourra être prise en considération dans l'évaluation de l'indemnité.

52. — Les constructions, plantations et améliorations ne donneront lieu à aucune indemnité, lorsque, à raison de l'époque où elles auront été faites ou de toutes autres circonstances, dont l'appréciation lui est abandonnée, le jury acquiert la conviction qu'elles ont été faites dans la vue d'obtenir une indemnité plus élevée.

TITRE V.

DU PAIEMENT DES INDEMNITÉS.

53. — Les indemnités réglées par le jury seront, préalablement à la prise de possession, acquittées entre les mains des ayant-droit.

S'ils se refusent à les recevoir, la prise de possession aura lieu après offres réelles et consignation.

S'il s'agit de travaux exécutés par l'État ou les départements, les offres réelles pourront s'effectuer au moyen d'un mandat égal au montant de l'indemnité réglée par le jury ; ce mandat, délivré par l'ordonnateur compétent, visé par le payeur, sera payable sur la caisse publique qui s'y trouvera désignée.

Si les ayant-droit refusent de recevoir le mandat, la prise de possession aura lieu après consignation en espèces.

54. — Il ne sera pas fait d'offres réelles toutes les fois qu'il existera des inscriptions sur l'immeuble exproprié, ou d'autres obstacles au versement des deniers entre les mains des ayant-droit ; dans ce cas, il suffira que les sommes dues par l'administration soient consignées, pour être ultérieurement distribuées ou remises selon les règles du droit commun.

55. — Si, dans les six mois du jugement d'expropriation, l'administration ne poursuit pas la fixation de l'indemnité, les parties pourront exiger qu'il soit procédé à ladite fixation.

Quand l'indemnité aura été réglée, si elle n'est ni acquittée ni consignée dans les six mois de la décision du jury, les intérêts courront de plein droit à l'expiration de ce délai.

TITRE VI.

DISPOSITIONS DIVERSES.

56. — Les contrats de vente, quittances et autres actes relatifs à l'acquisition des terrains, peuvent être passés dans la forme des actes administratifs ; la minute restera déposée au secrétariat de la préfecture ; expédition en sera transmise à l'administration des domaines.

57. — Les significations et notifications mentionnées en la présente loi sont faites à la diligence du préfet du département de la situation des biens.

Elles peuvent être faites tant par huissier que par tout agent de l'administration dont les procès-verbaux font foi en justice.

58. Les plans, procès-verbaux, significations, jugements, contrats, quittances et autres actes faits en vertu de la présente loi, seront visés pour timbre et enregistrés *gratis*, lorsqu'il y aura lieu à la formalité de l'enregistrement.

Il ne sera perçu aucun droit pour la transcription des actes au bureau des hypothèques.

Les droits perçus sur les acquisitions amiables faites antérieurement aux arrêtés des préfets seront restitués, lorsque, dans le délai de deux ans à partir de la perception, il sera justifié que les immeubles acquis sont compris dans ces arrêtés. La restitution des droits ne pourra s'appliquer qu'à la portion des immeubles qui aura été reconnue nécessaire à l'exécution des travaux.

59. — Lorsqu'un propriétaire aura accepté les offres de l'administration, le montant de l'indemnité devra, s'il l'exige et s'il n'y a pas eu contestation de la part des tiers, dans les délais prescrits par les articles 24 et 27, être versé à la caisse des dépôts et consignations, pour être remis ou distribué à qui de droit, selon les règles du droit commun.

60. — Si des terrains acquis pour des travaux d'utilité publique ne reçoivent pas cette destination, les anciens propriétaires ou leurs ayant-droit peuvent en demander la remise.

Le prix des terrains rétrocédés est fixé à l'amiable, et s'il n'y a pas accord, par le jury, dans les formes ci-dessus prescrites. La fixation par le jury ne peut en aucun cas excéder la somme moyennant laquelle les terrains ont été acquis.

61. — Un avis, publié de la manière indiquée en l'article 6, fait connaître les terrains que l'administration est dans le cas de revendre. Dans les trois mois de cette publication, les anciens propriétaires qui veulent réacquérir la propriété desdits terrains sont tenus de le déclarer; et, dans le mois de la fixation du prix, soit amiable, soit judiciaire, ils doivent passer le contrat de rachat et payer le prix : le tout à peine de déchéance du privilége que leur accorde l'article précédent.

62. — Les dispositions des articles 60 et 61 ne sont pas applicables aux terrains qui auront été acquis sur la réquisition du propriétaire, en vertu de l'article 50, et qui resteraient disponibles après l'exécution des travaux.

63. — Les concessionnaires des travaux publics exerceront tous les droits conférés à l'administration, et seront soumis à toutes les obligations qui lui seront imposées par la présente loi.

64. — Les contributions de la portion d'immeuble qu'un propriétaire aura cédé, ou dont il aura été exproprié pour cause d'utilité publique, continueront à lui être comptées pendant un an, à partir de la remise de la propriété, pour former son cens électoral.

65. — Lorsqu'il y aura urgence de prendre possession des terrains non bâtis qui seront soumis à l'expropriation, l'urgence sera spécialement déclarée par une ordonnance royale.

66. — En ce cas, après le jugement d'expropriation, l'ordonnance qui déclare l'urgence et le jugement seront notifiés, conformément à l'article 15, aux propriétaires et aux détenteurs, avec assignation devant le tribunal civil. L'assignation sera donnée à trois jours au moins; elle énoncera la somme offerte par l'administration.

67. — Au jour fixé, le propriétaire et les détenteurs seront tenus de déclarer la somme dont ils demandent la consignation avant l'envoi en possession.

Faute par eux de comparaître, il sera procédé en leur absence.

68. — Le tribunal fixe le montant de la somme à consigner.

Le tribunal peut se transporter sur les lieux, ou commettre un juge pour visiter les terrains, recueillir tous les renseignements propres à en déterminer la valeur, et en dresser, s'il y a lieu, un procès-verbal descriptif. Cette opération devra être terminée dans les cinq jours, à dater du jugement qui l'aura ordonnée.

Dans les trois jours de la remise de ce procès-verbal au greffe, le tribunal déterminera la somme à consigner.

69. — La consignation doit comprendre, outre le prix principal, la somme nécessaire pour assurer, pendant deux ans, le paiement des intérêts à cinq pour cent.

70. — Sur le vu du procès-verbal de consignation, et sur une nouvelle assignation à deux jours de délai au moins, le président ordonne la prise de possession.

71. — Le jugement du tribunal et l'ordonnance du président sont exécutoires sur minute, et ne peuvent être attaqués par opposition ni par appel.

72. — Le président taxera les dépens qui seront supportés par l'administration.

73. — Après la prise de possession, il sera, à la poursuite de la partie la plus diligente, procédé à la fixation définitive de l'indemnité, en exécution du titre iv de la présente loi.

74. — Si cette fixation est supérieure à la somme qui a été déterminée par le tribunal, le supplément doit être consigné dans la quinzaine de la notification de la décision du jury ; et, à défaut, le propriétaire peut s'opposer à la continuation des travaux.

TITRE VII.

DISPOSITIONS EXCEPTIONNELLES.

75. — Les formalités prescrites par les titres i et ii de la présente loi ne sont applicables ni aux travaux militaires, ni aux travaux de la marine royale.

Pour ces travaux', une ordonnance royale détermine les terrains qui sont soumis à l'expropriation.

76. — L'expropriation ou l'occupation temporaire , en cas d'urgence, des propriétés privées qui seront jugées nécessaires pour des travaux de fortification, continueront d'avoir lieu conformément aux dispositions prescrites par la loi du 30 mars 1831.

Toutefois, lorsque les propriétaires ou autres intéressés n'auront pas accepté les offres de l'administration, le réglement définitif des indemnités aura lieu conformément aux dispositions du titre IV ci-dessus.

Seront également applicables aux expropriations poursuivies en vertu de la loi du 30 mars 1831 , les articles 16, 17, 18 , 19 et 20 , ainsi que le titre VI de la présente loi.

TITRE VI.

DISPOSITIONS FINALES.

77. — Les lois des 8 mars 1810 et 7 juillet 1833 sont abrogées.

CHAPITRE II.

ORDONNANCE DU ROI CONTENANT LE TARIF DES FRAIS
ET DÉPENS EN MATIÈRE D'EXPROPRIATION
POUR CAUSE D'UTILITÉ PUBLIQUE.

(Du 18 septembre 1833).

TITRE Iᵉʳ.

DES HUISSIERS.

1. — Il sera alloué à tous huissiers un franc pour l'original :

1° De la notification de l'extrait du jugement d'expropriation aux personnes désignées dans les articles 15 et 22 de la loi du 7 juillet 1833 ;

2° De la signification de l'arrêt de la cour de cassation (art. 20 et 42 de ladite loi) ;

3° De la dénonciation de l'extrait du jugement d'expropriation aux ayant-droit mentionnée aux articles 21 et 22 ;

4° De la notification de l'arrêté du préfet qui fixe la somme offerte pour indemnités (art. 23) ;

5° De l'acte contenant acceptation des offres faites par l'administration, avec signification, s'il y a lieu, des autorisations requises (art. 24, 25 et 26);

6° De l'acte portant convocation des jurés et des parties, avec notification aux parties d'une expédition de l'arrêt par lequel la cour royale a formé la liste du jury (art. 31 et 33);

7° De la notification au juré défaillant de l'ordonnance du directeur du jury, qui l'a condamné à l'amende (art. 32);

8° De la notification de la décision du jury, revêtue de l'ordonnance d'exécution (art. 41);

9° De la sommation d'assister à la consignation dans le cas où il n'y aura pas eu d'offres réelles (art. 54);

10° De la sommation au préfet pour qu'il soit procédé à la fixation de l'indemnité (art. 55) ;

11° De l'acte contenant réquisition par le propriétaire de la consignation des sommes offertes, dans le cas où cette réquisition n'a pas été faite par l'acte même d'acceptation (article 59);

12° Et généralement de tous actes simples auxquels pourra donner lieu l'expropriation.

2. — Il sera alloué à tous huissiers un franc cinquante centimes pour l'original :

1° De la notification du pourvoi en cassation formé soit contre le jugement d'expropriation, soit contre la décision du jury (art. 40 et 42);

2° De la dénonciation, faite au directeur du jury par le propriétaire ou l'usufruitier, des noms et qualités des ayant-droit mentionnés au § 1er de l'article 21 de la loi précitée (art. 21 et 22);

3° De l'acte par lequel les parties intéressées font connaître leurs réclamations (art. 18, 21, 39, 52 et 54);

4° De l'acte d'acceptation des offres de l'administration, avec réquisition de consignation (art. 24 et 59);

5° De l'acte par lequel la partie qui refuse les offres de l'administration indique le montant de ses prétentions (art. 17, 24, 28 et 53);

6° De l'opposition formée par un juré à l'ordonnance du magistrat directeur du jury, qui l'a condamné à l'amende (art. 32);

7° De la réquisition du propriétaire tendant à l'acquisition de la totalité de son immeuble (art. 50);

8° De la demande à fin de rétrocession des terrains non employés à des travaux d'utilité publique (art. 60 et 61);

9° De la demande tendant à ce que l'indemnité d'une expropriation déjà commencée soit réglée conformément à la loi du 7 juillet 1833 (art. 68);

10° Enfin, de tous actes qui, par leur nature, pourront être assimilés à ceux dont l'énumération précède.

3. — Il sera alloué à tous huissiers pour l'original :

1° Du procès-verbal d'offres réelles, contenant le refus ou l'acceptation des ayant-droit et sommation d'assister à la consignation (art. 53) . . . . 2 fr. 25 cent.

2° Du procès-verbal de consignation, soit qu'il y ait ou non offres réelles (art. 49, 53 et 54) . . . . 4 » 00 »

4. — Il sera alloué pour chaque copie des exploits ci-dessus le quart de la somme fixée pour l'original.

5. — Lorsque les copies de pièces dont la notification a lieu en vertu de la loi seront certifiées par l'huissier, il lui sera payé trente centimes par chaque rôle, évalué à raison de vingt-huit lignes à la page et quatorze à seize syllabes à la ligne (art. 57).

6. — Les copies des pièces déposées dans les archives de l'administration qui seront réclamées par les parties dans leur intérêt pour l'exécution de la loi et qui seront certifiées par les agents de l'administration, seront payées à l'administration sur le même taux que les copies certifiées par les huissiers.

7. — Il sera alloué à tous huissiers cinquante centimes pour visa de leurs actes, dans le cas où cette formalité est prescrite.

Ce droit sera double, si le refus du fonctionnaire qui doit donner le visa oblige l'huissier à se transporter auprès d'un autre fonctionnaire.

8. — Les huissiers ne pourront rien réclamer pour le papier des actes par eux notifiés, ni pour l'avoir fait viser pour timbre.

Ils emploieront du papier d'une dimension égale, au moins, à celle des feuilles assujetties au timbre de soixante-dix centimes.

TITRE II.

DES GREFFIERS.

9. — Tous extraits ou expéditions délivrés par les greffiers en matière d'expropriation pour cause d'utilité publique seront portés sur papier d'une dimension égale à celle des feuilles assujetties au timbre de un franc vingt-cinq centimes.

Ils contiendront vingt-huit lignes à la page, et quatorze à seize syllabes à la ligne.

10. — Il sera alloué aux greffiers quarante centimes pour chaque rôle d'expédition ou d'extrait.

11. — Il sera alloué aux greffiers, pour la rédaction du procès-verbal des opérations du jury spécial, cinq francs pour chaque affaire terminée par décision du jury rendue exécutoire.

Néanmoins cette allocation ne pourra jamais excéder quinze francs par jour, quel que soit le nombre des affaires; et dans ce cas, ladite somme de quinze francs sera répartie également entre chacune des affaires terminées le même jour.

12. — L'état des dépens sera rédigé par le greffier.

Celle des parties qui requerra la taxe devra, dans les trois jours qui suivront la décision du jury, remettre au greffier toutes les pièces justificatives.

Le greffier paraphera chaque pièce admise en taxe, avant de la remettre à la partie.

13. — Il sera alloué au greffier dix centimes pour chaque article de l'état des dépens, y compris le paraphe des pièces.

14. — L'ordonnance d'exécution du magistrat directeur du jury indiquera la somme des dépens taxés et la proportion dans laquelle chaque partie devra les supporter.

15. — Au moyen des droits ci-dessus accordés aux greffiers, il ne leur sera alloué aucune autre rétribution à aucun titre, sauf les droits de transport dont il sera parlé ci-après; et ils demeureront chargés :

1° du traitement des commis-greffiers, s'il était besoin d'en établir pour le service des assises spéciales;

2° De toutes les fournitures de bureau nécessaires pour la tenue de ces assises ;

3° De la fourniture du papier des expéditions ou extraits, qu'ils devront aussi faire viser pour timbre.

TITRE III.

DES INDEMNITÉS DE TRANSPORT.

16. — Lorsque les assises spéciales se tiendront ailleurs que dans la ville où siége le tribunal, le magistrat directeur du jury aura droit à une indemnité fixée de la manière suivante :

S'il se transporte à plus de cinq kilomètres de sa résidence, il recevra pour tous frais de voyage, de nourriture et de séjour, une indemnité de neuf francs par jour.

S'il se transporte à plus de deux myriamètres, l'indemnité sera de douze francs par jour.

17. — Dans le même cas, le greffier ou son commis assermenté recevra six ou huit francs par jour, suivant que le voyage sera de cinq kilomètres ou de plus de deux myriamètres, ainsi qu'il est dit dans l'article précédent.

18. — Les jurés qui se transporteront à plus de deux kilomètres du lieu où se tiendront les assises spéciales, pour les descentes sur les lieux autorisées par l'article 37 de la loi du 7 juillet 1833, recevront, s'ils en font la demande formelle, une indemnité qui sera fixée, pour chaque myriamètre parcouru, en allant et revenant, à deux francs cinquante centimes Il ne leur sera rien alloué pour toute autre cause que ce soit, à raison de leurs fonctions, si ce n'est dans le cas de séjour forcé en route, comme il est dit ci-après, article 24.

19. — Les personnes qui seront appelées pour éclairer le jury, conformément à l'article 37 précité, recevront, si elles le requièrent, savoir :

Quand elles ne seront pas domiciliées à plus d'un myriamètre du lieu où elles doivent être entendues, pour indemnité de comparution, un franc cinquante centimes ;

Quand elles seront domiciliées à plus d'un myriamètre, pour indemnité de voyage, lorsqu'elles ne seront pas sorties de leur arrondissement, un franc par myriamètre parcouru en allant et revenant ; et lorsqu'elles seront sorties de leur arrondissement, un franc cinquante centimes.

Dans le cas où l'indemnité de voyage est allouée, il ne doit être accordé aucune taxe de comparution.

20. — Les personnes appelées devant le jury, qui reçoivent un traitement quelconque à raison d'un service public, n'auront droit qu'à l'indemnité de voyage, s'il y a lieu, et si elles la requièrent.

21. — Les huissiers qui instrumenteront dans les procédures en matière d'expropriation pour cause d'utilité publique recevront, lorsqu'ils seront obligés de se transporter à plus de deux kilomètres de leur résidence, un franc cinquante centimes pour chaque myriamètre parcouru en allant et en revenant, sans préjudice de l'application de l'article 35 du décret du 14 juin 1813

22. — Les indemnités de transport ci-dessus établies seront réglées par myriamètre et demi-myriamètre. Les fractions de

huit ou neuf kilomètres seront comptées pour un myriamètre ;
et celles de trois à huit kilomètres pour un demi-myriamètre.

23. — Les distances seront calculées d'après le tableau
dressé par les préfets, conformément à l'article 93 du décret
du 18 juin 1811.

24. — Lorsque les individus dénommés ci-dessus seront
arrêtés dans le cours du voyage par force majeure, ils recevront en indemnité, pour chaque jour de séjour forcé, savoir :

Les jurés, deux francs cinquante centimes ;

Les personnes appelées devant le jury et les huissiers, un
franc cinquante centimes.

Ils seront tenus de faire constater par le juge de paix, et à
son défaut par l'un des suppléants ou par le maire, et à son défaut par l'un de ses adjoints, la cause du séjour forcé en route,
et d'en représenter le certificat à l'appui de leur demande en
taxe.

25. — Si les personnes appelées devant le jury sont obligées
de prolonger leur séjour dans le lieu où se fait l'instruction, et
que ce lieu soit éloigné de plus d'un myriamètre de leur résidence, il leur sera alloué, pour chaque journée, une indemnité
de deux francs.

26. — Les indemnités des jurés et des personnes appelées
pour éclairer le jury seront acquittées comme frais urgents par
le receveur de l'enregistrement, sur un simple mandat du magistrat directeur du jury, lequel mandat devra, lorsqu'il s'agira
d'un transport, indiquer le nombre des myriamètres parcourus,
et, dans tous les cas, faire mention expresse de la demande
d'indemnité.

27. — Seront également acquittées par le receveur de l'enregistrement les indemnités de déplacement que le magistrat directeur du jury et son greffier pourront réclamer, lorsque la réunion du jury aura lieu dans une commune autre que le chef-lieu judiciaire de l'arrondissement. Le paiement sera fait sur un état certifié et signé par le magistrat directeur du jury, indiquant le nombre des journées employées au transport, et la distance entre le lieu où siége le jury et le chef-lieu judiciaire de l'arrondissement.

28. — Dans tous les cas, les indemnités de transport allouées au magistrat directeur du jury et au greffier, resteront à la charge, soit de l'administration, soit de la compagnie concessionnaire qui aura provoqué l'expropriation, et ne pourront entrer dans la taxe des dépens.

TITRE IV.

DISPOSITIONS GÉNÉRALES.

29. — Il ne sera alloué aucune taxe aux agens de l'administration, autorisés par la loi du 7 juillet 1833, à instrumenter concurremment avec les huissiers.

30. — Le greffier tiendra exactement note des indemnités allouées aux jurés et aux personnes qui seront appelées pour éclairer le jury, et en portera le montant dans l'état de liquidation des frais.

31. — L'administration de l'enregistrement se fera rembourser de ses avances, comprises dans la liquidation des frais, par la partie qui sera condamnée aux dépens, en vertu d'un exécutoire délivré par le magistrat directeur du jury, et selon le mode usité pour le recouvrement des droits dont la perception est confiée à cette administration.

Quant aux indemnités de transport payées au magistrat directeur du jury et au greffier, et qui, suivant l'article 28 ci-dessus, ne pourront entrer dans la taxe des dépens, elle en sera remboursée, soit par l'administration, soit par la compagnie concessionnaire qui aura provoqué l'expropriation.

CHAPITRE XII.

ORDONNANCE DU ROI PORTANT RÉGLEMENT SUR LES FORMALITÉS DES ENQUÊTES RELATIVES AUX TRAVAUX PUBLICS.

(Du 18 février 1834.)

TITRE Ier.

FORMALITÉS DES ENQUÊTES RELATIVES AUX TRAVAUX PUBLICS QUI NE PEUVENT ÊTRE EXÉCUTÉS QU'EN VERTU D'UNE LOI.

1. — Les entreprises de travaux publics qui, aux termes du premier paragraphe de l'article 3 de la loi du 7 juillet 1833, ne

peuvent être exécutés qu'en vertu d'une loi, seront soumises à une enquête préalable dans les formes ci-après déterminées.

2. — L'enquête pourra s'ouvrir sur un avant-projet où l'on fera connaître le tracé général de la ligne des travaux, les dispositions principales des ouvrages les plus importants et l'appréciation sommaire des dépenses.

S'il s'agit d'un canal, d'un chemin de fer ou d'une canalisation de rivière, l'avant-projet sera nécessairement acccompagné d'un nivellement en longueur et d'un certain nombre de profils transversaux; et si le canal est à point de partage, on indiquera les eaux qui doivent l'alimenter.

3.—A l'avant-projet sera joint, dans tous les cas, un mémoire descriptif indiquant le but de l'entreprise et les avantages qu'on peut s'en promettre; on y annexera le tarif des droits dont le produit serait destiné à couvrir les frais des travaux projetés, si ces travaux devaient devenir la matière d'une concession.

4. — Il sera formé au chef-lieu de chacun des départements que la ligne des travaux devra traverser, une commission de neuf membres au moins et de treize au plus, pris parmi les principaux propriétaires de terres, de bois, de mines, les négociants, les armateurs et les chefs d'établissements industriels.

Les membres et le président de cette commission seront désignés par le préfet dès l'ouverture de l'enquête.

5. — Des registres destinés à recevoir les observations auxquelles pourra donner lieu l'entreprise projetée seront ouverts pendant un mois au moins et quatre mois au plus, au chef-lieu de chacun des départements et des arrondissements que la ligne des travaux devra traverser.

Les pièces qui, aux termes des articles 2 et 3, doivent servir de base à l'enquête resteront déposées pendant le même temps et aux mêmes lieux.

La durée de l'ouverture des registres sera déterminée dans chaque cas particulier par l'administration supérieure.

Cette durée, ainsi que l'objet de l'enquête, seront annoncés par des affiches.

6. — A l'expiration du délai qui sera fixé en vertu de l'article précédent, la commission mentionnée à l'article 4 se réunira sur-le-champ : elle examinera les déclarations consignées aux registres de l'enquête ; elle entendra les ingénieurs des ponts-et-chaussées et des mines employés dans le département ; et après avoir recueilli, auprès de toutes les personnes qu'elle jugerait utile de consulter, les renseignements dont elle croira avoir besoin, elle donnera son avis motivé, tant sur l'utilité de l'entreprise que sur les diverses questions qui auront été posées par l'administration.

Ces diverses opérations, dont elle dressera procès-verbal, devront être terminées dans un nouveau délai d'un mois.

7. — Le procès-verbal de la commission d'enquête sera clos immédiatement ; le président de la commission le transmettra sans délai, avec les registres et les autres pièces, au préfet, qui l'adressera avec son avis à l'administration supérieure, dans les quinze jours qui suivront la clôture du procès-verbal.

8. — Les chambres de commerce et, au besoin, les chambres consultatives des arts et manufactures des villes intéressées à l'exécution des travaux, seront appelées à délibérer et à exprimer leur opinion sur l'utilité et la convenance de l'opération.

Les procès-verbaux de leurs délibérations devront être remis au préfet avant l'expiration du délai fixé dans l'article 6.

TITRE II.

FORMALITÉS DES ENQUÊTES RELATIVES AUX TRAVAUX PUBLICS QUI PEUVENT ÊTRE AUTORISÉS PAR UNE ORDONNANCE ROYALE.

9. — Les formalités prescrites par les articles 2, 3, 4, 5, 6, 7 et 8, seront également appliquées, sauf les modifications ci-après, aux travaux qui, aux termes du second paragraphe de l'article 3 de la loi du 7 juillet 1833, peuvent être autorisés par une ordonnance royale.

10. — Si la ligne des travaux n'excède pas les limites de l'arrondissement dans lequel ils sont situés, le délai de l'ouverture des registres et du dépôt des pièces sera fixé au plus à un mois et demi, et au moins à vingt jours.

La commission d'enquête se réunira au chef-lieu de l'arrondissement, et le nombre de ses membres variera de cinq à sept.

TITRE III.

DISPOSITIONS TRANSITOIRES.

11. — Les dispositions ci-dessus prescrites ne sont pas applicables aux entreprises de travaux publics pour lesquels une instruction et des enquêtes spéciales auraient été commencées avant la publication de la présente ordonnance, et conformément aux ordonnances et réglements antérieurs.

CHAPITRE XIII.

DES EXPERTS.

§ 1er. — *Du choix et de la nomination des experts.*

1. — Dans les affaires de la compétence des juges de paix, lorsqu'il s'agit soit de constater l'état des lieux, soit d'apprécier la valeur des indemnités et des dédommagements demandés, si l'objet de la visite ou de l'appréciation exige des connaissances qui soient étrangères au juge, il ordonne que les gens de l'art qu'il nomme par le même jugement feront la visite avec lui (*Manuel des Experts*).

2. — On ne peut nommer experts ni les personnes qui ont été condamnées à la peine des travaux forcés à temps, au bannissement, à la réclusion et au carcan, ni celles auxquelles les tribunaux jugeant correctionnellement ont interdit la faculté d'être experts (*idem*).

3. — On doit, en conséquence, mettre la plus grande prudence dans le choix des experts.

1° Il est nécessaire de les choisir parmi les personnes résidant sur les lieux ou le plus près possible des lieux où ils doivent opérer, pour éviter les frais de leur transport, et afin qu'ils aient personnellement les connaissances locales, qui sont toujours de la plus grande utilité, principalement en matière de servitudes, et pour mettre en état de fixer le prix des immeubles ou de leur produit, et en général de tous les objets dont la valeur est susceptible d'être appréciée en numéraire ;

2° Il faut les choisir probes et impartiaux, afin qu'ils ne soient pas séduits par l'intérêt, par la protection, ou par des considérations d'amitié ou de parenté.

3° Il faut les choisir instruits ; le savoir d'un expert probe et impartial ne peut jamais nuire, et peut souvent prévenir de grands malheurs (*idem*).

4. — Les experts peuvent être convenus par les parties ou nommés d'office.

Lorsqu'ils ont été convenus par les parties avant le jugement qui ordonne l'expertise, ce jugement donne acte de leur nomination (*idem*).

5. — Les experts peuvent être récusés par les motifs pour lesquels les témoins peuvent être reprochés (*code de procédure art.* 310).

6.— La partie qui a des moyens de récusation à proposer, est tenue de le faire dans les trois jours de la nomination, par un simple acte signé d'elle ou de son mandataire spécial, contenant les causes de récusation, et les preuves, si elle en a, ou l'offre de les vérifier par témoins : le délai ci-dessus expiré, la récusation ne pourra être proposée et l'expert prêtera serment au jour indiqué par la sommation (*idem, art.* 309).

7. — Lorsqu'une partie a elle-même nommé un expert, elle ne peut pas le récuser, à moins que les causes de la récusation ne soient survenues depuis la nomination et avant le serment (*idem, art.* 308).

8. — Ainsi les experts peuvent être reprochés lorsqu'ils sont parents ou alliés de l'une ou de l'autre des parties, jusqu'au

degré de cousin issu de germain inclusivement, parents et alliés des conjoints au dégré ci-dessus, si le conjoint est vivant, ou si la partie ou l'expert a des enfants vivants. En cas que le conjoint soit décédé, et qu'il n'ait pas laissé de descendants, on peut reprocher les parents et alliés en ligne directe, les frères, beaux-frères, sœurs et belles-sœurs.

On peut aussi reprocher l'expert héritier présomptif ou donataire; celui qui a bu ou mangé avec la partie, et à ses frais, depuis la prononciation du jugement qui a ordonné l'expertise; celui qui a donné des certificats sur les faits relatifs au procès; les serviteurs ou domestiques, l'expert en état d'accusation, celui qui a été condamné à une peine afflictive ou infamante, ou même à une peine correctionnelle pour cause de vol (*Manuel des experts*).

9. — La récusation des experts, lorsqu'elle est contestée, doit être jugée sommairement à l'audience, sur un simple acte et sur les conclusions du ministère public. Les juges peuvent ordonner la preuve par témoins, laquelle doit être faite dans la forme prescrite pour les enquêtes sommaires (*code de procédure, art.* 311).

10. — Le jugement sur la récusation est exécutoire, nonobstant l'appel (*idem, art.* 312). Ainsi, un expert peut et doit opérer, quoique récusé, si sa récusation a été rejetée par un jugement en premier ressort (*Manuel des experts*).

11. — Si la récusation est admise, il est d'office, par le même jugement, nommé un nouvel expert ou de nouveaux experts à la place de celui ou de ceux récusés (*code de procédure, art.* 313).

12. — Si la récusation est rejetée, la partie qui l'a faite doit être condamnée en tels dommages et intérêts qu'il appartiendra, même envers l'expert, s'il le requiert; mais si celui-ci a demandé

des dommages et intérêts, il ne peut demeurer expert, lors même qu'il n'en aurait pas obtenu (*idem, art.* 314).

§ **2**. — DE LA TAXE DES EXPERTS DANS LES JUSTICES DE PAIX.

13.— La taxe des experts dans les justices de paix est la même que celle des témoins, et il ne leur est alloué des frais de voyage que dans le même cas (*art.* 25 *du décret concernant le tarif des frais et dépens, du* 16 *février* 1807.

Il est alloué à l'expert une somme équivalente à une journée de travail, même à une double journée, s'il a été obligé de se faire remplacer dans sa profession, ce qui est laissé à la prudence du juge.

Il est taxé à l'expert qui n'a pas de profession, deux francs.

Il ne lui est point passé de frais de voyage s'il est domicilié dans le canton où il opère.

S'il est domicilié hors du canton, et à une distance de plus de deux myriamètres et demi du lieu où il fait son opération, il lui est alloué autant de fois la valeur d'une double journée de travail, ou une somme de quatre francs, qu'il y a de fois cinq myriamètres de distance entre son domicile et le lieu où se fait l'expertise (*même décret, art.* 24).

§ **3**. — DE LA TAXE DES EXPERTS DANS LES TRIBUNAUX DE PREMIÈRE INSTANCE ET DANS LES COURS D'APPEL.

14. — Il est taxé aux experts, pour chaque vacation de trois heures, quand ils opèrent dans les lieux où ils sont domiciliés ou dans la distance de deux myriamètres, savoir :

Dans le département de la Seine,

Pour les artisans et laboureurs. . . . .   4 fr. 00 c.
Pour les architectes et autres artistes. . . . . .   8 »   »

Dans les autres départements,

Aux artisans et laboureurs . . . .   3 fr. 00 c.
Aux architectes et autres artistes . . . .   6 »   »

Au-delà de deux myriamètres il est alloué, par chaque myriamètre, pour frais de voyage et nourriture, aux architectes
et aux artistes, soit pour aller soit pour revenir :

A ceux de Paris. . . . .   6 fr. 50 c.
A ceux des départements. . . . .   4 »   »   »

Il leur est alloué pendant leur séjour, à la charge de faire
quatre vacations par jour, savoir :

A ceux de Paris. . . . .   32 fr. 00 c.
A ceux des départements. . . . .   24 »   »   »

Cette taxe est réduite dans le cas où le nombre de quatre
vacations n'a pas été employé.

S'il y a lieu à transport d'un laboureur au-delà de deux myriamètres, il lui est alloué trois francs par myriamètre, pour
aller, et autant pour le retour, sans néanmoins qu'il puisse rien
être alloué au-delà de cinq myriamètres.

Il est encore alloué aux experts deux vacations ; l'une pour
leur prestation de serment, l'autre pour le dépôt de leur rapport. Indépendamment de leurs frais de transport, s'ils sont domiciliés à plus de deux myriamètres de distance du lieu où
siége le tribunal, il leur est accordé par myriamètre, en ce cas,
le cinquième de leur journée de campagne.

Au moyen de cette taxe, les experts ne peuvent rien réclamer, ni pour frais de voyage et de nourriture, ni pour s'être fait aider par des écrivains ou par des mesureurs et porte-chaines, ni sous quelqu'autre prétexte que ce soit. Ces frais, s'ils ont eu lieu, restent à leur charge.

Le président, en procédant à la taxe de leurs vacations, en réduit le nombre, s'il lui parait excessif.

Il est taxé aux experts en vérification d'écritures, et en cas d'inscription de faux incident, par chaque vacation de trois heures, indépendamment de leurs frais de voyage, s'il y a lieu :

A Paris. . . . . 8 fr. 00 c.
Dans les tribunaux du ressort. . . . . 6 » » »

Il ne leur est rien alloué pour prestation de serment, ni pour dépôt de leur procès-verbal, attendu qu'ils doivent opérer en présence du juge ou du greffier, et que tout est compris dans leurs vacations.

Il leur est alloué pour frais de voyage, s'ils sont domiciliés à plus de deux myriamètres du lieu où se fait la vérification :

A Paris. 32 fr. 00 c.
Dans les tribunaux du ressort. . . . . 24 » » »

à raison de cinq myriamètres par journée; et, au moyen de cette taxe, ils ne peuvent rien réclamer pour frais de transport et de nourriture.

Il ne peut être alloué aux experts que trois vacations par jour, quand ils opèrent dans le lieu de leur résidence : deux par matinée et une l'après-dinée.

Le tarif pour la cour d'appel de Paris est commun aux cours d'appel de Lyon, Bordeaux et Rouen; il doit être réduit d'un dixième dans les autres cours d'appel (*art.* 1er *du décret du* 16 *février* 1807).

Le tarif des frais et dépens pour le tribunal de première instance et pour les justices de paix établis à Paris, est commun aux tribunaux de première instance et aux justices de paix établis à Lyon, Bordeaux et Rouen. Il est réduit d'un dixième pour les tribunaux de première instance et pour les justices de paix établis dans les villes où siége une cour d'appel, ou dans les villes dont la population excède trente mille ames (*même décret, art. 2*).

Dans tous les autres tribunaux de première instance et justices de paix du royaume, le tarif est le même que celui pour les tribunaux de première instance et les justices de paix du ressort de la cour d'appel de Paris, autres que ceux établis dans cette capitale (*idem, art. 3*).

§ 4. — *De la taxe des experts dans les affaires relatives aux mines, minières et carrières.*

15. — Dans tous les cas où il y a lieu à expertise pour ces trois sortes de biens, les frais et les vacations des experts sont réglés et arrêtés, selon les cas, par les tribunaux, suivant le tarif fait par l'administration publique (*Loi du 21 avril 1810, art. 80*).

Il n'y a pas lieu à honoraires pour les ingénieurs des mines, lorsque leurs opérations sont faites, soit dans l'intérêt de l'administration, soit à raison de la surveillance et de la police publiques (*idem, art. 91*).

FIN.

VOCABULAIRE.

VOCABULAIRE

DES PRINCIPAUX TERMES EMPLOYÉS DANS LES SCIENCES
ET LES ARTS.

ARCHITECTURE.

A

MAÇONNERIE.

Abaque, la partie supérieure du chapiteau des colonnes.

Abat-jour, sorte de fenêtre dont l'appui est en talus.

Abatage, action du levier pour soulever ou retourner un bloc de pierre.

Abattoir, bâtiment où l'on tue les bestiaux.

Abée, ouverture par laquelle coule l'eau qui fait moudre un moulin.

Abreuvoir, petit auget dans lequel on verse le coulis qui doit remplir le joint de deux pierres.

Abside, voûte, niche partie circulaire.

Accoupler, manière de placer plusieurs colonnes les unes près des autres.

Accordoir, pierre qui commence l'allège d'une croisée.

Acrotère, espèce de piédestaux que l'on met d'espace en espace dans les balustrades assises au-dessus de l'entablement d'une façade de bâtiment.

Ados, talus en terre formé le long d'un mur ou d'une chaussée élevée pour le contre-buter.

Aérer, donner de l'air; aérer une chambre, une salle de spectacle.

Aide, aide-maçon, manouvrier.

Aile, partie d'un édifice qui est jointe au principal corps.

Aire, place qu'on a préparée et unie pour y faire une épure en grand.

Albatre, pierre d'une pâte homogène, d'un grain fin, demi transparente.

Alaque, c'est ce que l'on appelle plinthe ou orle.

Alcove, enfoncement pratiqué dans une chambre pour y placer un lit.

Alignement, ligne qu'on tire, afin qu'une muraille, qu'une rue soient en ligne droite.

Allée, passage entre deux murs parallèles.

Allège, mur d'appui d'une fenêtre moins épais que l'embràsure.

Amaigrir, amaigrir une pierre, en diminuer l'épaisseur.

Amphitéatre, grand édifice de forme ronde ou ovale.

Anglaise, cuvette en faïence placée au-dessus des lieux d'aisance.

Anglet, petite cavité en angle droit qui sépare les bossages.

Angulaire, de ce qui est à l'angle, l'encoignure d'un édifice, pierres angulaires, colonnes anglaises, etc.

Annulaire, sortes de voûtes établies sur deux murs cylindriques.

Anse-de-panier, voûte surbaissée en forme de demi-ovale.

Antichambre, celle des pièces d'un appartement qui est immédiatement avant la chambre.

Antique, fort ancien, il est opposé à moderne.

Aplomb, ligne perpendiculaire au plan de l'horizon.

Appareil, l'art ou l'action de tracer les pierres.

Appareiller, tracer les épures sur un plan, les reporter en grand sur une aire enduite et en appliquer les figures et mesures sur les pierres pour les faire tailler.

Appareilleur, chef ouvrier qui trace la coupe de la pierre.

Appartement, logement composé de plusieurs pièces.

Appui, la partie d'une fenêtre, d'une balustrade, et sur laquelle on s'appuie.

Aqueduc, canal construit de pierre ou de brique.

Arabesque, architecture que les Arabes introduisirent en Europe au moyen âge.

Arabesques, mélange d'ornemens et de figures imaginaires.

Arc-de-triomphe, monument qui consiste en une porte faite en arc.

Armilles, petites moulures qui entourent en façon d'anneaux le chapiteau dorique.

Arasement, action de mettre de niveau et à la même hauteur une assise de pierre de taille.

Araser, mettre de niveau un mur, un bâtiment.

Arases, pierres de bas appareil.

Arc, se dit de la courbure d'une voûte formée d'une ou de plusieurs portions de cercle.

Arcade, ouverture en arc.

Arc-boutant, pilier qui sert à soutenir par dehors une voûte.

Arc-bouter, soutenir, appuyer au moyen d'un arc-boutant.

Arc-doubleau, espèce d'arcade formant une saillie ou plate-bande sur la courbure intérieure d'une voûte.

Arceau, la courbure d'une voûte en berceau.

Architecte, celui qui exerce l'art de l'architecture.

Architectonique, qui a rapport à l'architecture.

Architectonographe, celui qui fait la description des bâtiments, des édifices.

Architecture, l'art de construire, disposer et orner les édifices.

Architrave, membre d'architecture qui pose immédiatement sur les chapiteaux des colonnes.

Archivolte, bande large qui fait saillie sur le nu du mur qui suit le cintre d'une arcade.

Arête, angle saillant.

Arrachement, se dit des pierres qu'on détache d'un mur pour y en mettre d'autres; les premières retombées d'une voûte; petites aspérités produites par l'effet de l'outil de l'ouvrier sur le parement d'une pierre de taille.

Arrière-bec, angle, éperon de chaque pile d'un pont, du côté d'aval.

Arrière-boutique, pièce placée immédiatement derrière la boutique.

Arrière-corps, corps de logis qui est en retraite d'un autre.

Arrière-cour, petite cour qui sert à dégager et à éclairer les appartements.

Arrière-voussure, espèce de voûte pratiquée derrière une porte ou une fenêtre pour couronner l'embrasure.

Astragale, moulure ronde qui embrasse l'extrémité supérieure d'une colonne.

Attachement, notes des ouvrages de diverses espèces devant servir pour régler les comptes.

Attentes, pierres qui saillent à

l'extrémité d'un mur, pour faire liaison, dans la suite, avec quelqu'autre construction.

ATTIQUE, petit étage qui est au-dessus de la corniche supérieure d'une maison.

AUGE, vaisseau de bois dans lequel les maçons mettent le mortier.

AUGÉE, ce que peut contenir une auge de maçon.

AVANT-BEC, angle, éperon de chaque pile d'un pont, du côté opposé au courant.

AVANT-CORPS, corps de maçonnerie qui est en saillie sur la face d'un bâtiment.

CHARPENTE ET MENUISERIE.

ABATANTS, espèce de volets.

ABAT-VENT, assemblage de petits auvents inclinés et parallèles.

ABAT-VOIX, le dessus d'une chaire à prêcher.

ABOUT, l'extrémité par laquelle un morceau de bois de charpente ou de menuiserie est assemblé avec un autre.

ACAJOU, bois précieux servant à faire les placages de divers meubles.

ADENT, entailles qui sont en forme de dents.

AGENOUILLOIR, petit escabeau sur lequel on s'agenouille.

AIGUILLE, pointe d'un clocher ou d'un comble quelconque.

AIS, planche de bois, ais de chêne, de hêtre, de sapin, etc.

ANTER, c'est joindre une pièce de bois à une autre.

APPENTIS, demi-comble, toit en manière d'auvent à un seul égout appuyé contre une muraille.

ARBALÉTRIER, pièces de bois qui servent à former le comble d'un bâtiment.

ARCHURE, pièce mise au devant d'une meule de moulin.

ARÉTIER, pièce de charpente droite ou courbe dans sa longueur qui se place à la partie saillante et rampante d'un comble.

ARMOIRE, meuble composé de portes et de tiroirs.

ASSEMBLER, joindre, emboîter plusieurs pièces de bois.

ASSEMBLAGE, manière de joindre ensemble des pièces de bois.

AUGE, on nomme ainsi le canal biez qui dirige l'eau d'une rivière sur la roue d'un moulin.

AUBIER, la partie tendre et blanchâtre qui est entre l'écorce et le corps de l'arbre.

AUVENT, petit toit en saillie attaché ordinairement au-dessus des boutiques pour garantir de la pluie.

AVANT-TOIT, toit en saillie.

AVANT-PIEUX, grosse cheville en fer servant à faire des trous en terre pour y placer des pièces en bois.

AVIVER, dresser avec la bisaigue les faces d'une pièce de bois.

SERRURERIE.

ACÉRER, c'est souder un morceau d'acier à l'extrémité d'un morceau de fer pour le rendre tranchant.

AGRAFFE, gros clou recourbé qui sert à retenir un placage quelconque.

ALLESOIR, chassis de charpente suspendu en l'air pour alléser le fer ou l'acier.

ANCRE, grosse barre de fer qu'on fait passer dans l'œil d'un tirant, pour empêcher soit la poussée des voutes des murs, etc.

ANILLE, fer de moulin.

ARCHET, arc de baleine ou d'acier dont les ouvriers se servent lorsqu'ils percent le fer ou l'acier.

ARET, petit talon employé dans divers ouvrages de serrurerie.

ATTREMPER, tremper, recuire le fer ou l'acier.

AUBERONS, petit morceau de fer en forme de crampon rivé sur l'auberonnière.

ARTICHAUT, pointes en fer placées sur un mur de cloture pour empêcher d'escalader.

GÉNIE ET MATHÉMATIQUES.

ABSCISSE, portion de l'axe d'une courbe.

Accotement, ce sont les deux côtés d'une chaussée.

Acutangulaire, figure dont les angles sont aigus.

Acutangle, triangle qui a ses trois angles aigus.

Aigu, angle aigu.

Algèbre, science du calcul des grandeurs en général représentées par des lettres de l'alphabet.

Arc, une portion quelconque du cercle lorsqu'elle est moins que sa moitié.

Anclave, renfoncement ménagé dans les bayogers d'une écluse pour y loger les ventaux de ses portes.

Alidade, règle mobile qui tourne sur le centre d'un instrument avec lequel on prend les angles.

Amont, côté d'où vient une rivière, il est l'opposé d'aval.

Angle, ouverture de deux lignes qui se rencontrent en un point.

Algorithme, l'art de calculer.

Angustié, se dit d'un chemin étroit.

Angulaire, qui a un ou plusieurs angles.

Are, nouvelle mesure de superficie pour les terrains (13).

Aval (opposé d'amont), signifie le côté vers lequel descend une rivière.

Axe, ligne droite qui passe par le centre d'une figure ou d'un corps quelconque.

Alternes, angles formés par deux droites parallèles, avec les côtés opposés d'une même sécante.

TERMES COMMUNS A DIVERSES SCIENCES.

Affleurer, réduire deux corps contigus, soit verticaux, soit horizontaux, en une même surface.

Actionnaire, celui qui a une ou plusieurs actions dans une entreprise d'un chemin de fer, d'un canal, etc.

Ajuster, rendre un poids, une mesure juste, conforme à l'étalon.

Alluvion, accroissement de terrain qui se fait insensiblement à l'un des bords d'une rivière.

Alternatif, ive, se dit proprement de deux choses qui agissent continuellement et tour-à-tour.

Alternativement, tour-à-tour, et l'un après l'autre.

Anticipation, action par laquelle on anticipe; usurpation, empiétement sur le bien.

Aplanir, rendre uni ce qui est inégal.

Appendice, supplément qui se joint à la fin d'un ouvrage avec lequel il a du rapport.

Arbitrage, jugement d'un différend par des arbitres.

Arbitre, celui qui est choisi par une ou plusieurs personnes pour terminer un différend.

Arbitres, estimer, régler, décider en qualité de juge ou d'arbitre.

Art, méthode pour faire un ouvrage, pour exécuter ou opérer quelque chose selon certaines règles.

Assimilation, action d'assimiler; il se dit ordinairement de l'action par laquelle deux ou plusieurs choses sont présentées comme semblables.

Assimiler, rendre semblable.

Avant-métré, calcul préparatoire pour un travail quelconque; estimation d'un ouvrage.

B

MAÇONNERIE.

Badigeon : le badigeon se fait avec des pierres tendres délayées dans l'eau.

Badigeonner, peindre une muraille avec du badigeon.

Baguette, petite moulure ronde ou plutôt demi-ronde.

Bahut, appui dans le haut, et bombé.

Baie, ouverture qu'on pratique dans un mur pour faire une porte, une fenêtre.

Bain; bain de mortier; c'est une couche de mortier sur laquelle on pose une pierre.

Balcon, espèce de petite terrasse en saillie, environnée d'une grille ou d'une balustrade.

Balustrade, appui composé d'une suite de balustres.

Balustre, espèce de petite colonne.

Banc-de-pierre, chaque assise naturelle de pierre dans une carrière.

Banc-de-ciel, c'est celui qui se trouve le premier, en feuillant.

Bander, placer les claveaux d'une arcade ou d'une voûte.

Barbacane, ouverture étroite qu'on laisse de distance en distance dans les murs des terrasses.

Bard, civière à claire-voie pour transporter à bras les morceaux de pierre de petite dimension.

Bardage, transport de la pierre du chantier où elle est taillée à pied d'œuvre.

Barder, transporter les pierres.

Bardeur, celui qui effectue le bardage.

Bassin, petite enceinte faite de sable ou d'ais dans laquelle on éteint la chaux.

Bassinée, c'est la quantité de chaux que peut contenir le bassin destiné à l'éteindre.

Batissement, double rang de tuiles qui remplace l'entablement d'un bâtiment.

Bas-relief, ouvrage de sculpture.

Batiment, constructions destinées à l'habitation.

Batir, édifier, construire.

Batisseur, celui qui a la manie de faire bâtir.

Bauge, mortier fait de terre grasse mêlée avec de la paille (Voyez *Torchis*).

Baye, c'est en général toutes les ouvertures d'un bâtiment.

Béton, espèce de mortier fait de chaux, de sable et de gravier.

Biais, oblique, ligne oblique, sens oblique.

Biscuit, parties de la chaux qui n'ont pu se dissoudre dans le bassin lors de l'éteignage. On nomme biscuit les briques calcinées par le feu.

Blanc-de-chaux, eau dans laquelle on a délayé de la chaux et dont on peint les murailles.

Blanc-de-bourre, sorte d'enduit formé de terre et de bourre.

Bloquer, remplir de blocage l'entre-deux des parements d'un mur, l'intérieur d'une pile de pont, etc.

Bossage, toute saillie laissée exprès à la surface d'un ouvrage de pierre.

Boucharde, marteau en fer acéré et taillé à pointe de diamant à l'extrémité pour finir le parement d'une pierre.

Boucler, un mur boucle lorsque étant mal liaisonné, il se crevasse et fait le ventre.

Boudin-gros, cordon de la base d'une colonne.

Bourre-grosse, masse en bois dont on se sert pour frapper les blocs lors de leur pose.

Bousin, surface tendre des pierres de taille.

Boutée, ouvrage pour soutenir la poussée d'une voûte, d'une terrasse.

Boutisse, pierre taillée qu'on place dans un mur suivant sa longueur.

Braver une pierre, c'est la suspendre au câble de la grue ou de la chèvre.

Breter ou breteler, c'est dresser les parements d'une pierre avec un marteau dentelé.

Briquetage, maçonnerie de brique.

Briqueter, appliquer un enduit sur une muraille et tracer des joints et des refentes pour imiter la brique.

BUTTÉE. massif de pierre aux extrémités d'un pont pour résister à la poussée des arches.

BUTTER un mur, une voûte, c'est construire des éperons, des contreforts ou des piliers pour résister à la poussée.

BUVEAU, instrument dont les tailleurs de pierre se servent pour tracer la coupe d'un claveau.

CHARPENTE ET MENUISERIE.

BARDEAU, il se dit des petits ais minces et courts dont on couvre les maisons.

BARRIÈRE, suite de poteaux à hauteur d'appui.

BASCULE, une pièce de bois est en bascule quand elle est en porte à faces.

BATARDEAU, espèce de digue faite de pieux, d'ais et de terre.

BATTANT, partie d'une porte qui s'ouvre en deux.

BATI, assemblage de montants et de traverses.

BÉLIER, machine destinée à enfoncer des pieux.

BISAIGUE, outil de charpentier, en fer, d'environ un mètre trente centimètres de longueur.

BILLER, faire tourner à droite ou à gauche une pièce de bois.

BILLOT, gros tronçon de bois cylindrique ou taillé.

BLOCHET, pieux de bois de peu de longueur qui reçoit l'assemblage de l'arétier, d'un comble.

BOIS, substance dure et compacte des arbres.

BONDE, pièce de bois qui, étant baissée ou haussée, sert à retenir ou à lâcher l'eau d'un étang.

BOURSEAU, nappe de plomb qui couvre une panne de bressis au faîtage d'un bâtiment.

BOUVET, sorte de rabot à faire des rainures.

BOUVEMENT, doucine ou talon plat.

BRANDIR, affermir deux pièces de bois l'une contre l'autre, sans qu'elles soient entaillées.

BRANDIR les chevrons, les affermir et les fixer sur place avec des chevillettes.

BRELLE, assemblage de pieux de bois en radeau.

BRIN, bois de brin, pièces dont l'aubier seulement est enlevé pour l'équarrir, et qui du reste est entier.

BRISIS, l'angle qui forme les deux plans d'un comble brisé.

BROCHER, mettre la tuile en pile sur des lattes, entre les chevrons, en attendant l'emploi,

BUCHER, dégrossir une pièce de bois; la travailler grossièrement.

SERRURERIE.

BALCON, grille de fer qu'on met à une fenêtre.

BANDE-DE-TRÉMIE, barre de fer plat coudée, qui se place aux droits des trémies des planchers.

BARBES, dents disposées au pêne d'une serrure.

BARILLET, partie du tuyau en cuivre, sur laquelle se met le piston d'une pompe.

BARRE-DE-LANGUETTE, barre de fer plate ou carrée, supportant la languette de face d'un tuyau de cheminée.

BARRE-D'ARC-BOUTANT, barre en fer ronde ou carrée, servant à fermer le premier ventail d'une porte.

BARRE-DE-CEINTURE, barre en fer, coudée et à scellement, qui sert à retenir la construction d'un fourneau.

BARRE-DE-LINTEAU, barre de fer carrée, qui remplace ordinairement un linteau en bois sur les baies des portes et des croisées.

BARRES-DE-CONTRE-COEUR, celles qui se mettent debout devant les grandes plaques de fonte de cuisine.

BARRES-DE-FERMETURES, celles en fer plat ou carrées, qui forment les guichets des croisées ou des ouvertures de boutiques.

BASCULE, barres en fer plat qui tournent sur une goupille pour faire ouvrir à-la-fois les deux verroux d'une porte ; outil de serrurier, servant de contre-poids au burin qui sert à percer ou à fraiser le fer.

Bec-de-canne, sorte de petite serrure à demi-tour, sans clé.

Bec-de-corbin, outil étroit et crochu dont se servent les serruriers.

Bigorne, espèce d'enclume à deux cornes ou saillies latérales.

Bigorneau, petite enclume.

Boucle, anneau simple ou à ornement, passé dans un lacet ; ou à charnière, et qui s'adapte à des serrures ou à des becs de cannes.

Boulon, grosse cheville de fer qui a une tête à un bout, et qui est taraudée de l'autre.

Bourdonnière, pièce de fer qui se met dans une autre ; c'est aussi le haut du barreau de rive d'une grille qui roule dans une bride ou dans la traverse, etc.

Bouterolle, espèce de rouet qui se porte sur le palastre d'une serrure.

Bouton, pièce en fer ou en cuivre, en forme d'olive ou autre, pour tirer une porte à soi.

Braser, réunir deux morceaux de fer avec du cuivre ; on appelle brasure l'endroit où cette jonction est faite.

Bride, ou **Gache**, crochet en fer à pointe ou à scellement, ayant la forme d'un croissant, pour maintenir les tuyaux de descente.

Brides, plaques de fer évidées en rond au milieu, et portant un trou à chaque angle, servant à joindre deux longueurs de tuyaux.

Briquet, petit couplet qui ne peut se plier que d'un côté.

Broche, clou arrondi, sans tête, qui sert à arrêter les lambris et à autres usages semblables.

Bronze, alliage de cuivre, d'étain et de zinc.

GÉNIE.

Banquette, tertre de terre que les terrassiers laissent dans la fouille à deux mètres environ de profondeur pour recevoir les terres du fond ; on donne aussi ce nom aux trottoirs d'un pont, d'un quai, etc.

Bajoyers, ou **Bajoyères**, ailes de maçonnerie qui revêtissent la chambre d'une écluse fermée aux deux bouts par des portes ou vannes ; bords d'une rivière près des calcis d'un pont.

Bastion, ouvrage de fortification qui fait partie de l'enceinte du corps d'une place.

Batte, plateau de bois fixé obliquement à l'extrémité d'un long manche, et dont on se sert pour consolider, en battant, les talus des remblais d'une levée.

Bèche, outil formé d'un fer plat, large et tranchant, et qui sert à remuer la terre.

Berme, de fortification, chemin étroit entre le pied du rempart et le fossé ; il se dit par analogie d'un chemin qu'on laisse entre une levée et le bord d'un canal ou d'un fossé.

Berge, bord relevé ou escarpé d'une rivière, d'un chemin, d'un fossé.

Billion, mille millions ; en terme de finance, un milliard.

Bloc, masse, gros morceau d'une matière pesante et dure, telle que la pierre, le marbre, le fer non encore travaillés.

Bombement, état de ce qui est bombé ; convexité.

Bomber, rendre convexe.

Bordure, rang de gros pavés qui terminent et retiennent chacun des deux côtés d'une chaussée.

Bornoyer, regarder d'un seul œil une surface pour juger de son alignement.

Butte, petit tertre, petite élévation de terre.

TERMES COMMUNS A DIVERSES SCIENCES.

Bail, contrat par lequel on donne une terre à ferme ou une maison à louage.

Base, toute chose sur laquelle un corps est assis, établi, posé ; la base d'un clocher, d'une montagne, d'un rocher ; de la base au sommet ; en architecture, ce qui soutient le fût de la colonne ; en géométrie, la surface sur laquelle on conçoit que certains corps solides sont appuyés.

BAS-FOND, se dit des terrains bas et enfoncés.

BARLONG, GUE, qui a la figure d'un carré long, mais irrégulier et défectueux : une salle barlongue ; ce bosquet est barlong ; on dit aussi : cette voûte est barlongue.

BISEAU, extrémité, ou bord coupé en biais.

BITUME, matière inflammable, liquide et jaunâtre, ou solide noir qui se trouve principalement dans le sein de la terre, et qui sert à différents usages dans les arts.

C

MAÇONNERIE.

CADETTE, pierre de taille propre à paver.

CAGE D'ESCALIER, espace des murs qui renferme un escalier. On dit aussi : la cage d'un bâtiment ; c'est l'espace renfermé par les murs extérieurs.

CAISSON, compartiment de renfoncements ornés de moulures dont on décore les plafonds et les voûtes.

CALOTTES, petites cannelures formant les triglyphes, ou creusées sur la place d'un larmier ou autres.

CANNELURES, espèce de petits canaux ou sillons creusés du haut en bas à la surface d'une colonne, d'un pilastre, ou de quelqu'autre objet.

CANNIVEAU, dalle creusée pour recevoir et conduire les eaux pluviales ou ménagères.

CAMPANE, corps du chapiteau corinthien et du chapiteau composite.

CATHÈTE, petit cercle qui occupe le centre de la volute du chapiteau ionique.

CAULICAULES, petits galbes qui se trouvent sous les volutes du chapiteau corinthien.

CERCE, instrument dont les tailleurs de pierre se servent pour donner la courbure à la douille du claveau d'un cintre quelconque.

CHAPE, forte couche de mortier ou de béton que l'on étend sur l'intrados d'une voûte pour la garantir des infiltrations.

CHAPERON, le haut d'une muraille de clôture.

CHAPERONNER, une muraille, y faire un chaperon.

CHAPITEAU, la partie du haut de la colonne qui pose sur le fût.

CHARGE, charger la surface d'une muraille d'une forte couche de mortier pour la rendre d'aplomb.

CHAT, petite platine carrée, de fer ou de cuivre, faisant partie d'un plomb, et dont le carré est égal au carré de la base du plomb.

CHAUX, se dit communément de la pierre à chaux qu'on a fait cuire dans des fours.

CHEMINÉE, l'endroit où l'on fait le feu dans les maisons ; c'est aussi l'ouverture réservée dans la voûte d'une fosse pour laisser tomber les matières de la descente qui y aboutit.

CHAPELLE, on nomme ainsi la voûte d'un four.

CHATEAU D'EAU, bâtiment qui ne renferme que des réservoirs d'eau.

CIMENT, toute matière gluante ; briques ou tuileaux pulvérisés.

CIMENTER, lier avec du ciment ; enduire de ciment.

CISELURE, petit bord qu'on fait avec le ciseau au parement d'une pierre pour la dresser.

CITERNE, réservoir sous terre pour recevoir et garder l'eau de la pluie.

CITERNEAU, petite citerne.

CLAIRE-VOIE, grille d'un jardin.

CLAVEAU, pierre taillée en coin qui entre dans la construction des voûtes.

Clausoir, dernière pierre posée dans une voûte ou dans un mur.

Cloaque, conduit fait de pierre et voûté, par où s'écoulent les eaux et les immondices d'une ville.

Col d'un balustre, partie supérieure placée au-dessous de la panne.

Colombage, lourdage de cloison en terre, recouvert ensuite en plâtre ou en mortier.

Colonade, suite de colonnes rangées avec symétrie.

Colonne, pilier cylindrique avec chapiteau et base.

Congé, moulure, adoucissement en portion de cercle.

Console, pièce saillante qui sert à soutenir une corniche, un balcon.

Contre-bouter, appuyer un mur d'un autre.

Contre-clef, le voussoir qui est posé immédiatement à gauche ou à droite de la clef d'une voûte.

Contre-mur, mur appuyé ou lié avec un autre.

Contre-marche, hauteur d'une marche d'escalier.

Contre-poseur, ouvrier qui aide le poseur.

Contre-profil, outil dont se servent les tailleurs de pierre et les plâtriers pour pousser les moulures d'une corniche.

Contre-terrasse, terrasse appuyée contre une autre plus élevée.

Contre-fort, ou éperon-pilier, saillant d'un mur de revêtement pour soutenir la poussée des terres.

Corridor, espèce de galerie étroite.

Corinthien, enne, un des cinq ordres d'architecture.

Couler, mettre du mortier liquide dans les joints et lits des pierres.

Coulis, mortier liquide qui sert à couler.

Coupe, représentation d'un édifice qu'on suppose coupé.

Coupole, l'intérieur, la partie concave d'un dôme.

Coupe-des-pierres, l'art de bien tailler les pierres ; on appelle aussi l'art du trait.

Couperet, marteau pesant qui sert à refendre les moellons de gros échantillons.

Couronnement, tout ornement ou tout membre de moulure.

Cours d'assises, suite de pierres posées bout-à-bout.

Crépir, enduire une muraille de mortier ou de plâtre.

Crevasse, fente qui se fait à une muraille.

CHARPENTE ET MENUISERIE.

Cavet, moulure concave dont le profil est d'un quart de cercle.

Charpente, assemblage de pièces de bois servant à une construction ou en faisant partie.

Charpenterie, l'art de travailler en charpente.

Charpentier, artisan qui travaille en charpente.

Chassis, ouvrage de menuiserie, composé de plusieurs pièces qui forment ordinairement des carrés où l'on met des vitres.

Cheneau, conduit de plomb ou de bois qui recueille les eaux du toit.

Chevalement, manière d'étayer les parties supérieures d'une construction.

Chevalet, petit comble de forme triangulaire, derrière une lucarne.

Chevêtre, pièce de bois dans laquelle on emboîte les soliveaux d'un plancher.

Clayonnage, assemblage fait avec des pieux et des branches d'arbres.

Cognée, instrument tranchant fait en forme de hache.

Comble, toute sorte de construction, soit en bois, en fer ou en maçonnerie, placée au-dessus d'un édifice pour soutenir la couverture.

Cornière, canal de tuiles ou de plomb qui est à la jointure de deux pentes d'un toit.

Cornier. On appelle poteau-cornier celui qui fait l'angle d'un pau de bois, d'une cloison, etc.

Contre-fiche, pièce de bois mise obliquement contre un autre corps.

Coulisse, tringle dans laquelle est pratiquée une rainure.

Coulisseau, tringle en bois dans laquelle est une languette pour soutenir et faire glisser un tiroir.

Copeau, éclat, morceau de bois que la hache fait tomber du bois qu'on abat ou qu'on met en œuvre.

Courbes, pièces de bois disposées ou coupées en arc-de-cercle.

Couvercle, ce qui est fait pour couvrir un coffre, une boîte, une cassette, etc.

Couverture, nom générique de tout ce qui se pose sur la charpente des combles, comme tuiles, ardoises, plomb, bitume, chaume, paille, etc.

SERRURERIE.

Cache-entrée, petite pièce de fer mouvante qui couvre l'entrée d'une serrure.

Cadenas, serrure mobile.

Calibrer, ouvrir un trou à un diamètre convenable avec un alésoir.

Calotte-d'aspiration, pièce de cuivre circulaire, dans laquelle est renfermé un clapet que l'on place entre le corps de pompe et la surface de l'eau.

Chardon, suite de pointes ou dards de fer rivés sur des barres droites ou chantournées, que l'on place dans des lieux dont on veut interdire l'entrée.

Charnière, assemblage mobile de deux pièces de métal, servant à la ferrure des portes d'armoires, des volets.

Clavette, clou plat qu'on passe dans l'ouverture faite au bout d'une cheville, d'un boulon, etc., pour les arrêter.

Collier, cercle de fer ou bride portant deux branches à charnière, que l'on ferme avec une broche.

Contre-cœur, plaque de fer ou de fonte qu'on attache contre le four de la cheminée pour le conserver et pour renvoyer la chaleur.

Contre-penneton, platine évidée qui sert à recevoir les pannetons d'une espagnolette.

Contre-rivière, petite plaque de fer battu.

Coulisseau, conduit auquel est attaché un fil de laiton pour faire mouvoir une sonnette.

Course, distance que le pêne d'une serrure parcourt au moyen de la clé, mesure du mouvement d'un verrou à ressort.

Crapaudine, morceau de fer ou de cuivre creux dans lequel entre le gond d'une porte.

Cric, sorte de machine à cremaillère et à roue de fer avec une manivelle propre à lever un bloc de pierre.

GÉNIE.

Cabestan, cylindre vertical servant à attirer horizontalement de grands fardeaux.

Calcul, supputation, compte.

Calque, trait léger d'un dessin qui a été calqué.

Cantonnier, homme employé par l'administration du génie pour travailler à l'entretien des routes.

Canal-de-dérivation, canal qui sert à détourner en partie les eaux d'un ruisseau, d'une rivière, etc.

Canal-latéral, canal alimenté par les eaux d'un fleuve dont il suit le cours.

Capacité, la profondeur et la largeur d'une chose.

Carrément, en carré, angle droit, couper quelque chose carrément, tracer un plan carrément, cela est planté carrément.

Casemate, souterrain voûté à l'épreuve de la bombe.

Casemate, bastion où il y a des casemates.

Cassis, petit ruisseau qui traverse de biais une chaussée et qu'on remplace généralement par des aqueducs pour préserver le choc des voitures.

Cavalier, dépôt, tas de terre formés sur les accotements des routes.

Cavée, chemin creux.

Cavité, un creux, un vide dans un corps solide.

Centiare, mesure nouvelle de surface (21).

Centimètre, nouvelle mesure de longueur, la centième partie du mètre (4).

Centigramme, nouvelle mesure de pesanteur (52).

Centigrade, divisé en cent degrés.

Centre, c'est dans un cercle ou dans une sphère un point tel que tous les points de la circonférence ou de la surface sphérique en sont également éloignés.

Centuple, qui vaut cent fois autant.

Centupler, rendre cent fois plus grand, multiplier un nombre par cent.

Cercle, surface plane limitée par une ligne courbe que l'on nomme circonférence.

Chemin, de fer, de service, de ronde, c'est le rempart et la muraille d'une place; de halage, chemin bordant une rivière.

Circonférence, le contour d'un cercle.

Circonscription, ce qui borne, ce qui limite l'étendue d'un corps.

Circonscrire, donner des limites, mettre des bornes aux alentours.

Circonvolution, il se dit de plusieurs tours faits autour d'un centre commun.

Circuit, enceinte, tour.

Circulaire, qui a la forme, la figure d'un cercle.

Citadelle, forteresse qui commande à une ville.

Compas, instrument composé de deux tiges métalliques, compas de proportion, compas à verge, compas de variation, etc.

Concasser, briser et réduire en petites parties avec un marteau les matériaux devant composer une chaussée.

Cone, pyramide en pain de sucre, cone tronqué, cone droit, cone oblique, etc.

Concave, surface creusée sphériquement.

Concavité, le côté concave, le creux, la cavité d'un corps.

Conducteur, celui qui conduit un ouvrage quelconque, conducteur des ponts-et-chaussées, celui qui est sous les ordres d'un ingénieur.

Conoïde, corps ou solide qui tient de la figure d'un cone.

Conique, qui a la figure d'un cone.

Contenance, capacité, étendue.

Convexe, il se dit par opposition à concave.

Convexité, la surface bombée de ce qui est convexe.

Corps, portion de matière qui forme un tout individuel et distinct; tout corps a trois dimensions, longueur, largeur et profondeur; forteresse considérée, abstraction faite de ses dehors, le corps d'un édifice, de logis, de bâtiment, etc.

Corroi, terre glaise pétrie avec les pieds, dont on entoure les bassins, une rivière ou une pièce d'eau quelconque pour empêcher les filtrations.

Cotangente, la tangente du complément d'un angle.

Coteau, penchant d'une colline.

Coter, un plan, un profil, marquer suivant l'ordre avec des lettres ou des numéros.

Courbe, qui n'est pas droit ou qui n'est pas plane; qui approche de la forme d'un arc; ligne courbe, surface courbe, etc.

Courtine, le mur ordinairement rectiligne qui est entre deux bastions.

Croquis, esquisse rapide d'un dessin quelconque.

Cubage, ou **Cubature**, action de cuber, méthode de cuber.

Cube, corps solide qui a six faces carrées égales; mètre cube, en arithmétique; le produit du carré d'un nombre multiplié par ce nombre.

Cuber, évaluer le nombre d'unités cubiques que renferme un volume donné.

Cubique, qui appartient au cube.

Curviligne, ce qui est formé de lignes courbes.

Cylindre, corps de figure longue et ronde, et d'égale grosseur.

Cylindrique, qui a la forme d'un cylindre.

TERMES COMMUNS A DIVERSES SCIENCES.

Cable, gros cordage.

Cabinet, lieu de retraite pour travailler en particulier; espèce de buffet.

Calcaire, se dit des terres, des pierres, etc., que l'action du feu peut changer en chaux.

Cale, morceau de bois ou de pierre qu'on place sous un objet quelconque pour le mettre de niveau; se dit aussi de la partie d'un quai qui forme une pente douce jusqu'au bord de l'eau.

Calibre, volume, grosseur, instrument dont la forme diffère, mais qui est en général destiné à servir de mesure, de moule, de patron, etc.

Camion, petite charrette traînée ordinairement par un cheval ou par deux hommes.

Carreau, pavé plat fait de terre cuite, de pierre, de marbre, etc.

Carrément, en carré, à angle droit, ne se dit guère que dans ces phrases : couper quelque chose carrément; tracer un plan carrément; cela est planté carrément.

Carrière, lieu d'où l'on extrait la pierre.

Cintre, figure en arcade, en demi-cercle; l'appareil de charpente sur lequel on bâtit les voûtes en pierre.

Cintrer, faire un cintre; bâtir en cintre; faire un ouvrage en cintre.

Ceinture, petite moulure carrée au haut et au bas du fût d'une colonne, auquel elle se joint par un congé; bandes de fer plates ou carrées qui entourent les fourneaux.

Chaine, de dix mètres de longueur qui sert à la mesure des terres; pierre de taille qui entre dans la construction d'un mur, et qui sert à le fortifier et à le lier.

Chambranle, ornement de bois ou de pierre qui encadre les portes, les fenêtres; devant d'une cheminée, en pierre, en marbre, etc.

Chambre, se dit de la plupart des pièces d'une maison: chambre d'é-cluse, l'espace compris entre deux portes d'écluse.

Chantier, grande enceinte où l'on travaille du bois ou de la pierre; on dit aussi : mettre une pierre, une pièce de bois en chantier.

Charroi, charriage, transport par charriot, charrette, tombereau, etc.

Chaussée, levée de terre qu'on fait au bord d'une rivière pour retenir l'eau; bombée d'un grand chemin.

Chef-d'œuvre, ouvrage difficile que faisaient autrefois les ouvriers pour prouver leur capacité.

Chef d'atelier, celui qui dirige les travaux d'un atelier.

Chemise, crépissure; revêtement de mortier; fortifications, la chemise d'un bastion ou d'un autre ouvrage, la muraille de maçonnerie dont un ouvrage est revêtu.

Chèvre, machine qui sert à élever des pièces de bois ou des pierres sur une construction.

Chevrette, pièces de bois assemblées dans les enchevetrures.

Chute, ouverture faite dans la voûte d'un fossé d'aisances et par où arrivent les matières. — Chute d'eau, nappe d'eau courante qui tombe brusquement d'un certain niveau d'une autre.

Claie, claire-voie servant à passer le sable.

Clef, instrument fait ordinairement de fer ou d'acier qui sert à ouvrir et à fermer une serrure. — Clef de voûte, la pierre du milieu qui ferme la voûte.

Cloison, espèce de petit mur peu épais fait de bois ou de brique.

Cloisonnage, toute sorte d'ouvrage de cloison.

Clos, espace de terre cultivée fermée de murailles ou de haies de fossés.

Cloture, enceinte de murailles, de haies, etc.

Civière, espèce de brancard sur lequel on porte à bras de la pierre et toute sorte de fardeaux.

Coche, entaille faite à un corps solide.

Coffre, faux tuyau de cheminée entre deux tuyaux véritables.

Complément, ce qui s'ajoute ou doit s'ajouter à une chose pour la rendre entière, complète.

Confection, par laquelle on fait, on exécute quelque chose.

Confectionner, exécuter, faire.

Configuration, la forme extérieure d'un corps, l'ensemble des surfaces qui se bornent et lui donnent une figure particulière.

Construction, action de construire, en terme de géométrie, figure qu'on trace, et des lignes qu'on tire pour résoudre un problème.

Construire, bâtir, faire un édifice, une maison, etc.

Corbeau, assise saillante en pierre pour porter quelques pièces de bois, morceau de fer carré à scellement ou patte qui sert à placer des tablettes, les lambourdes d'un plancher, etc.

Cordeau, petite corde dont se servent les ouvriers pour prendre des aplombs et pour cingler des lignes droites.

Corniche, partie essentielle de l'architecture, composée de moulures en saillie, l'une au-dessus de l'autre, elle sert de couronnement à toute sorte d'ouvrages.

Corroyer, dresser au rabot, mettre de largeur et d'épaisseur une pièce de bois ou une planche ; battre une barre de fer à grand degré de chaleur et l'étendre sous le marteau pour le rendre moins cassant.

Couche, se dit d'une couche de sable, de mortier, de ciment, de peinture, etc.

Coucuis, servant à la voûte d'un pont pendant la construction.

Coussinet, premier voussoir ou claveau d'une voûte ou d'une arcade dont le lit de dessous est posé sur la naissance ou l'imposte.

Croquis, esquisse rapide d'un plan.

Cymaise, la partie qui est à l'extrémité de la corniche.

D

MAÇONNERIE.

Dalle, bande de pierre de 2 à 3 pouces d'épaisseur, et quelquefois plus épaisse, que l'on emploie comme carrelage, ou de champ sur la retraite des murs, ou couronnement des murs de clôture.

Dechet, diminution d'une pierre pour la mettre en œuvre.

Délarder, démaigrir une pierre, couper obliquement le dessous d'une marche d'escalier.

Déliter, poser les pierres dans un sens contraire à celui qu'elles avaient dans la carrière.

Denticule, compartiment de petites moulures, forme de dents dans une corniche.

Deversoir, endroit de la conduite de l'eau d'un moulin où l'eau se perd quand il y en a trop.

Dome, ouvrage d'architecture, calotte sphérique.

Donjon, c'est une tour dominante dans un château fort sur laquelle est une tourelle ou guérite pour les reconnaissances, ainsi que le donjon de Vincennes, près Paris.

Dorique, il se dit d'un des cinq ordres d'architecture.

Douelle, il se dit de la coupe des pierres propres à faire des voûtes.

GÉNIE.

Décagone, figure de géométrie qui a dix angles et dix côtés.

Décagramme, nouvelle mesure de poids.

Décalitre, nouvelle mesure de capacité.

Décamètre, nouvelle mesure de longueur.

Décimal, ale, fractions décimales, fractions dont les parties sont des dixièmes, des centièmes, des millièmes etc. d'unité.

Décimètre, nouvelle mesure de longueur.

Décilitre, nouvelle mesure de capacité.

Déciare, nouvelle mesure de superficie.

Décigramme, nouvelle mesure de pesanteur.

Dérivation, action de dériver des eaux, canal de dérivation.

Dessin, représentation d'une ou de plusieurs figures d'un paysage, d'un morceau d'architecture, d'un objet quelconque, fait au crayon, à la plume, au pinceau ou tout autre moyen.

Dessiner, imiter, représenter quelque chose.

Diagonal, ale, qui va d'un angle, d'une figure rectiligne à l'angle opposé en passant par le centre.

Diamètre, ligne droite qui va d'un point de la circonférence à un autre point en passant par le centre.

Digue, amas de terre, de pierre, de bois, etc. pour servir de rempart contre l'eau.

Divergence, situation de deux lignes, de deux rayons qui vont en s'écartant.

Divergent, te, il se dit des lignes des deux rayons qui vont en s'écartant l'un de l'autre.

Dividende, nombre à diviser selon la règle de division.

Dodécaèdre, corps solide régulier dont la surface est composée de douze pentagones réguliers.

Dodécagone, figure de géométrie.

TERMES COMMUNS A DIVERSES SCIENCES.

Décombres, amas de matériaux inutiles qui restent sur le terrain après la démolition d'un bâtiment.

Découverte, action de découvrir, sortir la terre végétale de dessus un banc de pierre.

Dégauchir, dresser le parement d'une pièce de charpente ou de menuiserie, etc.

Dégauchissement, action de dégauchir.

Déjoindre, séparer ce qui était joint.

Démaigrir, retrancher quelque chose d'une pierre ou d'une pièce de bois.

Devis, état détaillé des ouvrages et de la dépense qu'il faut faire pour la confection d'un travail quelconque.

Doucine, moulure ondoyante, concave par le haut et convexe par le bas.

Douve, planche servant à la construction d'un tonneau.

Drague, instrument fait en pelle recourbée et servant à tirer le sable des rivières, à curer et à nettoyer les puits.

Draguer, nettoyer le fond d'une rivière, d'un canal, etc., avec un instrument appelé drague.

E

MAÇONNERIE.

Ebousiner, ôter le bousin, la croûte tendre autant de la terre que de la pierre.

Ecornure, éclat emporté de l'angle d'une pierre, d'un marbre, etc.

Egout, conduit par où s'écoulent les eaux et les immondices d'une ville.

Ecorbellement, construction en saillie d'un plan vertical, d'un mur soutenu par un assemblage de corbeaux.

Entablement, dernier rang de pierres qui est au sommet d'un bâtiment.

Épéron, certains ouvrages de maçonnerie terminés en pointe, faits en dehors d'un bâtiment ou d'une muraille pour la soutenir.

Épure, dessin de quelque partie d'édifice qu'on trace sur une aire dans les dimensions que doit avoir l'édifice.

Étuve, lieu pavé de pierres et voûté, que l'on échauffe par le feu pour faire suer; petit four où l'on met sécher des confitures, etc.

Extrados, la surface convexe et extérieure d'une voûte: il est opposé à douelle qui désigne la surface intérieure et concave, appelée aussi quelquefois intrados.

Extradossé, ée, se dit d'une voûte dont le dehors n'est pas brut, c'est-à-dire dont le parement extérieur est aussi uni que celui de la douelle.

CHARPENTE ET MENUISERIE.

Ébéniste, ouvrier qui travaille le bois précieux ou qui fait des ouvrages de marqueterie.

Échafaud, assemblage de pièces de bois qui forment une espèce de plancher sur lequel les ouvriers montent pour travailler.

Échafaudage, construction d'échafauds pour bâtir.

Échafauder, dresser des échafauds.

Échenal, écheneau, échenet, gouttière de bois pour recevoir l'eau de dessus les toits.

Enfaiter, couvrir le faîte d'une maison avec de la tuile ou du plomb.

Entretoise, pièce de bois ou barre de fer qui se met entre d'autres pour les lier ensemble.

Estracade, sorte de digue faite avec de grands pieux plantés dans une rivière, dans un canal, pour en fermer l'entrée ou pour en détourner le cours.

Étai ou étaie, pièce de bois dont on se sert pour appuyer, pour soutenir quelque construction ou partie de construction qui menace ruine ou que l'on reprend en sous-œuvre.

Étayer, appuyer avec des étais.

Étrésillon, pièce de bois qui sert d'appui ou d'arc-boutant.

SERRURERIE.

Écrou, pièce de bois, de fer, ou de toute autre matière solide; trou dans lequel entre la vis en tournant.

Encliquetage, mécanique qui fait tourner une roue dans un sens et l'empêche de tourner dans un autre.

Enclume, masse de fer sur laquelle on bat le fer et autres métaux.

Espagnolette, signifie une espèce de ferrure à poignée, servant à fermer les châssis d'une fenêtre.

Étau, machine nécessaire à plusieurs ouvriers pour tenir ferme et serré les pièces qu'ils travaillent.

GÉNIE.

Ébouler, tomber en ruine, se dit des amas de terre de certaines constructions.

Écluse, clôture ayant une ou plusieurs portes qui se lèvent et se baissent pour retenir et lâcher l'eau.

Éclusée, la quantité d'eau qui coule depuis qu'on a lâché l'écluse jusqu'à ce qu'on l'ait refermée.

Ellipse, courbe qu'on forme en coupant obliquement un cône droit par un plan qui le traverse entièrement.

Enligner, placer plusieurs corps sur une même ligne.

Ennéagone, figure de neuf côtés.

Épaisseur, désigne l'une des trois dimensions de la matière étendue, qui avec la longueur et la largeur en complète la définition.

Épaulement, espèce de rempart fait de fascines et de terre, etc.

Épicycloïde, courbe engendrée par la révolution d'un point de la circonférence d'un cercle qui roule sur la partie concave ou convexe d'un autre cercle.

Équiangle, se dit d'une figure

de géométrie dont tous les angles sont égaux entr'eux.

ÉQUILATÉRAL, ALE, se dit d'un triangle.

EPTAGONE, figure de géométrie.

EXCENTRIQUE, se dit de deux ou de plusieurs cercles engagés l'un dans l'autre, qui ont un centre différent.

TERMES COMMUNS A DIVERSES SCIENCES.

EBAUCHE, ouvrage de peinture ou de sculpture grossièrement commencé.

EBAUCHER, commencer un ouvrage, lui donner les premiers traits.

EBAUCHOIR, outil de bois ou d'ivoire dont les sculpteurs se servent.

EBOULEMENT, chute de la chose qui s'éboule, ou état de la chose éboulée.

ECOINÇON, pièce de maçonnerie ou de menuiserie qui cache et dissimule les angles que forment les parois d'une chambre.

ECRÉTER, enlever le sommet d'un ouvrage quelconque.

ELÉVATION, exhaussement, hauteur.

EMBARCADÈRE, lieu propre pour embarquer.

EMBRASURE, ceinture de fer plat qu'on met aux tuyaux des cheminées, des briques pour empêcher qu'elles ne se fendent ; ouvertures pratiquées dans l'épaisseur des murs pour y placer la boiserie des portes et des fenêtres.

ENCEINTE, ce qui forme clôture autour d'un espace.

ENCLOS, espace contenu dans une enceinte de maison ; de haies, de murailles, de fossés, etc.

ENCOIGNURE, endroit où aboutissent deux murailles qui font un coin ; angle d'une construction quelconque.

ENTREPRENEUR, EUSE, celui, celle qui entreprend à forfait quelque ouvrage considérable comme des fortifications, un pont, une route, etc.

EVIDER, faire une espèce de cannelure ou de découpure à un ouvrage pour le rendre plus léger.

EXPERT, personne nommée par autorité de justice pour examiner, pour estimer.

F

MAÇONNERIE.

FICHER, introduire le mortier dans le joint de deux pierres.

FONDATION, travaux qui se font en terre pour asseoir les fondements d'un édifice.

FONDEMENT, fossé que l'on fait pour commencer à bâtir la maçonnerie qu'on y élève.

Fonder, mettre les premiers matériaux pour la construction d'un bâtiment.

FRISE, partie de l'entablement qui est entre l'architrave et la corniche.

FUMISTE, ouvrier dont la profession est d'empêcher qu'une cheminée ne fume.

FUT, partie de la colonne qui est entre la base et le chapiteau.

CHARPENTE ET MENUISERIE.

FAITAGE, l'ensemble du comble d'un bâtiment ; la charpente, la couverture, etc. ; on donne plus particulièrement ce nom à la pièce de bois qui termine le comble, et sur laquelle s'appuient les chevrons.

FAITIÈRE, tuile courbe dont on couvre le faîte d'un toit.

FAITE, la partie la plus élevée d'un bâtiment, d'un édifice.

Fermeture, ce qui sert à fermer.

SERRURERIE.

Fiche, petit morceau de fer ou d'autre métal servant à la penture des portes, des fenêtres, des armoires, etc.

Frette, lien de fer qui environne le moyeu d'une roue.

GÉNIE.

Forteresse, lieu fortifié destiné à recevoir une garnison et à défen un pays.

Fortification, ouvrage de terre ou de maçonnerie qui rend une place forte.

Fosse, creux dans la terre, fait par la nature ou par l'art, et qui est plus ou moins large et profond; fosse d'aisance.

Fouille, travail qu'on fait en fouillant dans la terre.

TERMES COMMUNS A DIVERSES SCIENCES.

Fiche, lame de fer dentelée pour introduire le mortier dans les joints de deux pierres; morceau de métal qui sert aux pentures des portes, fenêtres, armoires, etc.

G

MAÇONNERIE.

Gacher, détremper, délayer du mortier ou du plâtre.

Galerie, pièce d'un bâtiment beaucoup plus longue que large, où l'on peut se promener à couvert.

Garde-fou, balustrade, parapet, ou barrière qu'on met au bord des ponts, des quais, des terrasses, etc.

Gothique, se dit de l'architecture des monuments du moyen-âge.

Granit, pierre fort dure qui est composée naturellement d'un assemblage d'autres pierres de différentes couleurs.

Gravois, partie grossière du plâtre qu'on a cassé; menus débris d'une muraille qu'on a démolie.

CHARPENTE ET MENUISERIE.

Gouge, espèce de ciseau de menuisier.

Gouttière, canal par où les eaux de la pluie coulent de dessus les toits.

Grume, bois coupé qui a encore son écorce.

Guillaume, sorte de rabot.

SERRURERIE.

Gabet, girouette.

Gache, pièce de fer percée, dans laquelle entre le pène d'une serrure.

Gachette, petite pièce de fer d'une serrure, qui se met sous le pène.

Girouette, pièce de fer-blanc ou d'autre matière fort mince, qui se met sur le faîte d'un bâtiment.

Gond, morceau de fer coudé, sur lequel tournent les pentures d'une porte.

Grille, assemblage à claire-voie de barreaux de fer.

GÉNIE.

Goniométrie, art de mesurer les angles.

Gramme, poids nouveau, unité du nouveau poids.

Graphique, se dit des descriptions données par une figure.

Graphomètre, instrument de mathématiques dont on se sert pour mesurer les angles lorsqu'on mesure les terres.

Gravité, centre de gravité dans

chaque corps solide, un point tel que s'il est soutenu contre l'effort de la gravité, le corps l'est aussi, de même que si toute la masse était concentrée en ce point-là.

TERMES COMMUNS A DIVERSES SCIENCES.

GÂCHEUR, ouvrier qui gâche le mortier, le plâtre ; ouvrier charpentier, ouvrier intelligent qui trace l'ouvrage aux autres.

GARGOUILLE, l'endroit d'une gouttière ou d'un tuyau par où l'eau tombe.

GÉNIE, talent, disposition naturelle, aptitude pour une chose ; gé-nie signifie encore l'art de fortifier.

GÉOMÈTRE, celui qui fait la géométrie.

GÉOMÉTRIE, science qui a pour objet tout ce qui est mesurable, les lignes, les superficies, les corps solides.

GERÇURES, fentes qui se font à la terre, dans le bois, dans les ouvrages de maçonnerie.

GLAISE, sorte de terre grasse et compacte que l'eau ne pénètre point et dont on se sert pour faire des batardeaux, pour enduire des bassins, des fontaines.

GRÈVE, lieu uni et plat, couvert de gravier, le long de la mer ou d'une rivière.

H

MAÇONNERIE.

HAHA, ouverture faite au mur d'un jardin avec un fossé en dehors.

HÉBERGE, le point jusqu'où un mur est censé être commun entre deux bâtiments contigus et de hauteur inégale.

GÉNIE.

HÉMISPHÈRE, la moitié d'une sphère.

HENDÉCAGONE, figure de géométrie.

HEXAÈDRE, figure de géométrie, chaque face fait un carré ; on l'appelle aussi cube.

HIE, instrument pour enfoncer le pavé : on l'appelle autrement *demoiselle* ; le mouton avec lequel on enfonce les pilotis se nomme aussi hie.

HOMOLOGUE, figure de géométrie, se dit des côtés qui, dans des figures semblables, se correspondent et sont opposés à des angles égaux.

HORIZONTAL, ALE, parallèle à l'horizon.

HOUE, instrument de fer large et recourbé qui a un manche de bois et qui sert à remuer la terre en la tirant vers soi.

HYPERBOLE, section d'un cône par un plan qui, étant prolongé, rencontre l'autre cône opposé.

HYPOTHÉNUSE, figure de géométrie, le côté qui est opposé à l'angle droit dans un triangle.

I

MAÇONNERIE.

IMPOSTE, la dernière pierre du pied-droit d'une porte ou d'une arcade ayant ordinairement quelque moulure et sur laquelle on pose la première retombée du cintre.

IONIQUE, c'est le troisième des ordres d'architecture.

GÉNIE.

Inégal, qui n'est point égal, qui n'est pas de même étendue, de même durée, de même valeur.

Ingénieur, celui qui invente, qui trace et qui conduit des travaux.

Irrationnel, elle, se dit des quantités qui n'ont aucune commune mesure avec l'unité, c'est-à-dire qui ne peuvent être représentés ni par des nombres entiers ni par des fractions.

Isocèle, figure de géométrie. triangle isocèle.

TERMES COMMUNS A DIVERSES SCIENCES.

Intelligence, faculté intellective, capacité.

Intelligent, ente, pourvu de la faculté intellective.

J

MAÇONNERIE.

Jambage, Pied-droit d'une porte. de croisée, d'arcade, etc.

GÉNIE.

Jalon, perche qu'on plante en terre pour prendre des alignements.

Jectisses, se dit des terres remuées ou rapportées.

K

GÉNIE.

Kilo, mesure nouvelle qui indique une unité mille fois plus grande que l'unité générale.

Kilogone, figure qui a mille côtés et mille angles.

Kilogramme, nouvelle mesure de pesanteur.

Kilolitre, nouvelle mesure de capacité.

Kilomètre, nouvelle mesure linéaire.

L

MAÇONNERIE.

Larmier, partie saillante au haut d'un édifice, d'un ouvrage de maçonnerie destiné à éloigner l'eau de la pluie de la surface du mur.

Listel, moulure carrée.

Lezarde, fente, crevasse qui se fait dans un mur.

CHARPENTE ET MENUISERIE.

Lambourde, pièce de bois de charpente qui sert à soutenir les ais d'un plancher.

Latte, morceau de bois refendu que l'on cloue sur les chevrons pour porter la tuile ou l'ardoise.

Lattis, arrangement de lattes sur un comble.

Liteau, petite tringle de bois.

Lucarne, fenêtre pratiquée au toit d'une maison.

GÉNIE.

Lavis, manière de laver un dessein avec de l'ancre de Chine ou avec quelqu'autre composition.

Ligne, trait considéré comme n'ayant ni largeur ni profondeur.

Linéaire, qui a du rapport aux lignes.

Litre, nouvelle mesure de capacité.

Logarithme, nombre qui dans une progression arithmétique et qui répond à un autre nombre pris dans une progression géométrique.

Longitudinal, qui est étendu en long.

Losange, figure à quatre côtés égaux, ayant deux angles aigus et deux autres obtus.

TERMES COMMUNS A DIVERSES SCIENCES.

Lambris, revêtement de menuiserie de marbre, de stuc, etc., sur les murailles d'une chambre, d'une salle.

Levier, barre de fer ou de bois propre à remuer quelque fardeau.

M

MAÇONNERIE.

Module, certaine mesure qu'on prend pour régler les proportions d'un ordre d'architecture.

Moellon, sorte de pierre à bâtir.

Mortier, mélange de terre et de sable avec de l'eau ou de la chaux éteinte dans l'eau.

Moulure, ornement d'architecture, c'est-à-dire des parties plus ou moins saillantes, carrées ou rondes, droites ou courbes.

Murer, boucher une porte ou une fenêtre avec de la maçonnerie.

GÉNIE.

Marne, espèce de terre calcaire mêlée d'argile.

Mathématicien, celui qui fait son étude principale des mathématiques, qui s'occupe d'ouvrages ou de travaux relatifs à cette science.

Mathématiques, science qui a pour objet les propriétés de la grandeur en tant qu'elle est calculable ou mesurable.

Mécanicien, qui sait la mécanique.

Mécanique, la partie des mathématiques qui a pour objet les lois du mouvement, celles de l'équilibre.

Mécanisme, la structure d'un corps suivant les lois de la mécanique.

Milliaire, bornes sur les grands chemins éloignées de mille mètres l'une de l'autre.

Million, dix fois cent mille.

Mextiligne, il se dit des figures terminées en partie par des lignes droites et partie par des lignes courbes.

Mont-joie, monceau de pierres jetées confusément les unes sur les autres pour marquer les chemins.

Motte, petit morceau de terre détaché du reste de la terre, bute, éminence de terre.

Multiple, qui contient plusieurs fois exactement le simple.

Multiplicande, nombre à multiplier par un autre.

Multiplicateur, nombre par lequel on en multiplie un autre.

Multiplication, augmentation en nombre, règle d'arithmétique.

Myriagramme, nouveau poids, dix mille grammes.

Myrialitre, nouvelle mesure de capacité, dix mille litres.

Myriamètre, nouvelle mesure itinéraire égale à dix mille mètres, environ deux lieues.

TERMES COMMUNS A DI-VERSES SCIENCES.

Main-d'œuvre, le travail de l'ou-vrier.

Malfaçon, ce qu'il y a de mal fait dans un ouvrage.

Manivelle, pièce de fer ou de bois qui sert à faire tourner une ma-chine.

Manœuvre, aide ouvrier.

Maximum, se dit du taux le plus élevé.

Moderne, nouveau, récent, qui est des derniers temps ; il est opposé à ancien, à antique.

Monticule, diminutif de mont, petite montagne.

Mosaïque, pavé composé de peti-tes pierres dures ou de petits mor-ceaux d'émail de différentes cou-leurs.

N

MAÇONNERIE.

Niche, enfoncement pratiqué dans l'épaisseur d'un mur pour y placer une statue, recouvert d'une demi-coupole.

Noyau, mur où s'assemblent tou-tes les marches d'un escalier.

GÉNIE.

Niveau, instrument de mathéma-tiques au moyen duquel on voit si un plan, un terrain, est uni et hori-zontal, et l'on détermine de com-bien un point de la surface de la terre est plus bas ou plus haut qu'un autre.

Niveleur, celui qui fait profession de niveler.

Niveler, mesurer avec le niveau.

Nivellement, action de mesurer avec le niveau.

Numérateur, le nombre qui in-dique dans une fraction combien elle contient de parties de l'unité.

Numération, action de nombrer, de compter.

Numéro, nombre des chiffres, la cote qu'on met sur quelque chose.

O

MAÇONNERIE.

Obélisque, pyramide étroite et longue faite d'une seule pierre et élevée.

Ogive, se dit des nervures sail-lantes qui, en se croisant diagonale-ment, forment un angle au sommet d'une voûte.

Opet, les trous des boullins qui restent dans les murs.

Orbe, mur orbe, dans lequel il n'y a ni portes, ni fenêtres.

Ordre, se dit de certaines propor-tions et de certains ornements qui distinguent une colonne ou un en-tablement.

Orienté, maison bien ou mal orientée, dans une bonne ou mau-vaise exposition, à l'égard de l'orient et des autres points cardinaux.

Ove, ornement taillé en forme d'œuf.

Ovicule, petite ove.

GÉNIE.

Oblique, qui est de biais ou in-cliné.

Obliquement, de biais, d'une ma-nière frauduleuse, indirectement.

OBLIQUITÉ, inclinaison d'une ligne.

OBLONG, ONGUE, qui est beaucoup plus long que large.

OBTUS, USE, se dit d'un angle plus grand, plus ouvert que l'angle droit ; maison obtuse.

OBTUSANGLE, se dit principalement d'un triangle obtus.

OCTAÈDRE, corps solide à huit faces.

OCTOGONE, qui a huit angles et huit côtés.

ONDÉCAGONE, figure à onze côtés et onze angles.

ORDONNÉE, ligne droite tirée d'un point de la circonférence d'une courbe perpendiculairement à son axe.

ORTHOGONAL, ALE, qui est perpendiculaire, qui est à angles droits.

OVALE, qui est de figure ronde et oblongue, à peu près semblable à celle d'un œuf.

TERMES COMMUNS A DIVERSES SCIENCES.

OCRE, terre ferrugineuse dont on fait la couleur jaune.

ONDULATIONS, mouvement par ondes.

ONDULER, avoir un mouvement d'ondulation.

ORNIÈRE, trace profonde que les roues d'une charrette font dans les chemins.

P

MAÇONNERIE.

PAREMENT, la surface apparente d'un ouvrage, le côté d'une pierre qui doit paraître en dehors du mur.

PARPAING, pierre-moellon qui tient toute l'épaisseur d'un mur et dont on voit une face de chaque côté d'un mur.

PAVILLON, espèce de logement de forme ronde ou carrée et terminé en pointe par en haut.

PERRON, ouvrage de maçonnerie attaché par dehors au devant d'un corps de logis et servant d'escalier à l'appartement d'en bas.

PERSIQUE, il se dit d'un ordre d'architecture dans lequel on substitue au fut de la colonne dorique des figures de captifs qui portent l'entablement.

PIÉDESTAL, corps solide orné d'une base et d'une corniche, destiné à porter une figure, un vase ou une colonne.

PIED-DROIT, partie de jambage d'une porte ou d'une fenêtre qui comprend le chambranle, le tableau, la feuillure, l'embrasure et l'écoinçon.

PIGNONÉ, il se dit de ce qui s'élève en forme d'escalier de part et d'autre pyramidalement.

PIGNON, mur d'une maison qui est terminé en pointe et qui porte le bout du faitage de la couverture.

PILASTRE, pilier carré auquel on donne les mêmes proportions et les mêmes ornements qu'aux colonnes.

PILE, amas de plusieurs choses entassées avec quelque ordre, maçonnerie qui soutient les arches d'un pont.

PILIER, ouvrage de maçonnerie servant à soutenir un édifice.

PLATRE, pierre cuite au fourneau que l'on met en poudre pour servir à divers usages dans les bâtiments.

PLATE-BANDE, dessus d'une porte ou d'une croisée.

PLATRIER, ouvrier qui fait le plâtre ou marchand qui le vend.

PORCHE, portique, lieu couvert à l'entrée d'un temple, d'une église ou même d'un palais.

PORTIQUE, espace composé de voûtes ou d'arcades non fermées et supporté par des colonnes ou des pilastres.

POSEUR, celui qui dans un bâtiment pose ou dirige la pose des pierres.

Pose, action de poser une pierre, de la mettre en place dans une construction.

Pouzzolane, sable des environs de Pouzzol en Italie, terre volcanique rougeâtre qu'on mêle avec de la chaux pour en faire un mortier qui durcit dans l'eau.

Puisard, puits pratiqué pour faire écouler les eaux.

CHARPENTE ET MENUISERIE.

Palanque, fortification, retranchement formé de pieux joints et plantés verticalement.

Palissade, clôture de palis, espèce de barrière faite avec des pieux ou même avec des planches.

Palplanche, pièce de bois qui garnit le devant des fondements des pilotis d'une digue.

Panne, pièce de bois placée horizontalement sur la charpente d'un comble pour porter les chevrons.

Parquet, assemblage de pièces de bois qui font un compartiment sur le plancher d'en bas.

Pieu, pièce de bois qui est pointue par un des bouts.

Pilotage, ouvrage de pilotis.

Pilotis, gros pieu de bois qu'on fait entrer avec force pour asseoir les fondements d'un édifice lorsqu'on veut bâtir.

Placage, ouvrage de menuiserie fait de bois scié en feuilles qui sont appliquées sur d'autre bois de moindre prix.

Poteau, pièce de bois de charpente dont on fait des cloisons et autres ouvrages semblables, grosse et longue pièce de bois posée.

Poutre, grosse pièce de bois carrée qui sert à soutenir les solives ou les planches d'un plancher.

SERRURERIE.

Paratonnerre, barre de fer terminée en pointe qu'on élève au-dessous des édifices et à laquelle on joint une chaîne de fer pour attirer sans explosion la matière du tonnerre.

Pêne, morceau de fer long et carré dont le bout sort de la serrure de laquelle il fait partie et entre dans la gâche.

Penture, bande de fer qui sert à soutenir les portes et les fenêtres.

Piston, cylindre de bois de fer ou de cuivre qui entre dans le corps d'une pompe pour élever l'eau.

Pivot, morceau de fer arrondi par le bout qui soutient un corps et qui sert à le faire tourner.

Poinçon, instrument de fer ou d'autre métal, qui a une pointe pour percer.

GÉNIE.

Palon, espèce de spatule de bois.

Parabole, courbe qui résulte de la section d'un cône, par un plan parallèle au côté de ce cône.

Parabolique, qui est taillé en figure de parabole.

Parallélipipède, corps solide terminé par six parallélogrammes dont les opposés sont parallèles entre eux.

Parallélisme, état de deux lignes de deux plans parallèles.

Paramètre, signifie en général une ligne constante et invariable qui entre dans l'équation ou dans la construction d'une courbe ; il a d'ailleurs différentes acceptions selon les différentes positions auxquelles on l'applique.

Pentagone, qui a cinq angles et cinq côtés.

Périmètre, circonférence, contour.

Pioche, instrument pour fouir la terre.

Piocher, travailler à fouir la terre avec une pioche.

Piqueur, homme qui a soin de tenir le rôle des maçons, des tailleurs de pierre, et autres ouvriers.

Plan, ane, angle tracé sur une superficie plate ; figure, surface plate et unie.

Plan, surface plane, dessin d'un bâtiment tracé sur le papier.

Planchette, petite planche, instrument de mathématiques propre à lever des plans.

Polyèdre, corps solide à plusieurs faces.

Polygone, qui a plusieurs angles et plusieurs côtés.

Pont, ouvrage de pierre, de fer ou de bois, élevé au-dessus d'une rivière, d'un ruisseau, d'un fossé.

Prisme, corps solide terminé par deux bases qui font deux surfaces égales et parallèles, et par autant de parallélogrammes que chaque base a de côtés.

Problème, question à résoudre, proposition dont le pour et le contre se peuvent également soutenir.

Profiler, dessiner, représenter un profil.

Progression, en mathématiques, suite de nombres ou de quantités qui dérivent successivement les uns des autres, suivant une même loi; progression (arithmétique), celle où la différence de chaque terme au terme précédent est constante.

Projection de la sphère, représentation de la sphère sur un plan ou sur toute autre surface.

Projeter, former un dessin de…: tracer sur un plan ou sur une surface quelconque la sphère ou tel autre corps, suivant certaines règles.

Proportion, en termes de mathématiques, l'égalité de deux ou de plusieurs rapports, par cette différence ou par quotient.

En arithmétique, règle de proportion, ou règle de trois, celle par laquelle on cherche un nombre qui soit en proportion géométrique avec trois nombres donnés.

Proportionnel, elle, se dit de toute quantité qui est en proportion avec d'autres quantités de même genre.

Pyramide, solide composé de triangles, ayant un même plan pour base, et dont les sommets se réunissent en un même point.

TERMES COMMUNS A DIVERSES SCIENCES.

Palier, espace ou plate-forme servant de repos dans un escalier, dans un perron, dans une rampe douce ou dans les gradins d'un théâtre.

Parallèle, comparaison au moyen de laquelle on examine, on explique les rapports et les différences que deux choses ou deux personnes ont entre elles.

Parapet, élévation de terre ou de pierre au-dessus d'un rempart, d'une terrasse, d'un pont, etc.

Patente, espèce de brevet dont toute personne qui veut faire un commerce ou exercer une industrie quelconque doit être munie.

Planure, bois qu'on retranche des pièces que l'on plane.

Plat, ate, qui a la superficie unie.

Plinthe, membre plat et carré formant la partie inférieure d'un piédestal ou d'une colonne. — Bandeau à l'extrémité des murs, qui est placé horizontalement à peu près au niveau des planchers. — Petit socle peu élevé au pourtour d'une pièce.

Plomb, instrument dont les maçons et les charpentiers se servent pour élever perpendiculairement leurs ouvrages.

Pourtour, le tour, le circuit de certains objets.

Préliminaire, qui précède la matière principale, qui sert à l'éclaircir.

Professer, exercer, professer un art, un métier; enseigner publiquement.

Profession, se dit de tous les différents états, emplois de la vie civile.

Q

GÉNIE.

Quadrature, réduction géométrique de quelque figure curviligne en un carré équivalent en surface.

Quai, levée ordinairement revêtue de pierre de taille, et faite le long d'une rivière pour empêcher le débordement de l'eau.

Quotient, terme d'aritmétique, nombre qui résulte de la division d'un nombre par un autre.

R

MAÇONNERIE.

Radier, espèce de pavé établi sous un pont.

Rampe, la partie d'un escalier par laquelle on monte d'un palier.

Rampant, qui est en rampe.

Ravalement, travail qu'on fait à un mur lorsqu'il est élevé à hauteur.

Refend, mur qui est dans œuvre et qui sépare les pièces du dedans d'un bâtiment.

Relief, ouvrage de sculpture plus ou moins relevé en bosse.

Remplage, en terme de maçonnerie, blocage de moellons ou briques, et de mortier, dont on remplit l'espace vide entre les deux parements d'un mur en pierre.

Renflement, en terme d'architecture, augmentation insensible du diamètre d'une colonne, depuis la base jusqu'au tiers de la hauteur du fût.

Ressaut, terme d'architecture, avance ou saillie d'une corniche ou d'une autre partie qui sort de la ligne droite.

Retombée, se dit d'une portion de voûte ou d'arcade qu'on peut poser sans cintre, et qui porte sur un mur ou sur un pied-droit.

Rez-de-chaussée, se dit ordinairement de la partie d'une maison qui est, ou à peu près, au niveau du terrain.

Rotonde, édifice de forme circulaire à l'extérieur comme à l'intérieur et surmonté d'une coupole.

CHARPENTE ET MENUISERIE.

Rabot, outil de menuisier.

Radeau, assemblage de plusieurs pièces de bois liées ensemble, et qui forment une espèce de plancher sur l'eau.

Rainure, terme de menuiserie, petite entaillure faite en long dans un morceau de bois.

Rancher, sorte d'échelle, pièce de bois garnie de chevilles qui servent d'échelons.

Renfaiter, raccomoder le faite d'un toit.

GÉNIE.

Rayon, en géométrie, signifie le demi-diamètre d'un cercle, ou la ligne droite tirée du centre de la circonférence.

Rectangle, en géométrie, se dit soit d'un triangle qui a un angle droit, soit d'un parallélogramme qui a quatre angles droits.

Rectangulaire, qui a des angles droits.

Rectification, en géométrie, rectification d'une ligne courbe, opération par laquelle on trouve une ligne droite égale à cette courbe.

Rectiligne, géométrie, se dit des figures terminées par des lignes droites : triangle rectiligne, par opposition aux triangles sphériques, dont les côtés sont des arcs de cercle.

REDOUTE, pièce de fortification détachée : petit fort fermé, construit en terre ou en maçonnerie.

RÉGIE, administration de biens, à la charge d'en rendre compte.

RÉGISSEUR, celui qui régit par commission et à la charge de rendre compte.

RÈGLE, instrument droit, long et plat qui sert à tirer des lignes droites.

RÉGLETTE, règle de bois qui sert à différents usages.

REMBLAI, travail pour faire une levée ou aplanir un terrain avec des gravois ou des terres rapportées.

REMBLAYER, apporter des remblais.

REMPART, levée de terre qui défend et environne une place, et qui sert de défense.

RENTRANT, terme de fortification qui se dit des angles dont l'ouverture est en dehors, par opposition aux angles saillants.

RHOMBE, géométrie, quadrilataire, plan dont les côtés opposés sont parallèles entre eux sans que ses angles soient droits.

RHOMBOÏDE, géométrie, corps solide ayant six faces parallèles deux à deux et dont chacune est une rhombe.

RIGOLE, petite tranchée, petit fossé qu'on fait dans la terre, ou petit canal qu'on creuse dans des pierres de taille pour faire couler l'eau.

ROUTE, voie, chemin.

TERMES COMMUNS A DIVERSES SCIENCES.

RATEAU, instrument d'agriculture et de jardinage.

RECTIFIER, redresser une chose, la remettre dans l'état où elle doit être.

RELAYER, il se dit en parlant de certains ouvrages, les raccommoder, les changer, les refaire.

REPÈRE, terme commun à beaucoup d'arts et métiers, trait ou marque que l'on fait à différentes pièces d'assemblage pour les connaître, on dit aussi point de repère.

REPORTER, porter au lieu où la chose était auparavant.

RÉSILIATION, annulation d'un acte, la résiliation d'un contrat, d'un bail, d'une vente, etc.

RÉSILIER, casser, annuler un acte.

ROCHER, il a la même signification que roc et roche, avec cette différence que le rocher est ordinairement très-élevé, très-escarpé et terminé en pointe.

S

MAÇONNERIE.

SCULPTER, tailler, faire avec le ciseau quelque figure, quelque image ou ornement de pierre, de bois, etc.

SCULPTEUR, celui qui sculpte.

SEUIL, pierre qui est au bas de l'ouverture de la porte et qui la traverse.

SOUBASSEMENT, c'est la même chose que la retraite d'un bâtiment, planche en plâtre placée sous le manteau d'une cheminée pour empêcher la fumée de sortir et la diriger dans le tuyau.

SOUPIRAIL, ouverture qu'on fait à la partie inférieure d'un édifice pour donner de l'air, pour donner du jour à une cave.

STUC, espèce de mortier qui est fait de marbre blanc pulvérisé et mêlé avec de la chaux.

SURBAISSÉ, il se dit des arcades et des voûtes qui ne sont pas en plein cintre mais qui vont en s'abaissant par le milieu.

SURBAISSEMENT, quantité dont une arcade est surbaissée.

CHARPENTE ET MÉNUISERIE.

Sciage, ouvrage, travail de celui qui scie du bois ou de la pierre.

Scie, lame de fer longue et étroite, taillée d'un des côtés en petites dents, lame de fer montée en forme de scie mais sans aucune dent et dont on se sert pour scier le marbre.

GÉNIE.

Saper, travailler avec le pic et la pioche à détruire les fondements d'un édifice, d'un bâtiment.

Sapeur, celui qui est employé à la sape.

Sapine, qui est employé à la sape.

Science, connaissance qu'on a de quelque chose, la géométrie est une science.

Scientifique, qui concerne les sciences abstraites et sublimes.

Sécante, ligne qui coupe la circonférence.

Secteur, partie d'un cercle qui est comprise entre deux rayons quelconques et l'arc qu'ils renferment.

Segment, partie d'un cercle comprise entre un arc quelconque et sa corde.

Sinus, la perpendiculaire menée d'une des extrémités d'un arc sur le rayon qui passe par l'autre extrémité.

Siphon, tuyau recourbé dont les branches sont inégales ; il y a des aqueducs siphons.

Solide, corps considéré comme ayant les trois dimensions, longueur, largeur et profondeur.

Sous-tangente, la partie de l'axe d'une courbe comprise entre l'ordonnée et la tangente.

Sous-tendante, la ligne droite menée d'une extrémité de l'arc à l'autre extrémité.

Sphéricité, état de ce qui est sphérique.

Sphérique, qui est rond comme un globe.

Sphère, globe, boule, corps solide dans lequel toutes les lignes tirées du centre à la surface sont égales.

Sphéroïde, corps solide qui a la forme d'un œuf, dont la figure approche de celle de la sphère.

Spirale, courbe décrite sur un plan, et qui fait une ou plusieurs révolutions autour d'un point où elle commence, et dont elle s'écarte toujours de plus en plus.

Spiroïde, se dit quelquefois de la ligne spirale en général, et plus exactement d'un seul de ses tours ; en architecture, base d'une colonne en tant que la figure ou le profil de cette base va en serpentant.

Stéréométrie, science qui traite de la mesure des solides.

Stéréotomie, science de la coupe des solides.

Subdivision, division d'une des parties d'un tout déjà divisé.

Superficie, longueur et largeur sans profondeur.

Superficiel, qui n'est qu'à la superficie.

Superposition, action de poser une ligne, une surface, un corps sur un autre.

Surface, superficie, l'extérieur, le dehors d'un corps.

TERMES COMMUNS A DIVERSES SCIENCES.

Salon, pièce dans un appartement destinée à recevoir les visites.

Salubre, qui contribue à la santé.

Salubrité, qualité de ce qui est salubre.

Section, espèce de division ou de subdivision d'un ouvrage.

Sinuosité, tours et détours que fait une chose sinueuse.

Sommet, le haut, la partie la plus élevée d'une montagne, d'un rocher, d'une tour, de la tête, etc.

Solidité, qualité de ce qui est solide.

Solution, dénoûment d'une difficulté.

Soumissionnaire, celui qui fait la soumission.

Soumissionner, donner la déclaration qu'on se soumet à payer ou à confectionner certaines choses.

Sous-traitant, sous-fermier, celui qui se charge de quelque partie d'un travail, d'une fourniture, d'une entreprise concédée à un premier traitant.

Statue, figure entière d'homme ou de femme en plein relief.

Sur-arbitre, celui qu'on choisit par-dessus deux ou plusieurs arbitres pour décider d'une affaire, quand ils sont partagés.

Surplomb, défaut de ce qui n'est pas à plomb.

Surplomber, être hors de l'aplomb.

T

MAÇONNERIE.

Tablée, ornement sculpté sur la face d'un piédestal.

Taille, coupe de pierres dures propres à être taillées pour un bâtiment.

Tailloir, la partie supérieure du chapiteau des colonnes.

Talus, inclinaison que l'on donne à la surface latérale et extérieure d'un mur, de sorte que de haut en bas il aille toujours en s'épaississant.

Tour, bâtiment élevé, rond, carré, dont on fortifiait anciennement les murailles des villes, des châteaux.

Tremeau, partie du parapet terminée par les deux autres parties.

Tourelle, petite tour.

Trompe, portion d'une voûte en saillie, servant à porter l'encoignure d'un bâtiment ou toute autre construction qui semble se soutenir en l'air.

Truelle, instrument dont les maçons se servent pour employer le plâtre ou le mortier.

CHARPENTE ET MENUISERIE.

Tasseau, petit morceau de bois qui sert à soutenir une tablette.

Tenon, bout d'une pièce de bois qui entre dans une mortaise.

Toit, couverture d'un bâtiment, d'une maison.

Toiture, confection des toits.

Tourniquet, croix de bois ou de fer mobile et posée horizontalement sur un pivot pour laisser passer un à un des gens de pied.

Trappe, espèce de porte au niveau d'un plancher, se dit tant de l'ouverture que de la porte même.

Travée, espace qui est entre deux poutres, ou entre une poutre et la muraille qui lui est parallèle, ou entre deux murs.

Traverse, pièce de bois qu'on met en travers pour en assembler ou pour en affermir d'autres.

Tringler, tracer sur une pièce de bois une ligne droite avec un cordeau.

SERRURERIE.

Taraud, cylindre d'acier dans lequel on a creusé des pas de vis pour faire ou tarauder des écrous.

Targette, petite plaque de fer, avec un petit verrou, qu'on met aux portes et aux fenêtres pour les fermer.

Trempe, action de tremper le fer; qualité que le fer contracte quand on le trempe.

Tuyère, ouverture à la partie postérieure d'un fourneau, où l'on place les tuyaux ou les becs des soufflets.

GÉNIE.

Tangente, ligne droite qui touche une courbe en quelqu'un de ses points.

Tire-ligne, instrument de géométrie qui sert à passer à l'encre une ligne tracée au crayon.

Tétraèdre, corps régulier dont la surface est formée de quatre triangles égaux et équilatéraux.

Tétragone, qui a quatre angles et quatre côtés.

Transversal, ligne, section qui coupe obliquement.

Trapèze, figure de géométrie qui a quatre côtés, dans laquelle il y a au moins deux côtés opposés qui ne sont point parallèles.

Trapéziforme, qui a la forme d'un trapèze.

Trapézoïde, figure de quatre côtés, dont deux sont parallèles, et les deux autres ne le sont pas.

Triangle, figure à trois côtés et à trois angles.

Triangulaire. qui a trois angles.

Trigonométrie, partie de la géométrie qui enseigne à mesurer les angles.

Trilatéral, qui a trois côtés.

Tuf, terre blanchâtre et sèche qu'on trouve assez ordinairement au-dessous de la terre franche.

TERMES COMMUNS A DIVERSES SCIENCES.

Tache, le travail qu'on donne à faire à une personne à certaines conditions.

Terrasse, levée de terre dans un jardin, dans un parc ; ouvrage de maçonnerie en forme de balcon et de galerie découverte.

Tirant, pièce de bois qui tient en état les deux jambes de force du comble d'une maison ; barre de fer attachée à une poutre et dont l'extrémité porte un œil qui reçoit un ancre pour prévenir l'écartement d'un mur.

Tracé, trait du plan d'un ouvrage.

Traité, ouvrage, livre où l'on traite de quelque art.

Tringle, verge de fer, menue, ronde et longue ; baguette équarrie, longue, plate et étroite, qui sert à plusieurs usages dans la menuiserie.

Tronçon, morceau coupé ou rompu d'une plus grande pièce.

Tronquer, retrancher, couper une partie de quelque chose.

Tuyau, tube ou canal, ouverture de la cheminée depuis le manteau jusqu'au haut.

V

MAÇONNERIE.

Ventouse, ouverture pratiquée dans un conduit pour donner passage à l'air par le moyen d'un tuyau.

Vestibule, la pièce du bâtim. qui s'offre la première à ceux qui entrent.

Volute, ornement du chapiteau ionique fait en forme de spirale ; coquille univalve tournée en cône pyramidal.

Voussoirs ou Vousseaux, pierres taillées de manière à former une voûte.

Voussure, courbure dont le plan est moindre que le demi-cercle.

Voûte, ouvrage de maçonnerie fait et dont les pièces se soutiennent les unes sur les autres.

Voûter, faire une voûte.

GÉNIE.

Vertical, ale, perpendiculaire à l'horizon.

Verticalement, perpendiculairement à l'horizon.

Vicinal, ale, chemin qui sert de moyen de communication entre plusieurs villages.

Volume, étendue d'une masse, d'un corps.

TERMES COMMUNS A DI-VERSES SCIENCES.

Vacation, métier, profession, temps que des personnes publiques emploient à travailler à quelque affaire.

Vocabulaire, dictionnaire, recueil alphabétique des mots d'une langue.

Z

TERMES COMMUNS A DIVERSES SCIENCES.

Zinc, demi métal qui a la propriété de rendre le cuivre jaune.

Zone, section de sphère entre deux cercles parallèles.

FIN DU VOCABULAIRE.

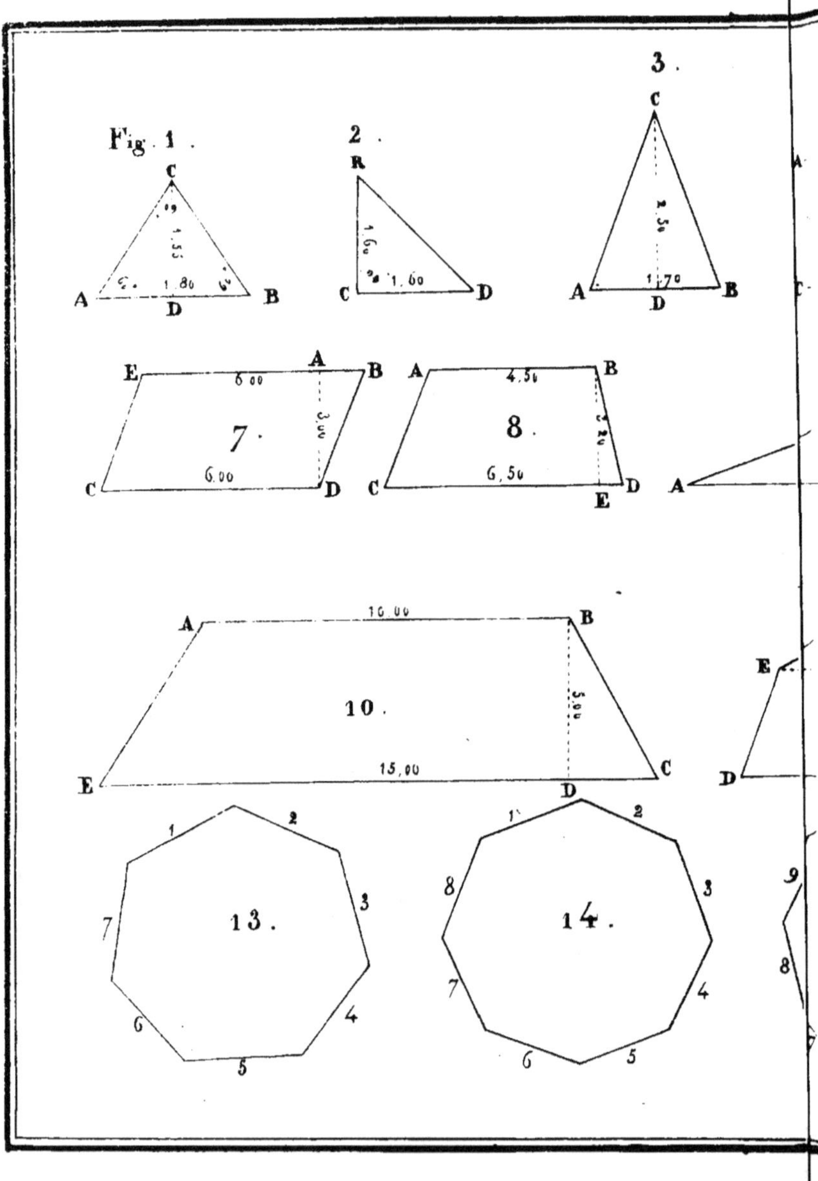

Fig. 1.
2.
3.
C
A D B
R
C 1.60 D
C
A D B
1.55
1.80
1.60
2.50
1.70
E 6.00 A B
7.
C 6.00 D
3.00
A 4.50 B
8.
C 6.50 D
E
A 10.00 B
10.
E 15.00 D C
5.00
13.
1 2
3
4
5
6
7
14.
1 2
3
4
5
6
7
8

4.
B
A
D
3,50
3,50
5.
E F
A B
4,60
3,00
6.
D
A 2,00 B
2,50
2,50
C
B 12,00 C
9.
3,00
20,00
D
A
6,00
6,00
3,00
3,00
F
11.
7,00
C 2,00 B
A 1 G B
2,00
1,75
6 2
F C
12.
H
5 3
E D
4
2
15.
1 2
3
9
4
5
6
16.
1 2 3
10 4
9 5
8 6
7

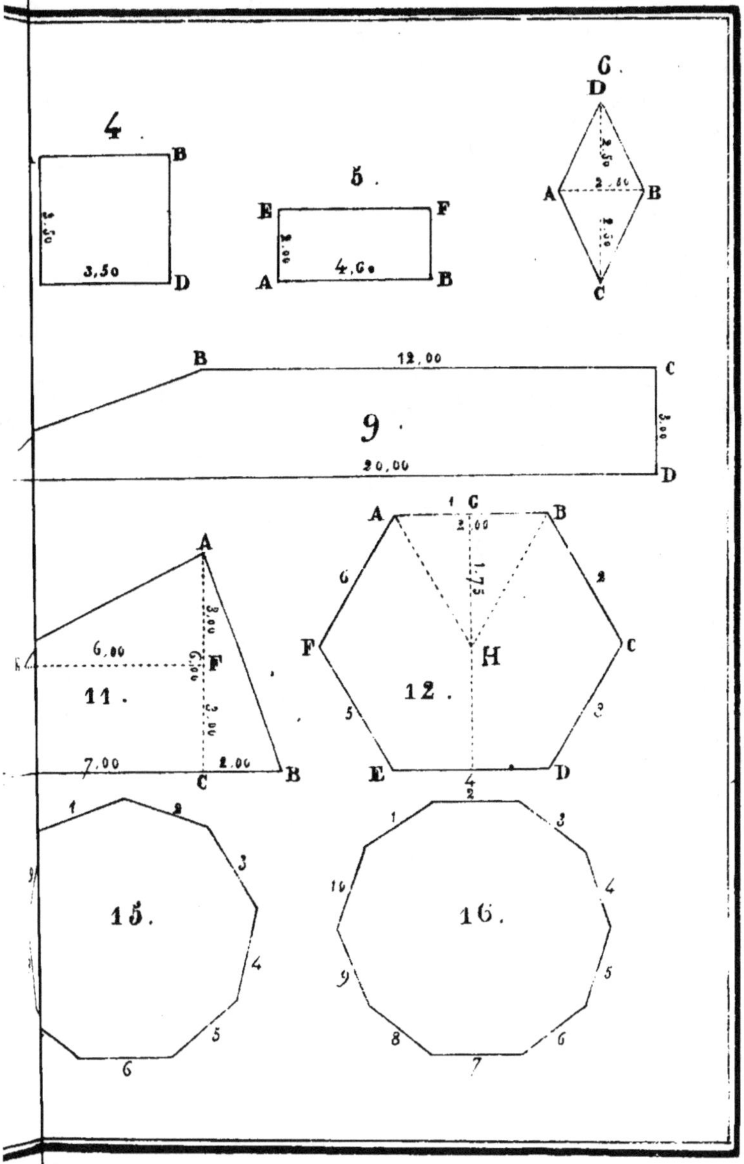

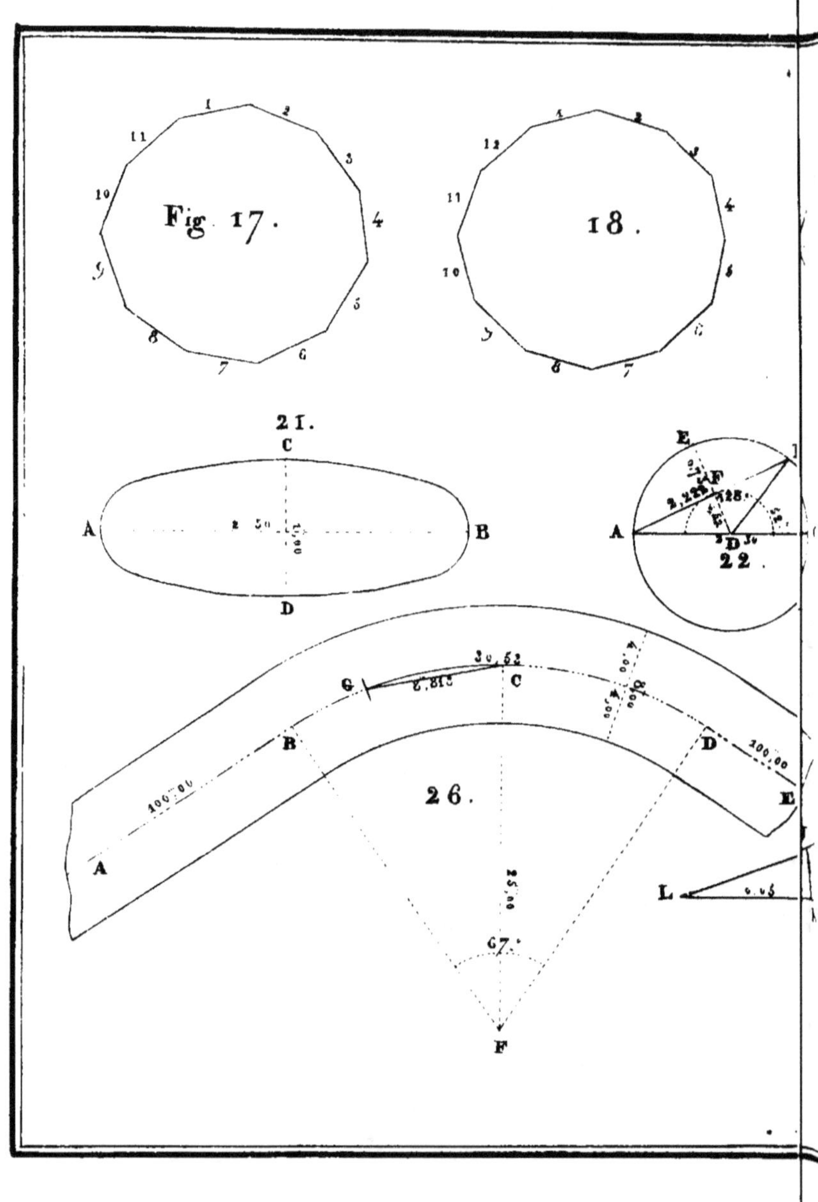

Fig. 17.
18.
21.
22.
26.

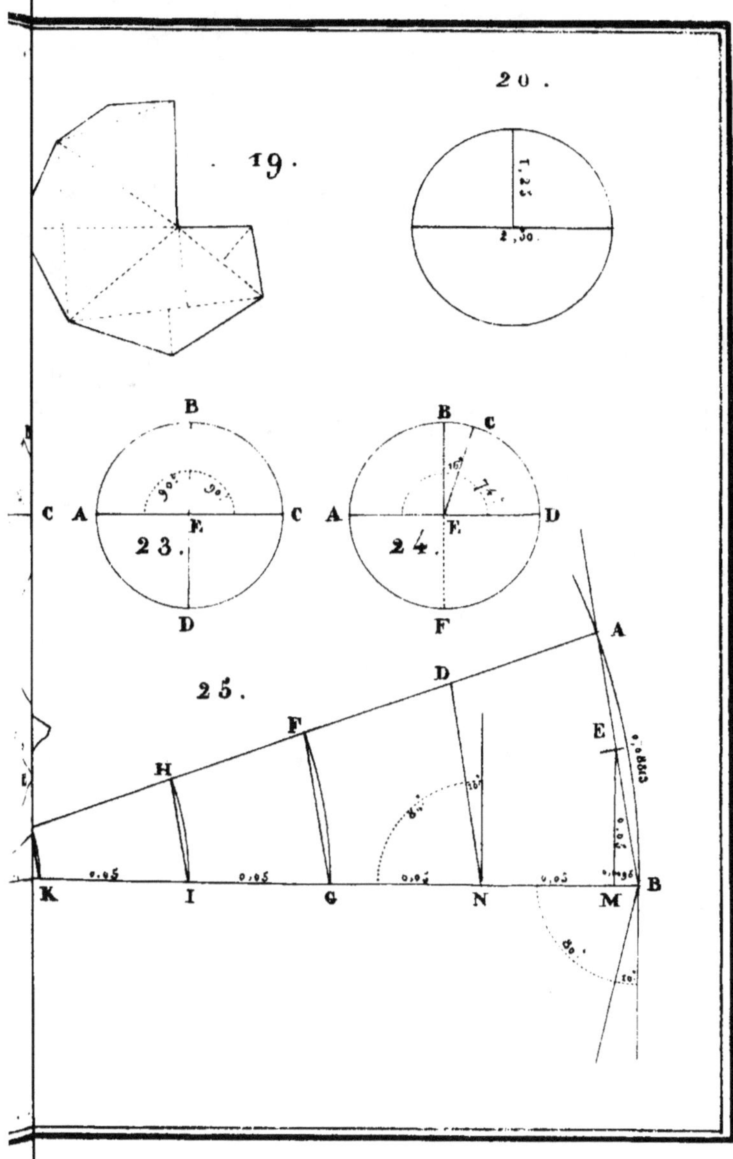
20.
19.
B
C A C
23.
D
B c
A D
24.
F
25.
A
D
E
0,8863
F
H
K 0,05 I 0,05 G 0,05 N 0,05 M B

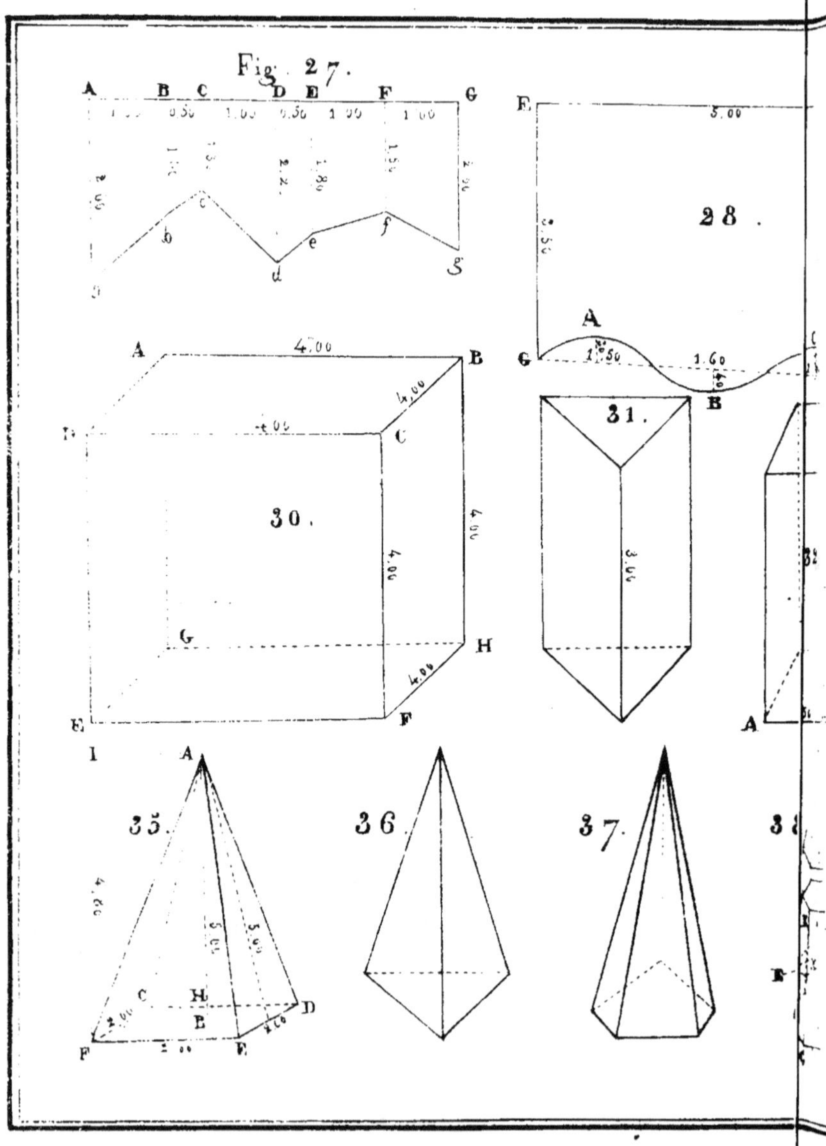

Fig. 27.
A B C D E F G
28.
31.
30.
35.
36.
37.

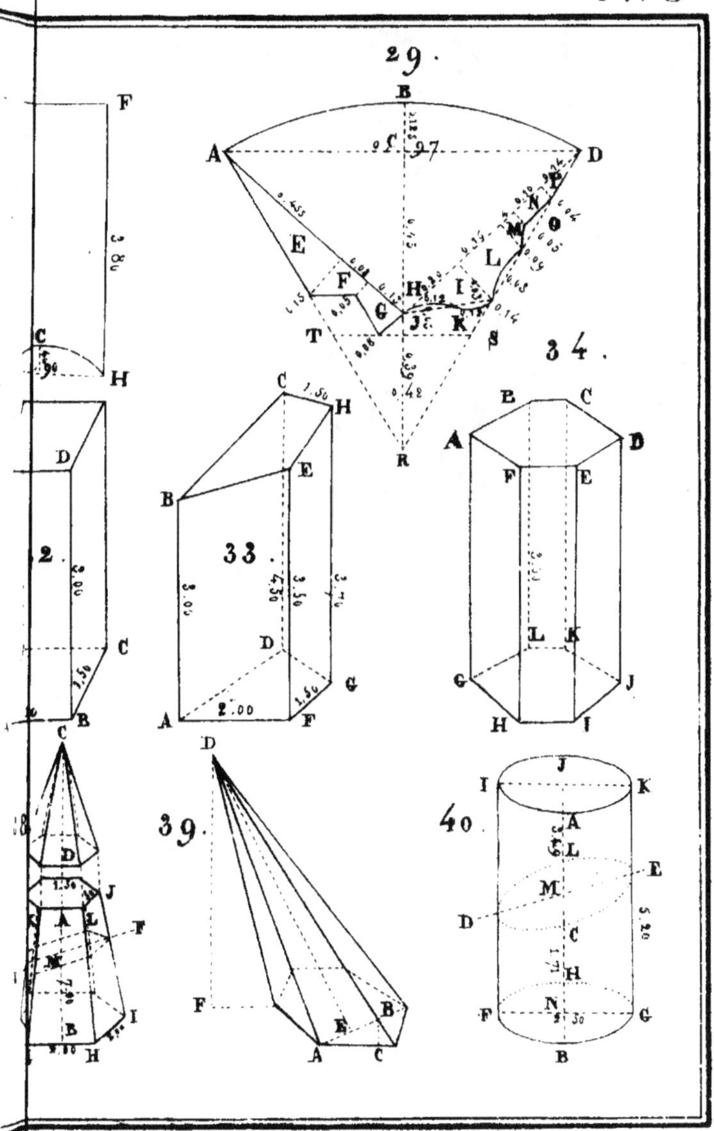
29.
27.
34.
33.
39.
40.

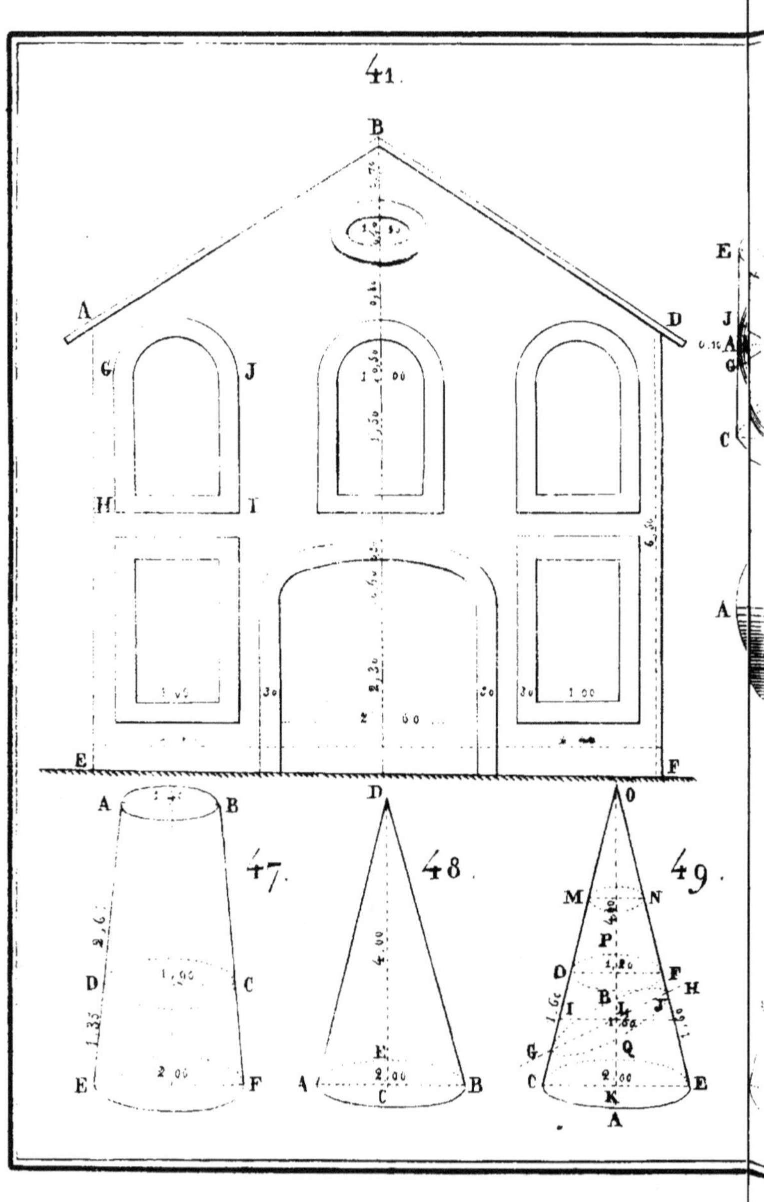
41.
B
A
D
G J
H I
E F
E
J
A
G
C
A
47.
A B
D C
E F
2,00
48.
D
A C B
2,00
49.
O
M N
P
D F H
I B L J
G Q
C E
K
A

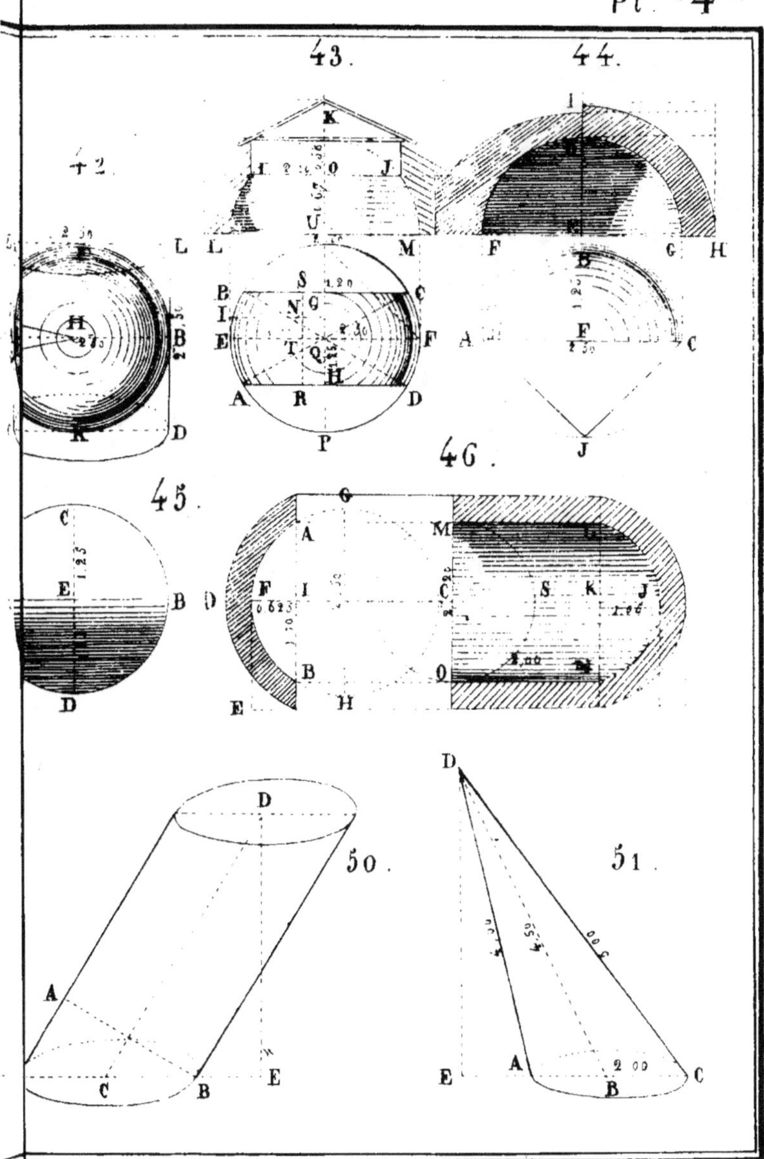
42.
43.
44.
45.
46.
50.
51.

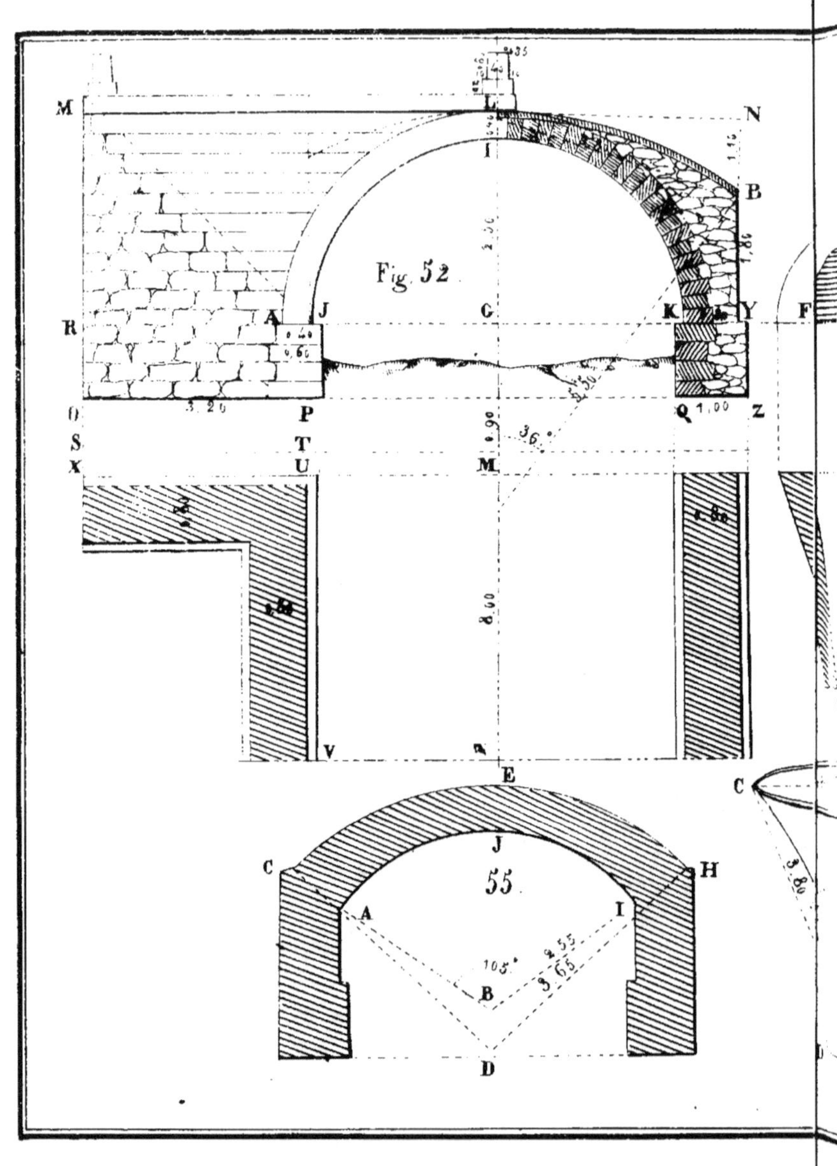
M
N
L
R
A
J
Fig. 52
G
K
Y
F
B
O
P
3.20
Q 1,00
Z
S
T
X
U
M
8.00
V
E
C
J
55
H
A
I
105°
B
D

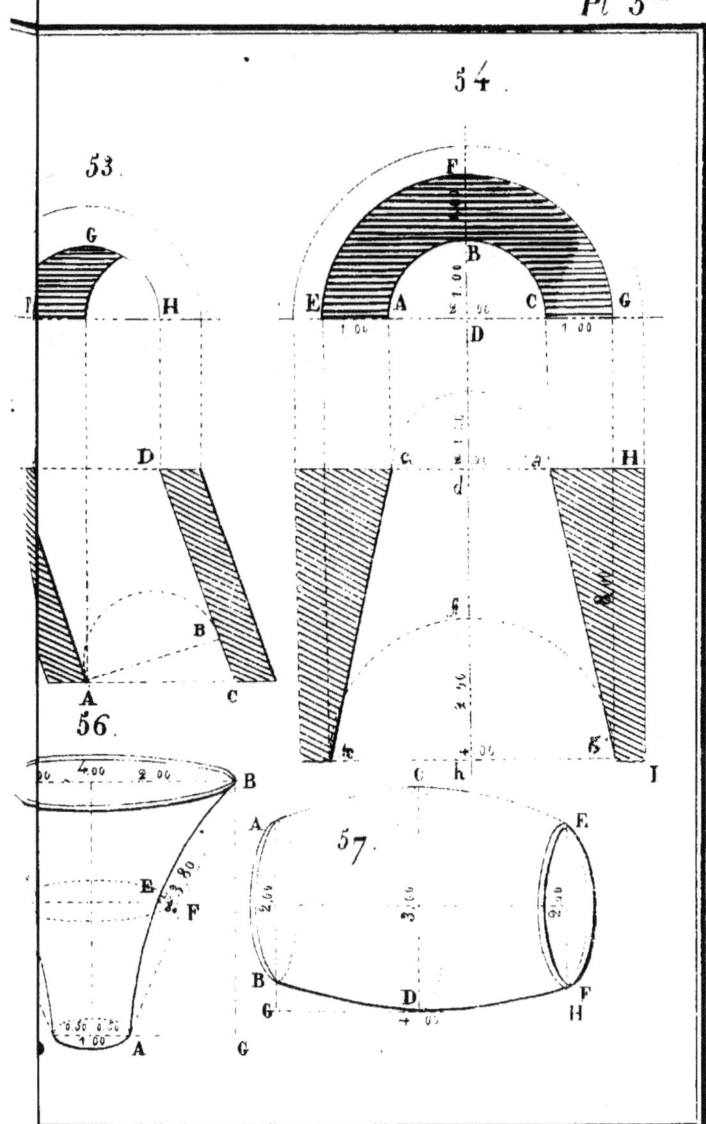
53
54
56
57

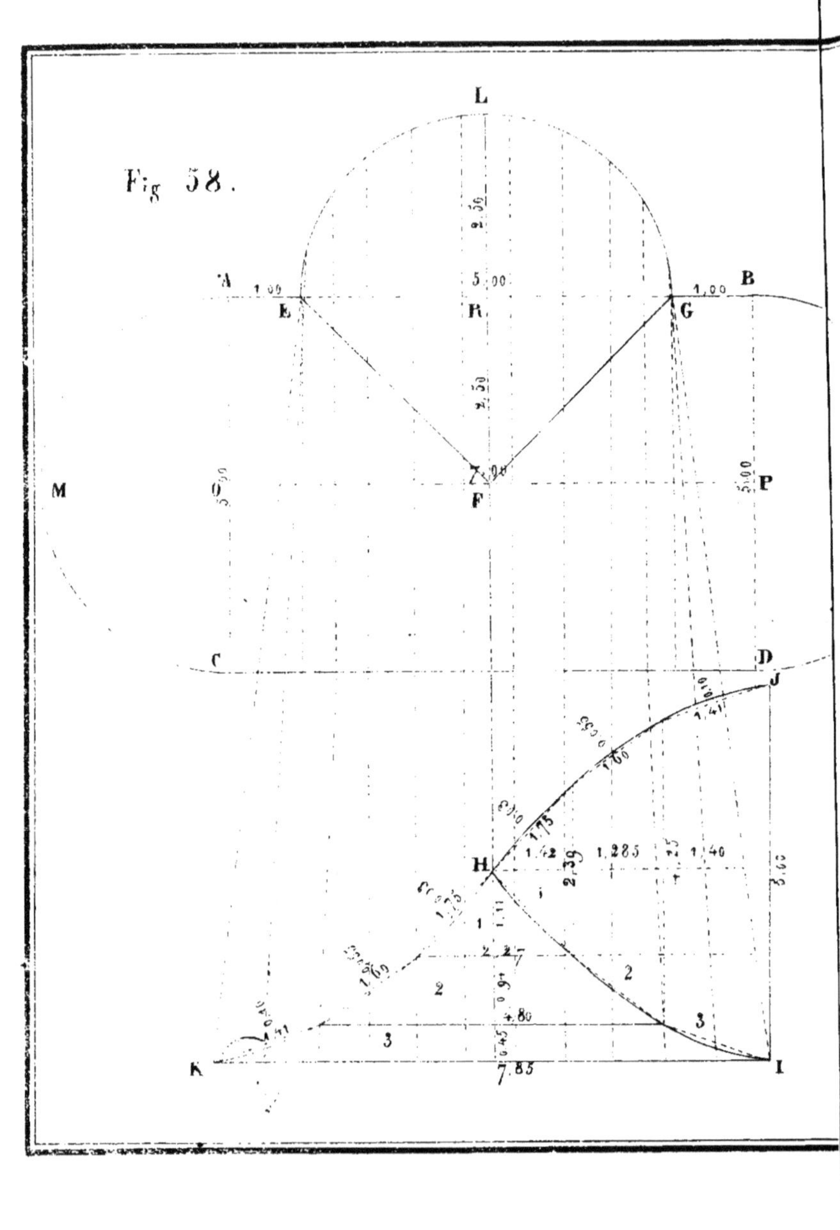

Fig 58.
L
A 1.00 E 5.00 R G 1.00 B
2.56
2.50
M 5.00 Z 2.00 F 5.00 P
C D J
1.00
1.41
1.60
1.75
H 1.42 2.39 1.285 1.40 3.60
1.11
1.23
2 2.7 2
0.94
2 +.80 3
0.45
K 3 7.85 I

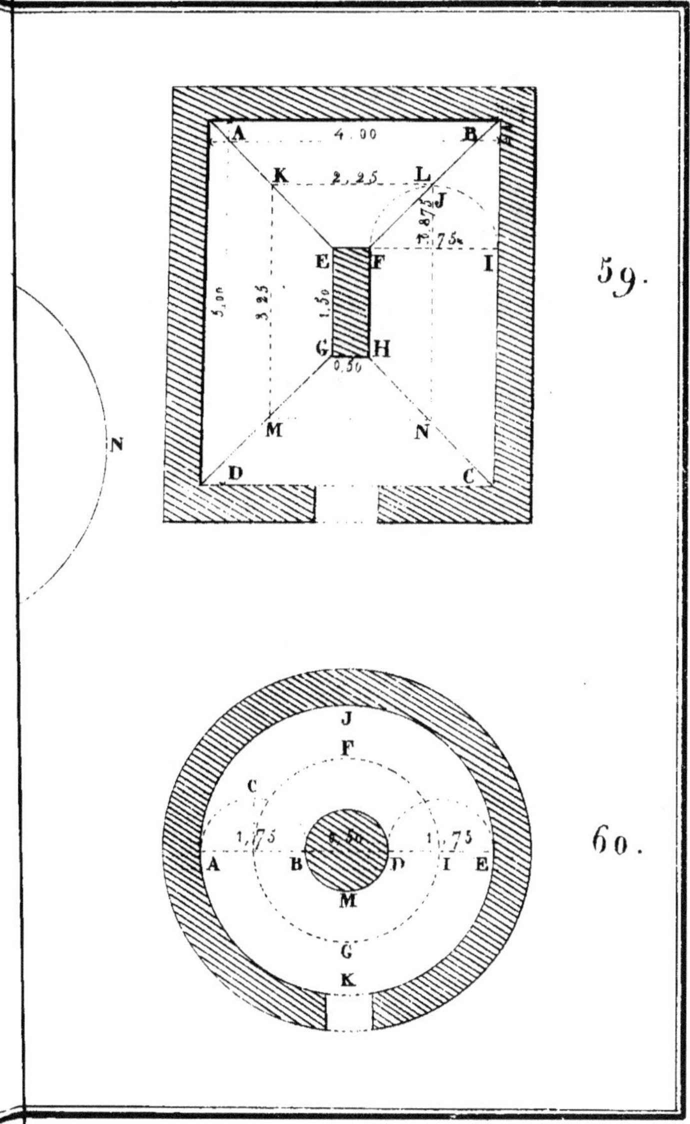
A   4.00   B
K   2.25   L
J
1.875
1.75
E F   I
5.00 3.25 1.50
G H
0.50
M   N
D   C
N
59.
J
F
c
1.75   0.50   1.75
A B   D I E
M
G
K
60.

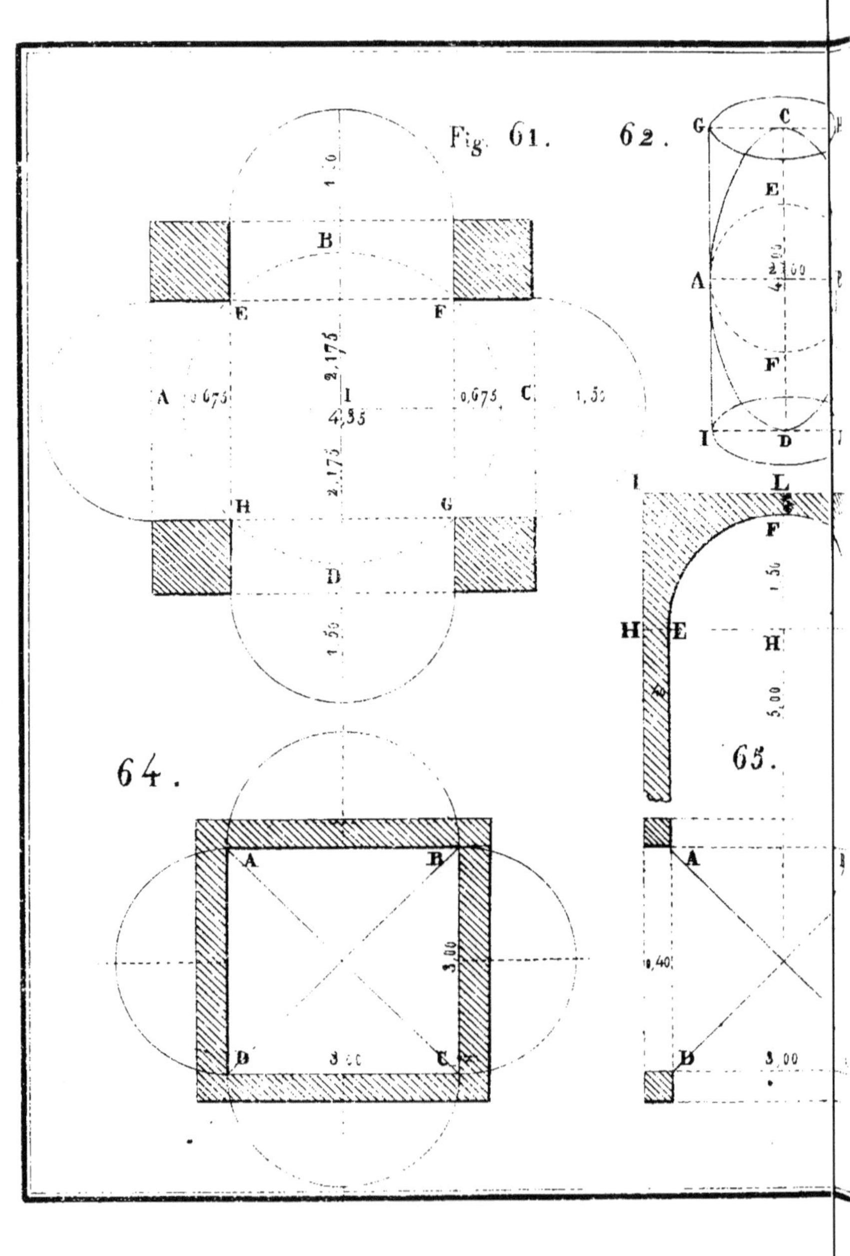

Fig. 61.
62.
64.
65.

63.

66.

67.

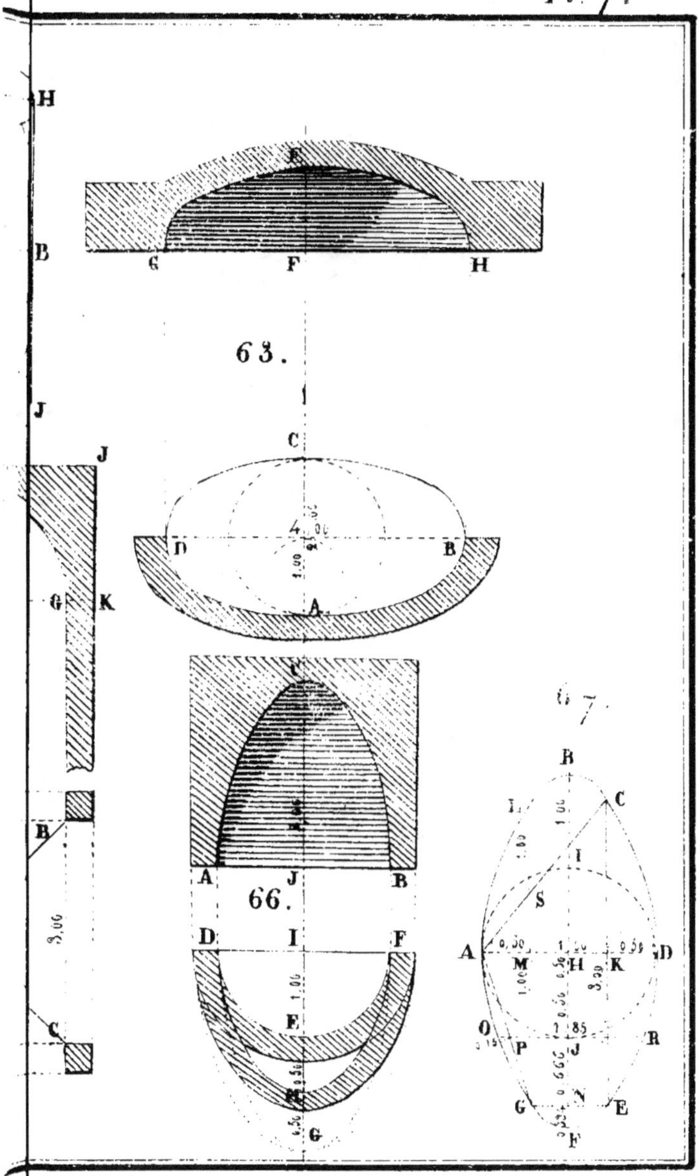

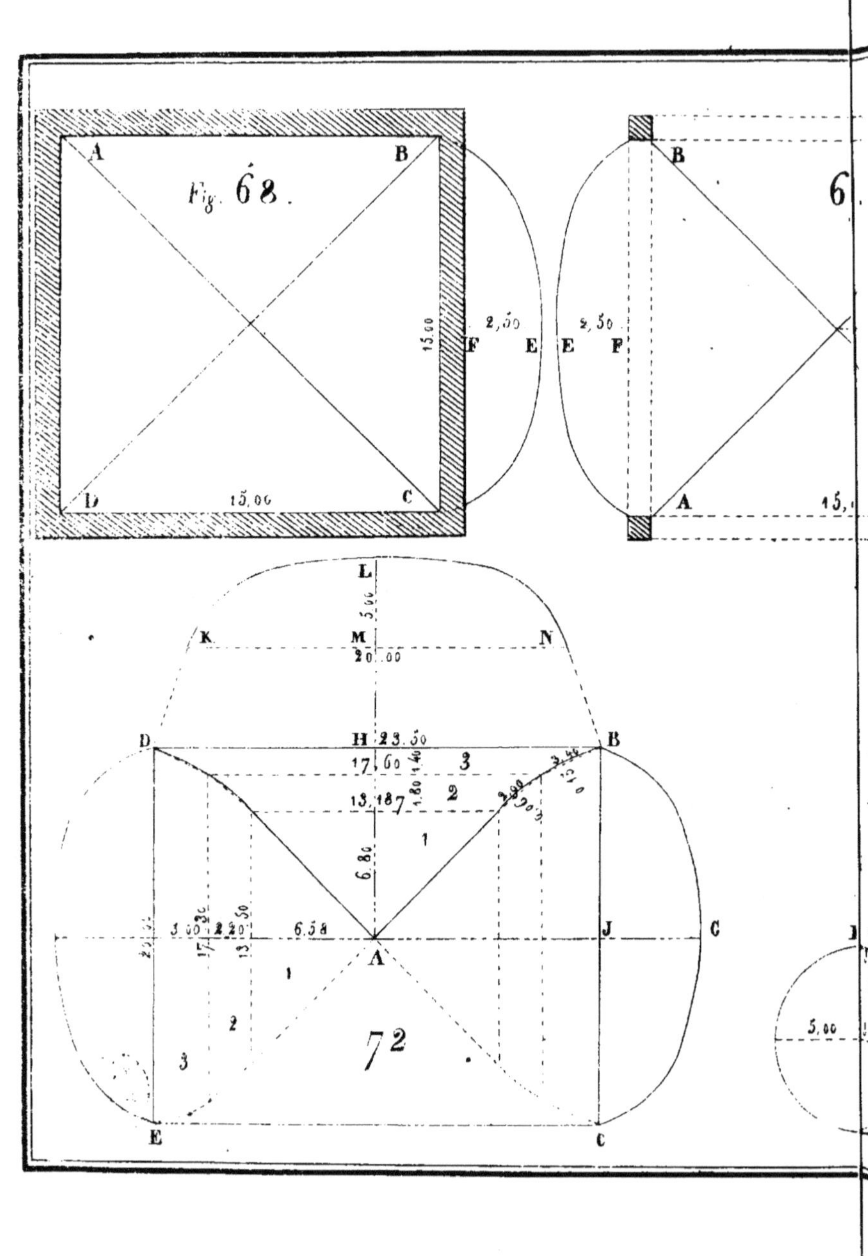

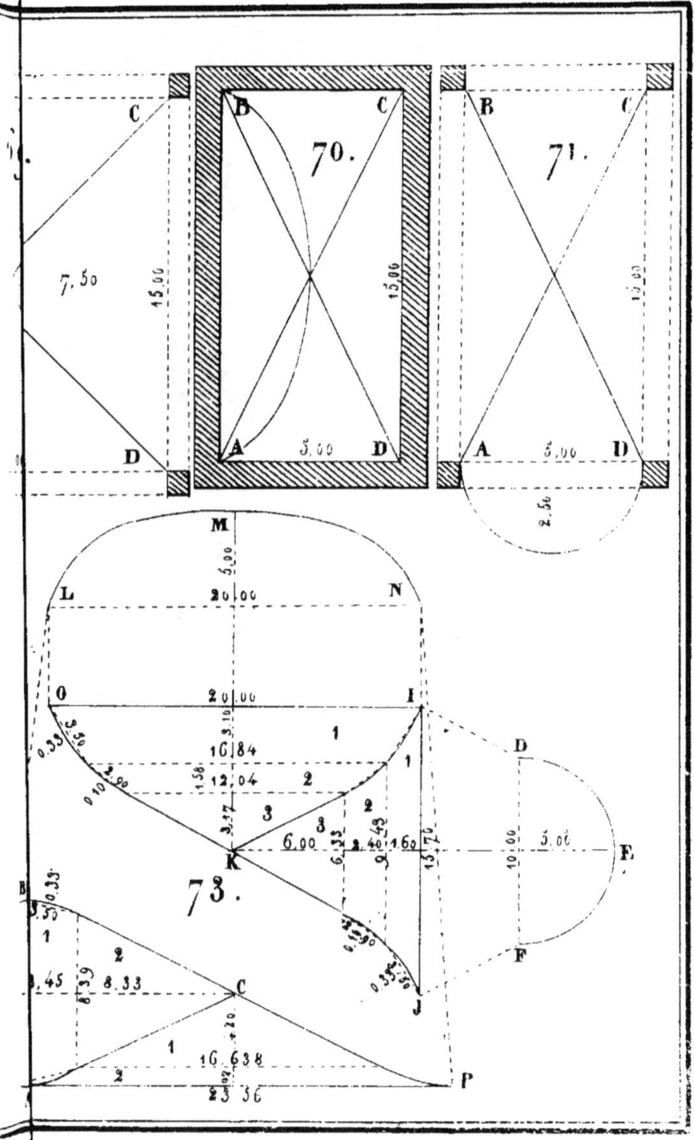
Pl. 8.
C
B C B C
70. 71.
7,50
15,00 15,00 15,00
D A 5,00 D A 5,00 D
2,56
M
5,00
L 20,00 N
O 20,00 I
1
D
16,84 1
3,50 12,04 2
0,33 1,58
2,90 3 2
0,10 3,17 3 2
K 3 6,33 1,48
6,00 2,40 1,60 10,00 5,00 F
13,70
73.
B 0,33
3,50
1
2
F
0,45 8,39 8,33 C
4,20
1
16,638 P
2
23,36

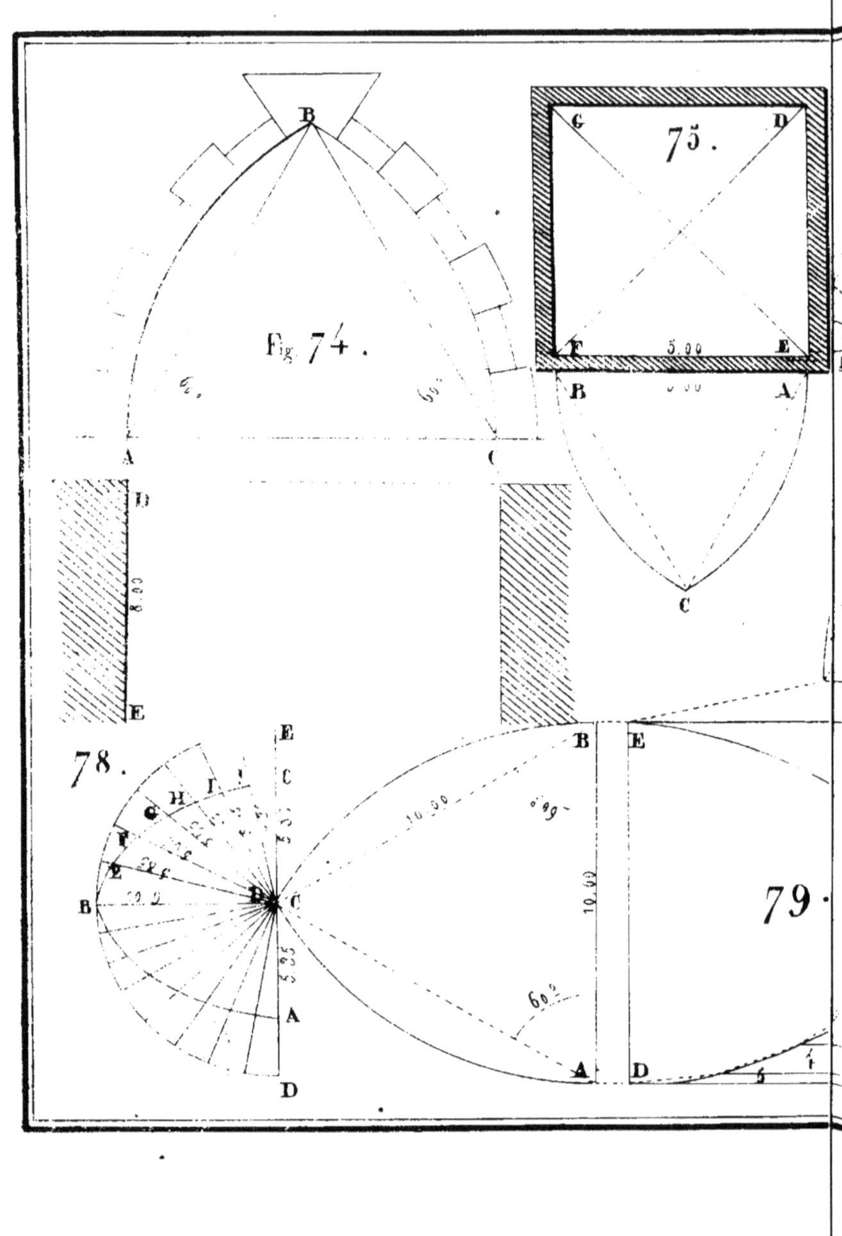

Fig. 74.
75.
78.
79.
A
B
C
D
E
F
G
H
I
8.00
5.00
10.00
10.00
60°

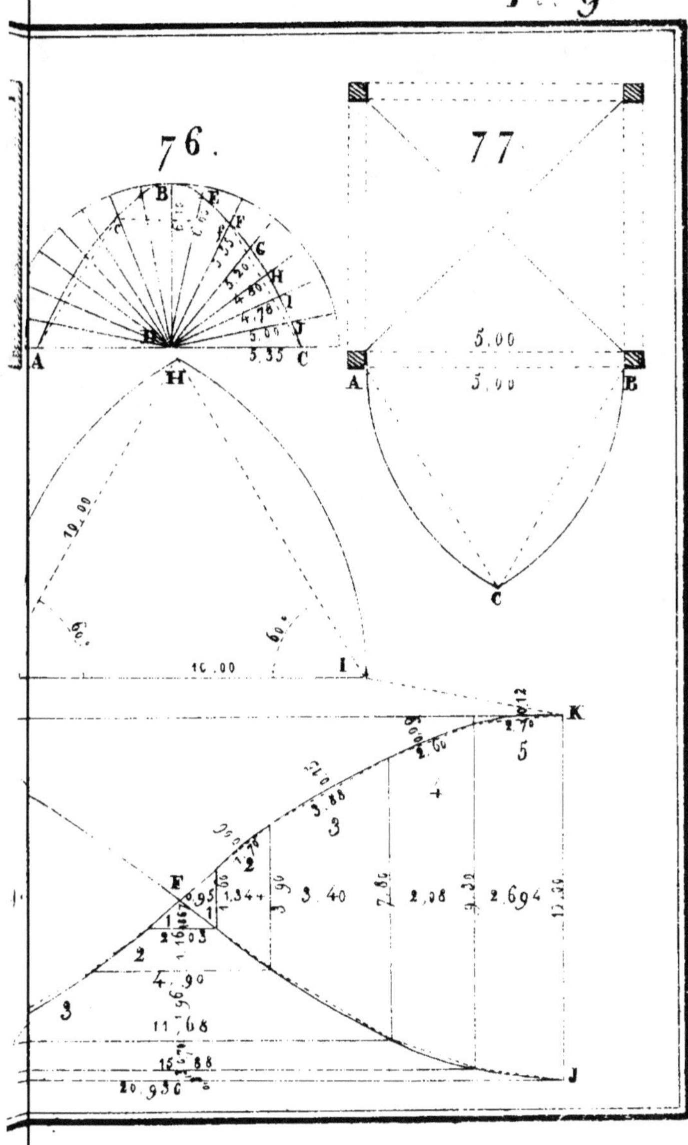

76.
77.
A B
5,00
5,00
A B
C
H
B E F G H I J C
A H C
3,35
10,00
60°
60°
10,00
I
K
5
4
3
2
F
1
2
3
0,95
1,34
3,40
2,08
2,694
12,36
4,90
11,68
15,88
20,936
J

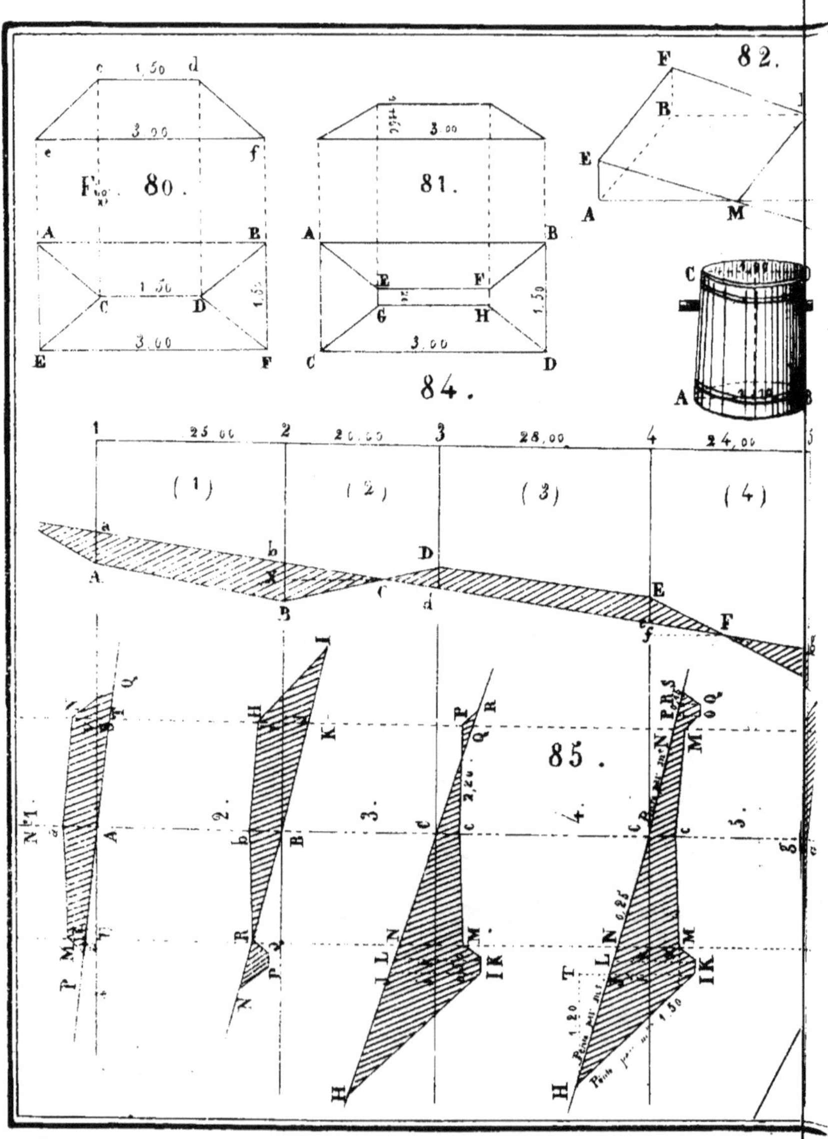

Lit. par Melin

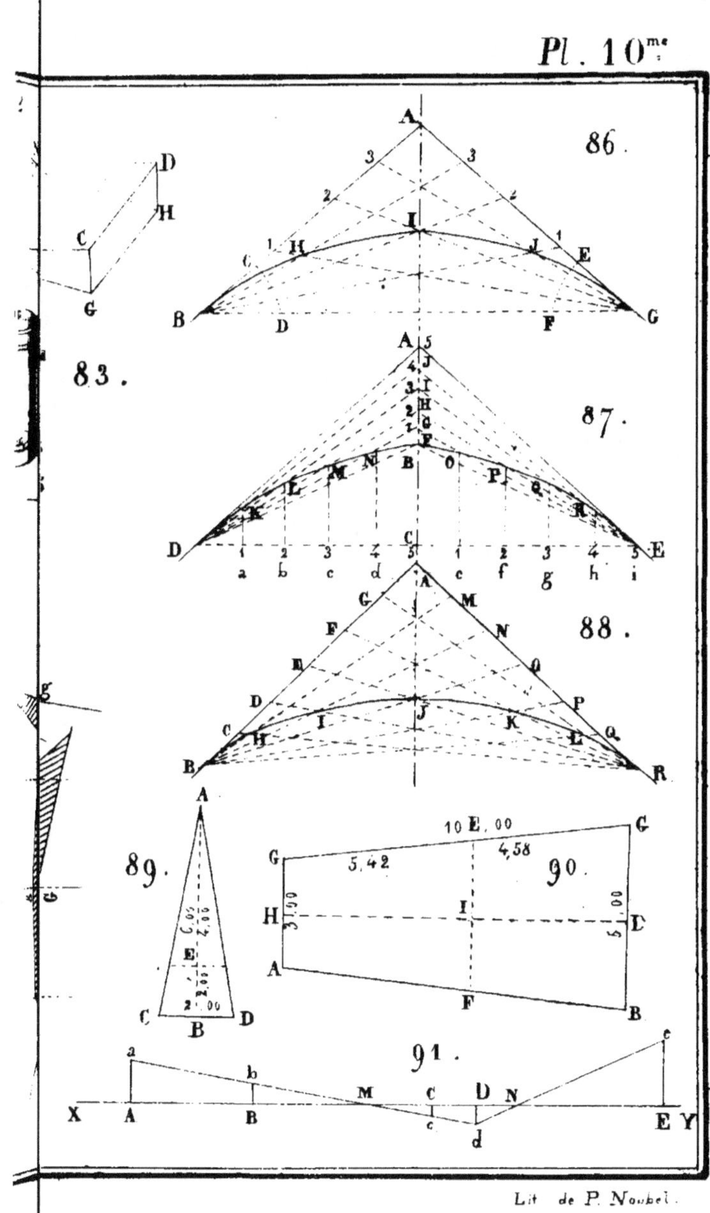
86.
83.
87.
88.
89.
90.
91.
10 E. 00
5,42
4,58